中国腐蚀状况及控制战略研究丛书

“十三五”国家重点出版物出版规划项目

石油天然气工业管道及装置腐蚀与控制

尹成先　付安庆　李时宣　袁军涛　韩文礼　著

科学出版社

北京

内 容 简 介

本书以石油天然气工业中不同生产环节——上游（油气田开采）、中游（油气输送）、下游（炼油化工）——的腐蚀与控制作为主线，系统阐述了各个生产环节中的腐蚀特征和控制技术。全书共分 5 章：第 1 章概述石油天然气工业中管道及装置的腐蚀危害、腐蚀特征及面临的腐蚀形势；第 2～4 章详细介绍我国油气田开采、油气输送、炼油化工中管道及装置的腐蚀类型、典型腐蚀案例及常用腐蚀控制技术；第 5 章介绍石油天然气工业中的腐蚀研究方法，包括常规小试样腐蚀试验方法、全尺寸实物腐蚀试验方法，以及现场腐蚀试验方法。

本书可供石油天然气行业腐蚀防护工作人员及相关科研人员和技术人员阅读，也可供材料腐蚀与防护专业大专院校师生参考。

图书在版编目（CIP）数据

石油天然气工业管道及装置腐蚀与控制/尹成先等著. —北京：科学出版社，2017.6

（中国腐蚀状况及控制战略研究丛书）

“十三五”国家重点出版物出版规划项目

ISBN 978-7-03-053177-3

Ⅰ. ①石… Ⅱ. ①尹… Ⅲ. ①石油管道–管道防腐–研究–中国 ②天然气管道–管道防腐–研究–中国 Ⅳ. ①TE973

中国版本图书馆 CIP 数据核字（2017）第 109818 号

责任编辑：顾英利 李丽娇 / 责任校对：杜子昂
责任印制：张 伟 / 封面设计：铭轩堂

科学出版社 出版
北京东黄城根北街 16 号
邮政编码：100717
http：//www.sciencep.com
北京建宏印刷有限公司 印刷
科学出版社发行 各地新华书店经销
*
2017 年 6 月第 一 版 开本：720 × 1000 1/16
2018 年 1 月第二次印刷 印张：13 3/4
字数：278 000

定价：88.00 元

（如有印装质量问题，我社负责调换）

“中国腐蚀状况及控制战略研究”丛书
顾问委员会

“中国腐蚀状况及控制战略研究”丛书
总编辑委员会

丛 书 序

腐蚀是材料表面或界面之间发生化学、电化学或其他反应造成材料本身损坏或恶化的现象，从而导致材料的破坏和设施功能的失效，会引起工程设施的结构损伤，缩短使用寿命，还可能导致油气等危险品泄漏，引发灾难性事故，污染环境，对人民生命财产安全造成重大威胁。

由于材料，特别是金属材料的广泛应用，腐蚀问题几乎涉及各行各业。因而腐蚀防护关系到一个国家或地区的众多行业和部门，如基础设施工程、传统及新兴能源设备、交通运输工具、工业装备和给排水系统等。各类设施的腐蚀安全问题直接关系到国家经济的发展，是共性问题，是公益性问题。有学者提出，腐蚀像地震、火灾、污染一样危害严重。腐蚀防护的安全责任重于泰山！

我国在腐蚀防护领域的发展水平总体上仍落后于发达国家，它不仅表现在防腐蚀技术方面，更表现在防腐蚀意识和有关的法律法规方面。例如，对于很多国外的房屋，政府主管部门依法要求业主定期维护，最简单的方法就是在房屋表面进行刷漆防蚀处理。既可以由房屋拥有者，也可以由业主出资委托专业维护人员来进行防护工作。由于防护得当，许多使用上百年的房屋依然完好、美观。反观我国的现状，首先是人们的腐蚀防护意识淡薄，对腐蚀的危害认识不清，从设计到维护都缺乏对腐蚀安全问题的考虑；其次是国家和各地区缺乏与维护相关的法律与机制，缺少腐蚀防护方面的监督与投资。这些原因就导致了我国在腐蚀防护领域的发展总体上相对落后的局面。

中国工程院“我国腐蚀状况及控制战略研究”重大咨询项目工作的开展是当务之急，在我国经济快速发展的阶段显得尤为重要。借此机会，可以摸清我国腐蚀问题究竟造成了多少损失，我国的设计师、工程师和非专业人士对腐蚀防护了解多少，如何通过技术规程和相关法规来加强腐蚀防护意识。

项目组将提交完整的调查报告并公布科学的调查结果，提出切实可行的防腐蚀方案和措施。这将有效地促进我国在腐蚀防护领域的发展，不仅有利于提高人们的腐蚀防护意识，也有利于防腐技术的进步，并从国家层面上把腐蚀防护工作的地位提升到一个新的高度。另外，中国工程院是我国最高的工程咨询机构，没有直属的科研单位，因此可以比较超脱和客观地对我国的工程技术问题进行评估。把这样一个项目交给中国工程院，是值得国家和民众信任的。

这套丛书的出版发行，是该重大咨询项目的一个重点。据我所知，国内很多领域的知名专家学者都参与到丛书的写作与出版工作中，因此这套丛书可以说涉及了我国生产制造领域的各个方面，应该是针对我国腐蚀防护工作的一套非常全面的丛书。我相信它能够为各领域的防腐蚀工作者提供参考，用理论和实例指导我国的腐蚀防护工作，同时我也希望腐蚀防护专业的研究生甚至本科生都可以阅读这套丛书，这是开阔视野的好机会，因为丛书中提供的案例是在教科书上难以学到的。因此，这套丛书的出版是利国利民、利于我国可持续发展的大事情，我衷心希望它能得到业内人士的认可，并为我国的腐蚀防护工作取得长足发展贡献力量。

徐匡迪

2015 年 9 月

丛书前言

众所周知,腐蚀问题是世界各国共同面临的问题,凡是使用材料的地方,都不同程度地存在腐蚀问题。腐蚀过程主要是金属的氧化溶解,一旦发生便不可逆转。据统计估算,全世界每90秒钟就有一吨钢铁变成铁锈。腐蚀悄无声息地进行着破坏,不仅会缩短构筑物的使用寿命,还会增加维修和维护的成本,造成停工损失,甚至会引起建筑物结构坍塌、有毒介质泄漏或火灾、爆炸等重大事故。

腐蚀引起的损失是巨大的,对人力、物力和自然资源都会造成不必要的浪费,不利于经济的可持续发展。震惊世界的"11·22"黄岛中石化输油管道爆炸事故造成损失7.5亿元人民币,但是把防腐蚀工作做好可能只需要100万元,同时避免灾难的发生。针对腐蚀问题的危害性和普遍性,世界上很多国家都对各自的腐蚀问题做过调查,结果显示,腐蚀问题所造成的经济损失是触目惊心的,腐蚀每年造成损失远远大于自然灾害和其他各类事故造成损失的总和。我国腐蚀防护技术的发展起步较晚,目前迫切需要进行全面的腐蚀调查研究,摸清我国的腐蚀状况,掌握材料的腐蚀数据和有关规律,提出有效的腐蚀防护策略和建议。随着我国经济社会的快速发展和"一带一路"倡议的实施,国家将加大对基础设施、交通运输、能源、生产制造及水资源利用等领域的投入,这更需要我们充分及时地了解材料的腐蚀状况,保证重大设施的耐久性和安全性,避免事故的发生。

为此,中国工程院设立"我国腐蚀状况及控制战略研究"重大咨询项目,这是一件利国利民的大事。该项目的开展,有助于提高人们的腐蚀防护意识,为中央、地方政府及企业提供可行的意见和建议,为国家制定相关的政策、法规,为行业制定相关标准及规范提供科学依据,为我国腐蚀防护技术和产业发展提供技术支持和理论指导。

这套丛书包括了公路桥梁、港口码头、水利工程、建筑、能源、火电、船舶、轨道交通、汽车、海上平台及装备、海底管道等多个行业腐蚀防护领域专家学者的研究工作经验、成果以及实地考察的经典案例,是全面总结与记录目前我国各领域腐蚀防护技术水平和发展现状的宝贵资料。这套丛书的出版是该项目的一个重点,也是向腐蚀防护领域的从业者推广项目成果的最佳方式。我相信,这套丛书能够积极地影响和指导我国的腐蚀防护工作和未来的人才培养,促进腐蚀与防护科研成果的产业化,通过腐蚀防护技术的进步,推动我国在能源、交通、制造业等支柱产业上的长足发展。我也希望广大读者能够通过这套丛书,进一步关注我国腐蚀防护技术的发展,更好地了解和认识我国各个行业存在的腐蚀问题和防腐策略。

在此，非常感谢中国工程院的立项支持以及中国科学院海洋研究所等各课题承担单位在各个方面的协作，也衷心地感谢这套丛书的所有作者的辛勤工作以及科学出版社领导和相关工作人员的共同努力，这套丛书的顺利出版离不开每一位参与者的贡献与支持。

侯保荣

2015 年 9 月

前　　言

石油天然气工业历来是最受腐蚀问题困扰的工业领域之一，且几乎涵盖所有腐蚀类型，每年都因腐蚀问题造成巨大损失。“11·22”中国石油化工集团公司东黄输油管道因腐蚀失效导致重大管道爆炸事故，给石油天然气工业的安全生产和运行再次敲响了警钟。过去，腐蚀与防护领域在各行各业中属于“非主流”，本书作者认为，在石油天然气行业中腐蚀与防护工作产生三大效益：第一，腐蚀控制降低油气资源泄漏损失，缩短停产时间，从而产生经济效益；第二，腐蚀控制减少油气泄漏对周围土壤和大气环境的污染，从而产生环境保护效益；第三，腐蚀控制降低油气泄漏引起的火灾和爆炸次生灾害，从而产生生命财产安全效益。近年来，随着我国新《环境保护法》和《安全生产法》的颁布实施，环境执法和安全问责更加严格。腐蚀导致的石油管材及装备的“跑、冒、滴、漏”问题对生态环境和安全生产都造成极大的威胁；一旦发生此类问题，油气生产单位将承担严重的后果。因此，石油管道和装备的腐蚀与防护工作越来越受到重视和关注。

本书以石油天然气工业上、中、下游的生产顺序为主线，即上游的油气田、中游的石油天然气长输管道、下游的炼油化工。第 1 章概括阐述了石油天然气工业石油管材及装备的腐蚀危害、上中下游不同系统的腐蚀特征和面临的严峻腐蚀形势；第 2～4 章分别详细介绍了我国油气田开采及集输系统、油气长输管道、炼化管道及装置的腐蚀现状、主要腐蚀类型、典型腐蚀案例、常用的腐蚀控制技术；第 5 章全面总结了石油天然气工业腐蚀研究方法，主要包括常规小试样腐蚀试验方法、全尺寸实物腐蚀试验方法及现场腐蚀试验方法。

本书作者均为长期工作在石油管材研究机构、油气田、管道公司、炼化企业的科研工作者和技术研究人员，本书由中国石油集团石油管工程技术研究院主编，参与编写单位还有中国石油集团工程技术研究院、塔里木油田公司、长庆油田公司、大庆油田公司。本书各章的编写人员依次为：第 1 章，尹成先、付安庆、胡建国、王登海、林罡、黄伟、侯金晔、徐自强；第 2 章，李时宣、袁军涛、李发根、张娟涛、蔡锐、郑欣、张志浩、刘向斌、郭刚、薛岗、杨光；第 3 章，韩文礼、张贻刚、王志涛、张彦军、林竹、周冰、李玲杰、童辉、张小龙，何治武、李琼伟；第 4 章，尹成先、徐秀清、来维亚、吕乃欣、赵雪会、王远；第 5 章，付安庆、白真权、韩燕、袁军涛、杨向同、常泽亮、谢俊峰、宋文文、李先明、杨家茂。

感谢中国石油集团石油管工程技术研究院“石油管材及装备材料服役行为与结构安全国家重点实验室”和“石油管材及装备材料服役行为与结构安全陕西省重点实验室”研究团队为本书提供大量宝贵的第一手现场资料和统计数据。

本书部分内容是在国家自然科学基金委员会应急管理项目“基于超高温高压气井生命全周期的全尺寸管柱腐蚀损伤机理及评价方法研究（51641409）”、国家重点研发计划“油气长输管道及储运设施检验评价与安全保障技术——油气管道及储运设施损伤致灾机理与演化规律研究（2016YFC0802101）”、国家重点研发计划“石化装置关键静设备质量性能检测评价与控制技术研究——石化装置关键静设备监测预警综合平台研发（2017YFF0210406）”、国家科技重大专项“库车坳陷深层-超深层天然气田开发示范工程——极端工况下高温高压井油套管腐蚀及密封完整性研究（2016ZX05051）”、中国石油天然气股份有限公司重大科技专项“长庆油田 5000 万吨持续高效稳产关键技术研究与应用——油气田稳产地面工艺技术优化与站场橇装化研究（2016E-0513）”、中国石油集团科学研究与技术开发项目“深层与复杂地层钻完井新技术新方法研究——苛刻服役条件油井管工程应用基础研究（2016A-3905）”、中国石油集团重大科技专项“塔里木油田勘探开发关键技术研究与应用——前陆冲断带超深井提产与井筒完整性技术（2014E- 2103（JT））”、中国石油集团科学研究与技术开发项目“炼厂加氢装置关键换热器腐蚀防控技术开发与应用（2017D-2307）”等项目的支持下完成的，在此一并表示衷心的感谢！

由于作者的知识范围和水平有限，本书难免存在疏漏和不全面之处，敬请同行专家和广大读者批评指正！

作　者

2017 年 6 月

目　　录

第1章　石油天然气工业腐蚀概况

1.1　石油天然气工业的腐蚀危害

石油天然气工业历来是腐蚀最严重的几个行业之一，且几乎涉及各种腐蚀类型，每年均因腐蚀问题造成巨大经济损失和人员伤亡。腐蚀导致的石油管材及设备的“跑、冒、滴、漏”问题直接关系到油气生产安全和环境保护，甚至引起人员伤亡等灾难性事故。下面介绍两起因腐蚀导致石油天然气管道发生泄漏的重大事故。

2000年8月19日，美国El Paso天然气公司在新墨西哥州Carlsbad附近的天然气管道断裂，释放出的气体被引燃并持续燃烧55min，导致在事故发生地附近露营的12人死亡，3辆汽车被烧毁，直接损失约100万美元。断裂管道为X52材质，建于1950年，事故发生时管道运行压力约为最大允许运行压力的80%。事故调查认为：微生物、湿气、氯化物、氧气、二氧化碳和硫化氢等腐蚀性成分引起的管道内腐蚀使管壁严重减薄是造成该次事故的直接原因，管道内腐蚀最大深度达管道原壁厚的72%。管道发生内腐蚀的原因是多方面的：管道上游排液口局部堵塞，使得液体绕过排液管，在管道弯曲的低点处积聚并产生腐蚀；因设计原因，清管器不能通过事故发生处的管道，不能定期清出管内积水和其他固、液沉淀物；当时执行的美国联邦管道安全规章不能在减缓管道内腐蚀方面给管道运营商或工作人员提供适当的指导[1]。

2013年11月22日，发生在我国山东省青岛经济技术开发区的东黄输油管道泄漏爆炸事故震惊国内外，该事故造成伤亡和直接经济损失7.5亿元人民币。据调查，造成东黄输油管道泄漏爆炸事故的直接原因是输油管道与排水暗渠交汇处的管道腐蚀减薄、管道破裂，原油泄漏，流入排水暗渠及反冲到路面；原油泄漏后，现场处置人员采用液压破碎锤在暗渠盖板上打孔破碎，产生撞击火花，引发暗渠内油气爆炸。管道腐蚀减薄、破裂的具体原因如下：与排水暗渠交叉段的输油管道所处区域土壤盐碱和地下水氯化物含量高，同时排水暗渠内随着潮汐变化，海水倒灌，输油管道长期处于干湿交替的海水和盐雾腐蚀环境，加之管道受到道路承重和振动等因素影响，导致管道加速腐蚀减薄、破裂，造成原油泄漏[2]。

据统计，石油管材在油气勘探开发、输送储运、炼油化工各过程中的投资比例占50%以上，石油管材及装备在服役过程中因腐蚀导致的失效占总失效事故的60%以上。我国因腐蚀造成的损失约占国内生产总值（GDP）的4%，而石油石化行业约占 GDP 的6%左右[3]。随着石油天然气资源的日益减少，我国石油天然气开发和生产的工况愈发恶劣，“高温、高压、高酸、高矿化度”的油气工况使得腐蚀形势愈发严峻，腐蚀危害性也日益凸显。

1.2　石油天然气工业的腐蚀特征

石油天然气生产过程复杂，各环节的腐蚀环境差异较大，因此腐蚀特征具有复杂性和多样性[4-6]。表1-1简单归纳了不同生产环节的腐蚀环境及腐蚀特征。

表1-1　油气生产-储运-炼制中的腐蚀环境及腐蚀特征

生产系统	生产部件	腐蚀环境	腐蚀特征
井下系统	钻杆	环境介质：O_2、水、钻井液、H_2S、CO_2、氯化物等； 承受载荷：拉、扭、弯曲等交变载荷	冲蚀、应力腐蚀开裂、腐蚀疲劳
	抽油杆	环境介质：采出水、H_2S、CO_2； 承受载荷：拉、压等交变载荷	腐蚀疲劳、氢致开裂、应力腐蚀开裂
	油管	环境介质：酸化液、完井液、采出水、H_2S、CO_2等； 承受载荷：恒载荷、交变载荷、弯曲载荷	均匀腐蚀、坑蚀、氢致开裂、应力腐蚀开裂
	套管	内部环境介质：环空保护液； 外部环境介质：地层水、硫酸盐还原菌	内部：均匀腐蚀、坑蚀、应力腐蚀开裂； 外部：均匀腐蚀、坑蚀、微生物腐蚀
油气储运	集输管线	内部环境介质：原油、地层水、H_2S、CO_2； 外部环境介质：土壤（氧、细菌）、杂散电流	内部：均匀腐蚀、坑蚀、氢鼓泡、氢致开裂； 外部：均匀腐蚀、坑蚀、应力腐蚀开裂
	储油罐	内部环境介质：原油、采出水、H_2S、CO_2、O_2； 外部环境介质：大气、土壤（氧、细菌）、杂散电流	内部：均匀腐蚀、坑蚀、氢鼓泡、氢致开裂； 外部：大气腐蚀、氧腐蚀
	长输管道	内部环境介质：原油、天然气； 外部环境介质：土壤（氧、细菌）、杂散电流	内部：均匀腐蚀、坑蚀； 外部：均匀腐蚀、坑蚀、应力腐蚀开裂
	海底管道	内部环境介质：原油、天然气、采出水、H_2S、CO_2； 外部环境：海水（氧、微生物）	内部：均匀腐蚀、坑蚀、氢鼓泡； 外部：均匀腐蚀、坑蚀

续表

生产系统	生产部件	腐蚀环境	腐蚀特征
石油化工	常压塔	环境介质：HCl、H_2S、H_2O	气液两相转变部位的“露点”腐蚀、碳钢全面腐蚀、不锈钢点蚀和应力腐蚀开裂
	液化石油气储罐	环境介质：含硫液化石油气（H_2S-H_2O）	氢鼓泡、应力腐蚀开裂
	催化裂解解吸塔	环境介质：HCN、H_2S、H_2O	坑蚀、氢鼓泡、氢致开裂、应力腐蚀开裂
	脱硫装置再生塔冷凝冷却系统	环境介质：CO_2、H_2S、H_2O	氢鼓泡、氢致开裂、应力腐蚀开裂
	脱硫装置再生塔底重沸器	环境介质：乙醇胺、CO_2、H_2S、H_2O	碳酸盐应力腐蚀开裂
	焦化分馏塔底部系统	环境介质：S、H_2S、RSH	高温硫腐蚀、均匀腐蚀

1.3　石油天然气工业面临的腐蚀形势

“11·22”中石化东黄输油管由于石油管道腐蚀失效导致原油泄漏，继而引发重大爆炸事故。给石油天然气工业的安全生产和运行敲响了警钟。加之近年来我国新《安全生产法》和新《环境保护法》的实施，腐蚀与防护工作受到了前所未有的重视和关注。下面按照石油天然气勘探开发、输送储运和炼油化工三大领域，系统阐述各领域存在的主要腐蚀难题和现有的防护技术，如图 1-1 所示。

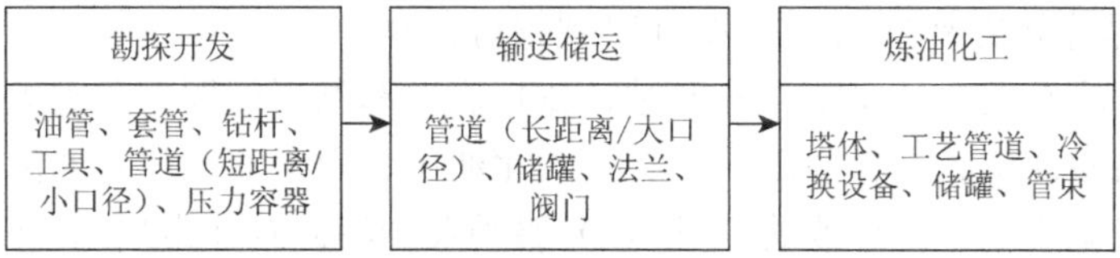

图 1-1　油气生产过程与腐蚀相关主要管道和设备

1.3.1　油气勘探开发领域[7, 8]

我国现有油气井约 40 万口，每年新钻油气井约 3 万口，使用各类管材超过 350 万 t，油套管损坏井已超过 3 万口，并且每年以 15%～20%的速度增加。随着油气开采向着“超深、高温、高压、复杂工况”方向发展，油气井下管柱面临着前所未有的（超）高温高压、高含 H_2S/CO_2、交变载荷、高流速、复杂作业工艺等极端苛刻的服役环境带来的腐蚀难题，成为当今迫切需要解决的问题。

第一，高含硫油气田的应力腐蚀开裂问题。我国酸性高含硫气田主要分布在渤海湾盆地的赵兰庄气田，以及四川盆地的渡口河、罗家寨、中坝、威远、卧龙河、普光等气田。这些气田的天然气中含高达百分之十几的硫化氢，硫化氢导致井下油套管和地面集输系统面临极高的硫化氢应力腐蚀开裂风险，井下管柱及工具主要防腐方法为管材本质防腐，即采用 G3、G028、G825、G625 等镍基耐蚀合金。地面集输系统管道防腐主要采用抗硫碳钢+缓蚀剂的方式，即对管道在运行前进行预膜，然后定期定量地连续加注缓蚀剂。高级耐蚀管材的大量使用导致油气勘探开发成本大大增加，对于大部分的低产井使用高级耐蚀管材则存在技术性和经济性的矛盾问题。

第二，超高温高压气田的 CO_2 和酸化液腐蚀问题。新疆地区的塔里木油田库车山前区块是我国最具代表性的超深高温高压气田，其井下系统管柱腐蚀环境极端苛刻，具体表现为井底最高温度达到 200℃、井底关井压力最高达 130MPa、天然气中 CO_2 分压达 4MPa、氯离子含量在 100000～200000mg/L、地层水矿化度很高，加之部分井进行酸化压裂导致的酸液腐蚀和频发开关井引起的交变和振动载荷，其防腐方法主要为管材本质防腐（主要为超级 13Cr 马氏体不锈钢）和酸化缓蚀剂配合使用，目前局部点蚀问题仍然是导致管柱失效的主要因素之一。地面集输系统管线在过去几年腐蚀穿孔较为严重，自 2012 年起通过加强腐蚀综合治理，腐蚀穿孔得到有效控制。一些新的防腐技术和措施，如双金属复合管（碳钢基管+内衬 316L 不锈钢）、非金属管（玻璃钢、柔性复合管、聚乙烯、钢骨架复合管等）、内涂层管、缓蚀剂等在油田地面集输系统开始大量使用。但是这些技术均面临不同层面的技术瓶颈，如双金属复合管焊接接头的腐蚀开裂及内坍塌、非金属管接头连接频发失效、缓蚀剂缓蚀效果差、内涂层管焊缝处内补口问题等没有得到很好的解决。

第三，注水/注气井管柱 O_2 腐蚀、CO_2 腐蚀和结垢问题。我国大庆油田、长庆油田、新疆油田、吉林油田、中石化西北油田、中原油田等老油田在开发中后期采用注气驱或混合驱导致的 O_2 和 CO_2 腐蚀及结垢问题非常严重。在油田注 CO_2 和注 N_2 驱油的过程中，注气井和生产井的管、杆、泵会发生以下几方面的腐蚀问题：①在高温高压井筒环境中，注气中的 O_2 对管柱造成严重的腐蚀，在同等条件下氧腐蚀的平均腐蚀速率是 CO_2 腐蚀的 80 倍；②生产井中含有较高浓度的 CO_2 和少量未参与氧化的 O_2，发生 CO_2 和 O_2 共存环境下的腐蚀；③若原油中含有 H_2S，在采出过程中可能发生 O_2、CO_2、H_2S 三者共存引起的复杂腐蚀问题。除了腐蚀问题，结垢也是注气井面临的一大难题，油气井中常见的危害性较大的无机盐沉积物主要有碳酸盐垢（主要成分为 $CaCO_3$）、硫酸盐垢（主要成分为 $CaSO_4$、$BaSO_4$、$SrSO_4$ 等）、铁化合物垢［主要成分为 Fe_2O_3、FeO、$Fe(OH)_2$、$Fe(OH)_3$］，还含有胶质、沥青质和蜡等有机沉淀物。国内各大油田在注气井腐蚀和结垢防护方面采取的主要措施包括使用内涂层（耐高温环氧类和纳米聚合物类）、非金属管内衬、金属镀层（Ni-P 非晶类和钨合金类）、缓蚀剂（无机类和有机类）、阻垢剂、除氧剂（亚硫酸盐和二甲基酮肟）等。这些措施的单一应用或联合应用在一定程度上缓解了井下管柱结垢腐蚀，但是部分油田的腐蚀结垢问题仍然较为严重，急需开展相关研究形成更加高效的防腐蚀结垢技术。

1.3.2 油气输送领域[9-13]

相对于勘探开发领域，油气长输管道的腐蚀要轻一些，但管道的腐蚀问题仍然普遍存在。我国陆上油气管道总里程已超过 12 万 km，到 2020 年我国油气管道总里程预计达到 20 万 km，覆盖 31 个省、自治区、直辖市，其中 30%以上运行已超过 10 年，1000km 泄漏事故率年均 4 次，远远高于美国和欧洲，2014 年已查出的隐患达 29000 多起。随着运行时间的变长，长输管道将面临因外防腐层老化和破损引起的管道外腐蚀失效问题。

第一，土壤环境引起的管道应力腐蚀开裂问题。自 20 世纪 60 年代中期以来，世界各地油气管道不断发生管道外部应力腐蚀导致的管道断裂事故，仅美国南部的天然气管道即已发生上百起应力腐蚀断裂事故。土壤应力腐蚀开裂分为高 pH 应力腐蚀开裂和近中性 pH 应力腐蚀开裂两种，高 pH 应力腐蚀开裂发生在浓度较低的碳酸盐/碳酸氢盐溶液中，pH 在 8.0～12.5 范围内；近中性 pH 应力腐蚀开裂发生在浓度较低的碳酸氢盐溶液中，pH 在 5.5～8.5 范围内。自 20 世纪 80 年代加拿大首次发现近中性 pH 应力腐蚀开裂后，国际上针对 X70 及以下管线钢近中性 pH 应力腐蚀开展了大量的研究工作。不过，随着管道外防腐层和管材质量的不断改进和优化，长输管道的应力腐蚀开裂已少有发生。

第二，交流杂散电流引起的管道腐蚀问题。随着油气工业的迅猛发展和城市的不断扩大，油气输送管线不可避免地经过城市周边和工业区，特别是油气输送管线与强电线路（高压输电线路和交流电气化铁路）互相平行时，由于强电线路的电磁作用形成杂散电流在管线涂层破损处引起腐蚀，最终造成管线腐蚀穿孔，而且杂散电流可以导致正常的阴极保护失效，交流杂散电流腐蚀已成为威胁埋地油气输送管线安全运输生产的重要因素之一。尽管交流杂散电流腐蚀当量仅为直流杂散电流腐蚀的 1%左右，但是长输管道的交流杂散电流不可忽视。据报道，交流杂散电流可以在管线的涂层破损处引起高达 5～10mm/a 的腐蚀速率，这意味着一旦管线有涂层破损点，管线将在 1～2 年内很快腐蚀失效。早在 19 世纪初，腐蚀科学家就开始研究交流杂散电流腐蚀，但是直到现在交流杂散电流引起的腐蚀都没有被很好地理解，主要原因为：①人们最初普遍认为腐蚀主要由直流杂散电流引起，交流电流引起的腐蚀很小，甚至可以忽略；②大部分腐蚀研究设备在交流信号干扰下无法获得稳定的腐蚀电流和电位信息；③交流杂散电流腐蚀研究早期主要集中在工业界，腐蚀工程师主要以工程性测试和现场实验为主，没有开展太多深入的研究性工作。目前主要采取阴极保护和极性接地排流两种方式抑制交流杂散电流腐蚀。

第三，直流杂散电流引起的管道腐蚀问题。近年来，随着我国（特）高压直流输电工程和石油天然气管道工程的快速发展，由于二者的选址原则相近或者实际现场的制约，（特）高压直流输电线路与石油天然气管道不可避免地共用公共走廊或者交叉并行。（特）高压直流输电线路杂散电流引起的长输管道腐蚀问题已成为威胁油气输送管道安全运输生产的重要因素之一。“十二五”期间，我国建设的11条±800kV高压直流输电线路中，与西气东输三线相交的就有7条。高压直流输电有两种运行方式（双极运行方式和单极运行方式），正常双极运行入地电流为不平衡电流，这种线路的输送电流会达到几千安培，1%～2%的不平衡电流就是几十安培；故障或调试时单极运行，入地杂散电流数值是输电线路中的输出电流，数值高达几千安培。如果有埋地金属管道位于其接地极之间，则会受到腐蚀干扰，严重时会烧毁阴极保护电源设备。高压直流接地极放电使得管道干扰电位可达300V以上，由此导致的管道腐蚀速率可达0.6mm/d，远高于交流杂散电流的影响。目前，对（特）高压直流杂散电流管道腐蚀主要采用敷设锌带、增加绝缘接头分段绝缘和旁路电流通道等方法来降低腐蚀危害，但是都没有达到较为理想的效果。因此，高压直流杂散电流对油气输送管道及附属设施的腐蚀影响及保护措施研究是亟须关注的课题。

1.3.3 石油炼化领域

目前我国原油加工能力约7亿t/a，其中75%以上的原油是含硫或高硫原油，30%为超高含硫原油，劣质原油和设备老化都给炼化装置的安全生产带来了严峻挑战。一些老油田为了提高产油量，在三次、四次采油的过程中，加入一定数量的增油剂在所难免，这样采得的原油，不但原油本身质量较差（密度较大，含硫、含酸、含盐量相对增加），而且加入的增油剂（含氯、氮的有机物）会给原油带入一些氯、氮等杂质，给原油的加工带来了很大的影响，同时造成了设备和管道的严重腐蚀。这是所有炼化企业必须面对的现实问题，也是国内外炼化企业共同面临的又一课题。下面是炼化领域存在的突出腐蚀问题及相关防腐技术。

第一，常减压装置三顶冷凝冷却系统低温电化学腐蚀问题。主要腐蚀部位包括塔顶、换热器、空冷器、水冷器及管线，其中腐蚀最严重的是处于相变部位的换热器和空冷器及塔顶 $HCl+H_2S+H_2O$ 腐蚀。针对上述腐蚀，采取的主要防腐措施为：①材料升级，但由于塔顶低温部位材料升级费用大，不少老装置仍然采用碳钢材料；②工艺防腐，即采用“一脱三注”。目前常减压装置的耐蚀能力已满足三年一修的要求，但原油劣质化后塔顶低温部位腐蚀并没有得到根本性的转变，表现最为明显的是常压塔顶和冷凝系统的盐酸腐蚀与氯化铵腐蚀导致的设备减薄与穿孔，影响设备长周期安全运行。

第二，临氢装置的腐蚀结盐结垢及开裂问题。加氢装置在石油炼制过程中具有极其重要的地位，由于国内外对环保要求越来越严格，石油产品质量要求越来越高，炼油厂加氢装置的需求也不断增加。由于加氢装置长期处于高温、高压、临氢且系统内存在 H_2S、NH_3 等苛刻环境中，加氢反应器、加氢换热器和加氢分离器等临氢设备铵盐腐蚀及开裂问题比较严重。据统计，2015 年中国炼油装置因加氢装置非计划停工占比 42.8%，与 2012～2013 年相比，2015～2016 年加氢装置非计划停工次数上升 100%，停工天数增加 100%。目前，针对临氢装置尤其是高压换热器的铵盐腐蚀问题，主要采取工艺防腐，近些年也尝试进行材料升级，但效果不明显，服役寿命较短；而临氢装置的开裂问题，主要采取两种防护措施：①依靠 Nelson 曲线或标准选材，主要材质是 Cr-Mo 钢；②对临氢装置裂纹部位进行热处理，但效果不佳，由临氢装置的腐蚀开裂引起的失效事故频发。

第三，原油混炼及采油助剂对炼化装置腐蚀的影响问题。随着油品的劣质化日益严重，为了控制装置的硫含量和酸含量，国内大多炼厂采用原油混炼的方式加工原油。但由于不同原油所含杂质成分不同，混炼引起了很多后续加工装置的腐蚀问题，如电脱盐不达标、换热器结垢等，研究一致认为原油混炼前需要对装置进行安全评价，但目前尚未有炼化企业进行此项工作。采油助剂是石油开采过程中为了提高产油率而加入的，不仅造成油品质量差，而且会给原油带入一些氯、氮等杂质，给原油加工带来很大影响，造成设备和管道严重腐蚀。目前国内外鲜有采油助剂对炼化装置腐蚀影响方面的研究报道。

参 考 文 献

[1] 狄彦. 美国 Carlsbad 天然气管线事故及其启示[J]. 安全、健康和环境，2008，8（1）：7-9.

[2] 国务院山东省青岛市“11·22”中石化东黄输油管道泄漏爆炸特别重大事故调查组. 山东省青岛市“11·22”中石化东黄输油管道泄漏爆炸特别重大事故调查报告[R]. http：//www.chinasafety.gov.cn/newpage/Contents/Channel_21140/2014/0110/229141/content_229141.htm.

[3] 刘智勇，李晓刚，杜翠薇，等. 典型材料油气田腐蚀实验评价方法[M]. 北京：科学出版社，2016.

[4] 王凤平，陈家坚，臧晗宇. 油气田腐蚀与防护[M]. 北京：科学出版社，2016.

[5] 中国腐蚀与防护学会. 石油工业中的腐蚀与防护[M]. 北京：化学工业出版社，2001.

[6] 朱庆流. 石油钻杆接头的疲劳分析[D]. 哈尔滨：哈尔滨工程大学硕士学位论文，2009.

[7] 吕栓录. 塔里木油田油套管失效分析及预防[R]. 北京：2013 年塔里木油田井筒完整性会议，2013.

[8] 杨向同. 全面提升库车井筒完整性水平[R]. 北京：2013 年塔里木油田井筒完整性会议，2013.

[9] 李建军. 长输管线发展趋势与“西气东输”二线焊接[J]. 焊接技术，2008，37（8）：5-8.

[10] 帅健. 我国输气管道应力腐蚀开裂的调查与研究[J]. 油气储运，2006，25（4）：22-28.

[11] 罗鹏，张一玲，蔡陪陪，等. 长输天然气管道内腐蚀事故调查分析与对策[J]. 全面腐蚀控制，2010，24（6）：16-21.

[12] National Energy Board. Report of Public Inquiry Concerning Stress Corrosion Cracking on Canadian Oil and Gas Pipelines[R]. MH-2-95，1996.

[13] 李丹丹. 高压直流输电线路对某埋地金属管道的干扰规律研究[D]. 成都：西南石油大学硕士学位论文，2014.

第 2 章　油气田开采及集输系统腐蚀与控制

2.1　油气田腐蚀概况

我国油气田分布较为广泛，根据油气田分布地域，可大致分为陆上油气田和海上油气田。

陆上油气田是当前我国油气开采的主战场，代表性的油田有大庆油田、长庆油田、胜利油田、新疆油田、延长油田、西南油气田、辽河油田、中原油田、塔河油田、吉林油田等。我国陆上油气田腐蚀现状主要有以下三个特点：第一，油田开发进入中后期，综合含水量增加和管道服役年限较长导致腐蚀问题突出。特别是以大庆油田和中原油田为代表的老油田，开发时间已有 40～50 年，随着油田综合含水量的上升和管柱、管道服役年限的增加，井下管柱和地面管道腐蚀穿孔失效呈现逐年上升的趋势。第二，油田井下采出介质复杂且腐蚀性强导致腐蚀问题较为严重。以新疆地区的塔里木油田和塔河油田为例，油气介质普遍具有“高温、高压、高 CO_2、较高 H_2S、高 Cl^-、高矿化度”的特点，最高压力达 130MPa、最高温超过 200℃、最高 CO_2 含量达 4MPa、最高 H_2S 含量达 1MPa、Cl^-浓度普遍在 10 万 mg/L 以上、矿化度在 20 万 mg/L 左右，这些复杂苛刻的工况环境导致油气管柱和管道发生严重腐蚀失效。第三，油气田井下采出介质高含硫导致 H_2S 腐蚀和应力腐蚀开裂风险极高。普光气田和西南油气田天然气中 H_2S 含量高达 15%左右，CO_2 含量 8%～10%，井下管柱和油气集输系统存在很高的腐蚀和应力腐蚀开裂风险。

我国的海上油气田主要分布在渤海、南中国海和东海海域，分为渤海、东海、南海西部、南海东部等四大海洋石油基地，海上油气田的腐蚀现状如下：随着海上油气田开发生产年限的增加，含水量不断上升，部分油气田不断发现伴生高浓度的 CO_2 和 H_2S，油田的腐蚀问题日益突出。如南海东部番禺油田因腐蚀问题严重干扰正常生产，导致油田产液量大幅降低，南海西部东方气田随着含水量不断上升，腐蚀问题也日趋严重。油气田开采系统的服役工况恶劣，通常深层油、气、水中由于含有矿化水、CO_2、H_2S 和烃类化合物，具有很强的腐蚀性。有机酸、氧气常常通过注水时带入，在开采过程的某些特定阶段，可能还会有微生物活动，对低渗透底层进行酸化处理时，还会带入无机酸。显然，这些物质会加速金属的腐蚀破坏。海洋大气腐蚀和海水腐蚀都对海上油气田钻采平台和海底油气管道造成严重的腐蚀隐患。

油套管及部分井下工具是油气田在开发过程中经常发生腐蚀的构件，影响腐蚀的主要因素有：①腐蚀介质，包括地层水、凝析水、完井液、酸化液、CO_2、H_2S、微生物等；②腐蚀工况，包括温度、压力、流速、液体浓度、气体分压等；③载荷，包括恒载荷、交变载荷、弯曲载荷等。图 2-1 是川东气田井下油管腐蚀的腐蚀特征：上部油管内壁坑蚀严重，但外壁基本无腐蚀，破坏以穿孔和拉断为主；下部油管内壁有坑蚀和堵塞，外壁为均匀腐蚀，垢物严重，破坏形式主要为挤扁和堵塞；气液界面处油管内壁有坑蚀及垢物，外壁垢物局部脱落处坑蚀严重，破坏形式以穿孔和堵塞为主[1]。

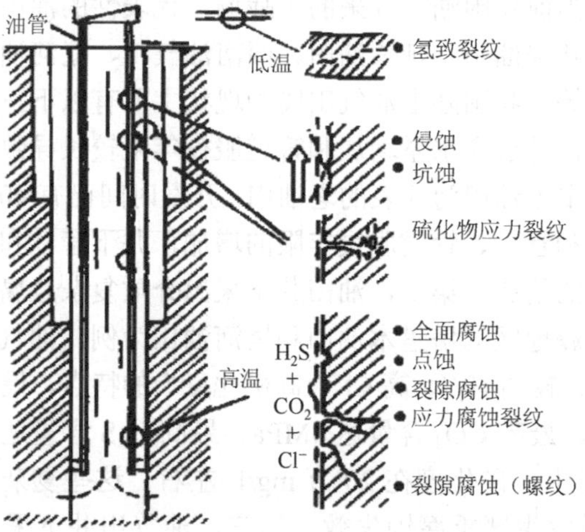

图 2-1　川东气田井下油管腐蚀现象示意图[1]

油气田集输系统的腐蚀可分为内腐蚀和外腐蚀。内腐蚀是指原油及其采出液、伴生气在计配站、集输管线、集中处理站和回注系统的金属管线及装备所产生的腐蚀。外腐蚀是指油气田集输系统中的金属管线及设备与其周围环境介质（如土壤、大气、海水）接触所产生的腐蚀。

下面简要介绍油气田采输系统的典型腐蚀环境及特征。

2.1.1　酸腐蚀[2-4]

酸化是一种使油气井增产或注水井增注的有效方法，其原理是通过酸液对岩石胶结物或地层孔隙、裂缝内堵塞物等产生溶解和溶蚀，从而恢复或提高地层孔隙和裂缝的渗透性。但是，在增产的同时，酸化液会引起油套管和酸化压裂设备的严重腐蚀。图 2-2 示出了酸化压裂过程中酸化液对油管造成的坑蚀。

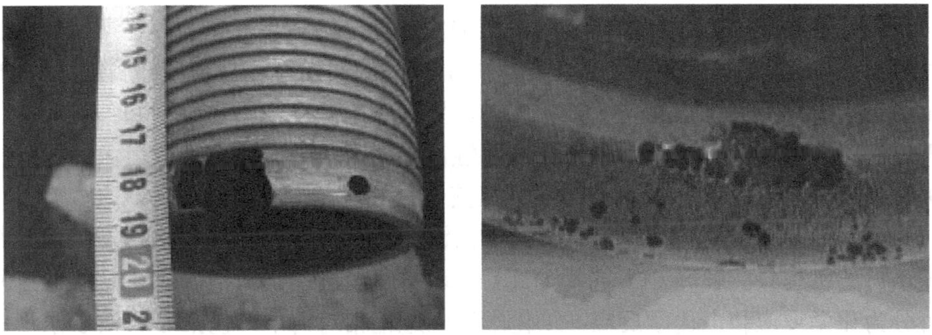

图 2-2　酸化压裂过程中新鲜酸化液对油管的腐蚀

目前，酸化液通常由 HCl、HF、冰醋酸等组成。常见的新鲜酸化液组成为 10% HCl+1.5% HF+3% HAc。为减缓酸化工艺对油套管的腐蚀，通常在酸液中添加缓蚀剂。尽管如此，酸化施工仍然对油套管产生严重的局部腐蚀，严重影响井下管柱的密封完整性和结构完整性。

2.1.2　二氧化碳腐蚀[5-14]

在我国的油气田开发过程中，在天然气或石油伴生气中大多含有 CO_2。CO_2 俗称碳酸气，又称碳酸酐，其在标准状态下是无色、无臭、略有酸味的气体。一般来说，干燥的 CO_2 对钢铁没有腐蚀，但当 CO_2 溶于水后，在相同的浓度下，其总酸度高于盐酸，因此其对钢铁的腐蚀性极强。

CO_2 对碳钢的腐蚀形态表现为均匀腐蚀（图 2-3）和局部腐蚀（图 2-4），最典型的特征是点蚀、蜂窝状腐蚀和台地腐蚀等局部腐蚀，其中台地腐蚀最为严重，腐蚀速率可达 3～7mm/a。

图 2-3　CO_2 引起的均匀腐蚀[14]

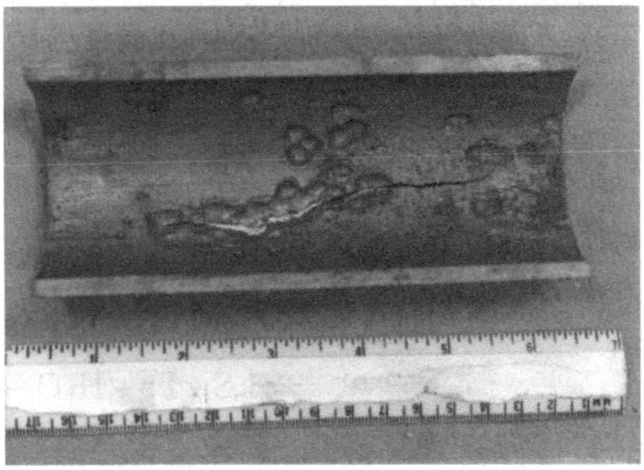

图 2-4　CO_2 引起的点蚀[14]

CO_2 腐蚀是油气生产中遇到的最普遍的一种侵蚀形式，它的存在严重威胁着油气田的安全运行。在油气田生产过程中，事故的发生往往是由局部腐蚀导致的，主要是因为局部腐蚀与均匀腐蚀相比较，更具有隐蔽性，不易察觉和预防，一旦管道和设备由于局部腐蚀发生穿孔或腐蚀诱导断裂失效时，会造成巨大的经济损失和人身伤害。因此 CO_2 的局部腐蚀尤其值得关注。

到目前为止，虽然国内外学者对于钢铁的 CO_2 腐蚀提出了很多机理，但是普遍认可的机理只能解释 CO_2 的均匀腐蚀。均匀腐蚀机理认为钢铁的 CO_2 腐蚀过程可分为化学反应和电化学反应：①化学反应过程相对简单，包括 CO_2 溶于水形成 H_2CO_3 的过程、H_2CO_3 的一级电离和二级电离过程、碳钢溶解形成活化粒子的过程和碳酸盐生成的过程；②电化学反应过程包括阳极失去电子被氧化的过程、阴极得到电子被还原的过程和电子传输的过程，但由于 CO_2 在水中会发生水合反应和两级电离，因此腐蚀的中间产物多种多样［如 FeOH、$Fe(OH)_2$、$Fe(HCO_3)_2$、$Fe(HCO_3)OH$ 等］，而阴极反应过程也涉及 H^+、H_2O、H_2CO_3 和 HCO_3^- 的还原。尽管碳钢在 CO_2 中腐蚀的电化学过程仍存在分歧，但多数研究表明最终腐蚀产物为 $FeCO_3$，同时受温度、pH 和合金元素影响，其他腐蚀产物，如 Fe_3C、$Fe(OH)_2$ 和 $Cr(OH)_3$ 也会形成。

对于 CO_2 的局部腐蚀，很多学者认为是由于钢铁表面覆盖了腐蚀产物后构成了电偶腐蚀，诱发机制主要有台地腐蚀机制（mesa attack corrosion）、流动诱导机制（flow induced localized corrosion）和内应力致裂机制（intrinsic stresses cracking）等。

2.1.3 硫化氢腐蚀[15-24]

H_2S 是天然气中的一种有害成分，常温时为一种无色、易燃的剧毒气体，具有特殊气味，化学性质不稳定，在空气中与氧气反应生成 SO_2，与空气混合燃烧时将发生爆炸。H_2S 分子是一种极性分子，多混合于油气的伴生气中。我国的四川盆地油气田、塔里木油气田中都发现有 H_2S 存在。

干燥的 H_2S 对钢铁没有腐蚀，但当 H_2S 溶解在水中，具有强烈的腐蚀性。H_2S 对钢的腐蚀过程如下

$$H_2S \longrightarrow H^+ + HS^- \tag{2-1}$$

$$HS^- \longrightarrow H^+ + S^{2-} \tag{2-2}$$

$$H_2S + Fe + H_2O \longrightarrow FeHS^-_{吸附} + H_3O^+ \tag{2-3}$$

$$FeHS^-_{吸附} \longrightarrow FeHS_{吸附} + e^- \tag{2-4}$$

$$FeHS_{吸附} \longrightarrow FeHS^+_{吸附} + e^- \tag{2-5}$$

$$FeHS^{+}_{吸附} + H_3O^{+} \longrightarrow Fe^{2+} + H_2S + H_2O \qquad (2\text{-}6)$$

$$Fe^{2+} + HS^{-} \longrightarrow FeS + H^{+} \qquad (2\text{-}7)$$

当钢表面形成的腐蚀产物膜（FeS）结构致密且附着力良好时，腐蚀产物膜可以阻止腐蚀性离子的侵入，对钢的腐蚀起到一定的抑制作用。当钢表面的腐蚀产物膜的致密性降低时，腐蚀产物膜和裸露钢表面将分别作为阴极和阳极，而形成电偶腐蚀电池，从而加速钢的腐蚀。

湿 H_2S 产生的腐蚀形态有均匀腐蚀、点蚀、氢损伤、应力腐蚀开裂和元素硫腐蚀。氢鼓泡（hydrogen blistering，HB）、氢致开裂（hydrogen induced cracking，HIC）、应力导向氢致开裂（stress oriented hydrogen induced cracking，SOHIC）和硫化物应力腐蚀开裂（sulfide stress corrosion cracking，SSCC）的破坏性强。导致开裂的应力可以是外加应力（或残余应力），如 SOHIC 和 SSCC 的情况，也可以是由氢内压产生的内部应力，如 HIC 和 HB。

氢鼓泡是硫化氢环境中氢损伤的一种重要形式，其最容易在常温下发生，且不需要任何外加应力。低强度的碳素钢在 pH 为 1～5 的湿 H_2S 腐蚀环境中最容易发生氢鼓泡。图 2-5 是某低分气分液罐表面氢鼓泡的宏观形貌，图 2-6 是某高含 H_2S 天然气集输管线内表面氢鼓泡的宏观形貌。

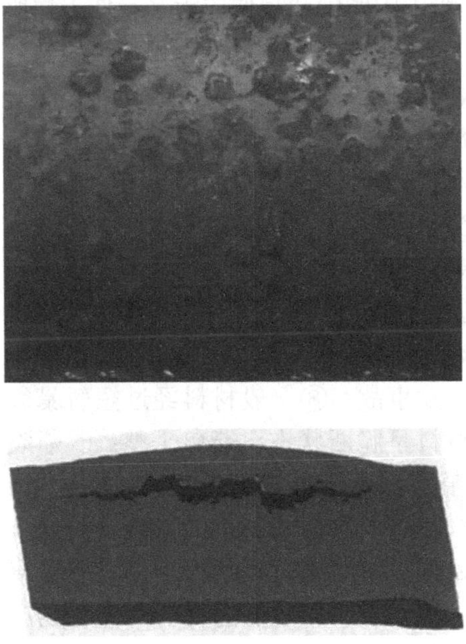

图 2-5　低分气分液罐表面氢鼓泡的宏观形貌[17]

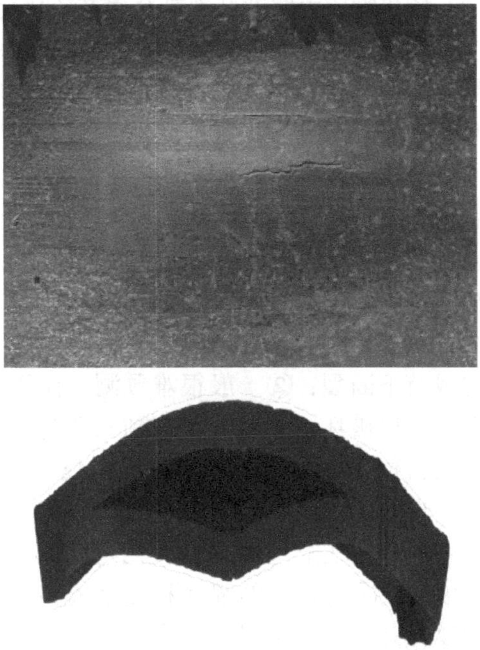

图 2-6　某高含 H_2S 天然气集输管线内表面氢鼓泡的宏观形貌[18]

金属在氢压作用下不同层面的相邻氢鼓泡裂纹相互连接，形成直线或阶梯状特征的内部裂纹，称为氢致开裂。氢致开裂具有以下特征：①主要发生在低强度钢中；②不需要外加应力即可发生；③一般在非金属夹杂物和偏析处萌生，并沿着珠光体带扩展。

应力导向氢致开裂是氢致开裂的一种形式，图 2-7 是典型的应力导向氢致开裂的形貌。与氢致开裂相比，应力导向氢致裂纹由平面裂纹和纵向裂纹组成。平面裂纹是由氢鼓泡扩展裂纹所致，产生机理与氢鼓泡和氢致开裂一致。纵向裂纹则是由拉应力和氢压的共同作用所致，纵向裂纹往往并不是严格垂直于壁厚方向，主要是因为氢压和钢内部杂质等因素影响裂纹的走向。

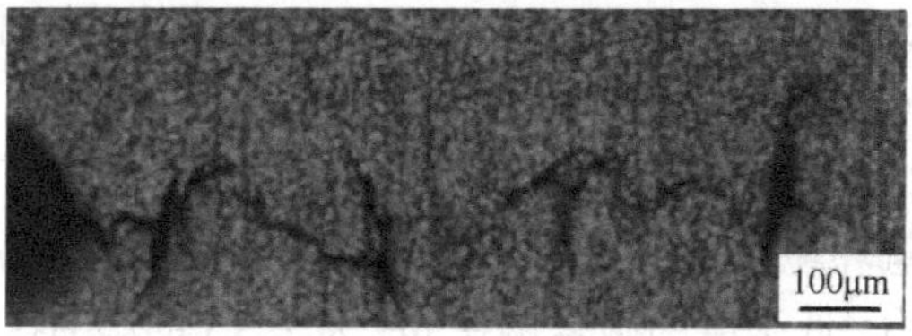

图 2-7　典型的应力导向氢致开裂[20]

硫化物应力腐蚀开裂是金属在硫化物环境中因腐蚀和拉伸应力（远低于屈服应力）协同作用下所发生的延迟断裂现象。更为细致的描述为：在湿 H_2S 酸性环境下活性氢原子渗入金属材料内部晶格，从而使材料的脆性增加，在外加拉应力和残余应力作用下发生开裂的一种现象。硫化物应力腐蚀开裂是危害性最大的腐蚀形势之一。图 2-8 是管线钢发生硫化物应力腐蚀开裂的形貌。产生硫化物应力腐蚀开裂必须同时具备以下三个条件：特定的合金成分结构，足够大的拉应力，以及特定的腐蚀介质（即湿 H_2S 环境）。腐蚀和应力是相互促进的，不是简单叠加，两者缺一不可。石油天然气钻采中出现油气管、套管、阀门等硫化物应力腐蚀开裂事故，调查发现硫化物应力腐蚀开裂具有以下特点：①在比预想低得多的载荷下断裂；②一般很难预测，往往是突发事故；③一般材料经过短暂暴露后就出现破坏，多为一星期到三个月；④材料呈脆断状态，断口平整；⑤断裂源通常位于应力集中点、机械伤痕（如刻痕、打标记处、铲痕等）、蚀孔、蚀坑、焊接热影响区、焊缝缺陷、冷加工、淬硬组织等薄弱部位；⑥碳钢和低合金钢断口上明显地覆盖着硫化物腐蚀产物，而不锈钢表面及断口往往无明显腐蚀痕迹；⑦对材料的强度和硬度依赖性强，高强度、高硬度的材料对硫化物应力腐蚀开裂十分敏感；⑧硫化物应力腐蚀裂纹粗，无分枝或少分枝，多为穿晶型，也有晶间型或混合型；⑨未经回火的马氏体组织对硫化物应力腐蚀开裂特别敏感。

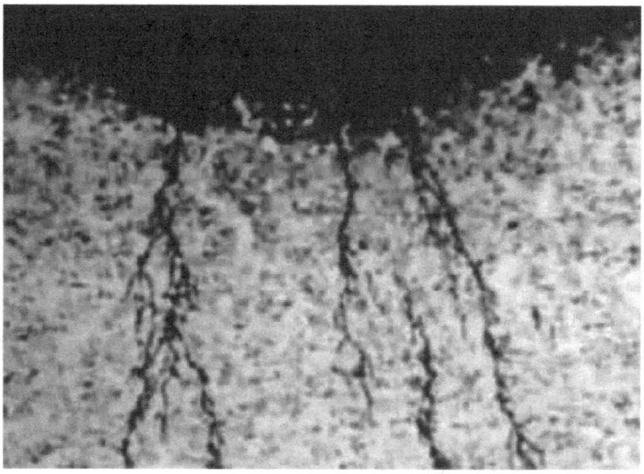

图 2-8　硫化物应力腐蚀开裂的裂纹特征[24]

2.1.4　元素硫腐蚀[25-32]

在高酸性油气田的开发过程中，天然气中都含有一定量的元素硫。油气田中元素硫的含量主要取决于储层成岩的变化与油气成藏演化过程中地质-地球化学作用，如烃类硫酸盐的热化学反应［式（2-8）］、高温高压下 H_2S 的缩聚反应［式（2-9）］、硫烷的分解［式（2-10）］、离子多硫化物的分解［式（2-11）］、H_2S 的氧化［式（2-12）］。

$$2CaSO_4 + 2HC + H_2S \xrightarrow{95\sim105℃, 30.5\sim34MPa} 3S + 2CaCO_3 + 2H_2O \tag{2-8}$$

$$17H_2S \longrightarrow H_2S_9 + S_8 + 16H_2 \tag{2-9}$$

$$H_2S_9 \rightleftharpoons H_2S + S_8 \tag{2-10}$$

$$H^+ + HS_9^- \longrightarrow H_2S + S_8 \tag{2-11}$$

$$2H_2S + O_2 \xrightarrow{95\sim105℃, 30.5\sim34MPa} 2S + 2H_2O \tag{2-12}$$

储气层中的元素硫通过三种方式到达地面集输系统：一是与硫化氢通过化学可逆反应生成多硫化氢；二是溶解于高分子烷烃；三是呈微滴状的元素硫被高速气流携带出地层。随着采输系统温度和压力的变化，元素硫颗粒往往会从天然气中析出并沉淀，从而可能导致产生以下危害：①当元素硫少量沉积时，会导致天然气流体的通道减小，影响天然气的产量，当元素硫大量沉积时，会造成管体或分离器堵塞（图 2-9）；②元素硫沉积的部位，元素硫与其他腐蚀介质（如高浓度 H_2S、CO_2 和 Cl^-）及应力的耦合作用，导致管道和设备产生局部腐蚀穿孔或开裂（图 2-10 和图 2-11）。这给油气田的生产带来了严重的安全隐患，一旦发生腐蚀失效事故，不仅导致巨大的经济损失，而且 H_2S 等酸性气体的危害性也会对人身安全造成严重威胁。

图 2-9　某油气田计量分离器排液管线弯头硫堵情况

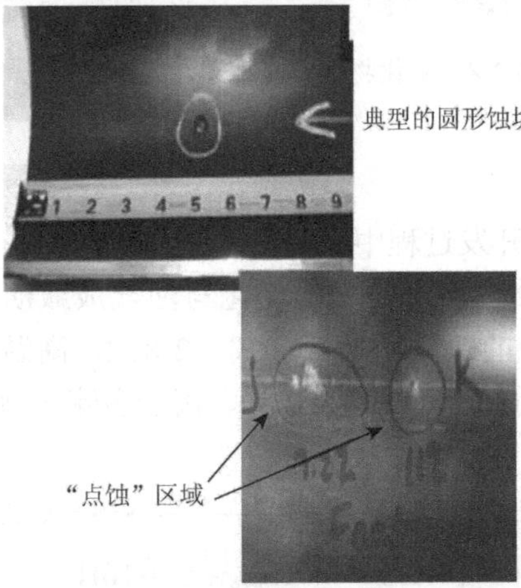

图 2-10　管线钢元素硫腐蚀后的典型点蚀形貌[25]

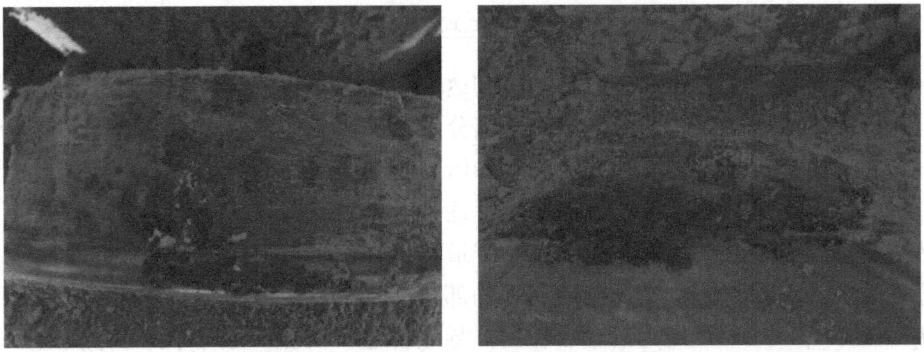

图 2-11　某油气田硫黄回收装置投产不足一年其不锈钢内壁的腐蚀情况

元素硫对碳钢的腐蚀机理主要以元素硫的水解为基础，形成了催化机理、水解机理和电化学机理。催化机理认为碳钢与元素硫的直接接触是严重腐蚀发生的必要条件，反应过程中，硫离子和固体硫颗粒之间化学吸附形成 $S_{y-1}\cdot S^{2-}$，反应产物 $Fe_{1+x}S$（$0\leqslant x\leqslant 0.11$）中的硫铁比不是 1∶1，不完美的结构使其具有半导体的性能，如同一根导线连接了阴极和阳极，形成了无数腐蚀电池，自催化过程促使其发生严重腐蚀。水解机理认为元素硫与水反应产生的硫酸和硫化氢对碳钢产生腐蚀，但是在热力学上，元素硫水解反应的标准摩尔吉布斯自由能为正值，即水解反应在常温常压下不能自发进行，只有在高温或者强烈搅拌条件下才可能发生。电化学腐蚀机理认为元素硫和水首先反应产生 H_2S，然后 H_2S 与铁及氧化亚铁反应，从而在碳钢表面形成马基诺矿（Mackinawite）产物，反应介质中的阴离子（如 F^-、Cl^-、Br^-、I^-、SO_4^{2-}）通过特性吸附和催化作用参与了阳极反应，加速了反应过程。但是，Fang 等研究认为元素硫的水解反应只有在温度高于 80℃时才能产生明显的酸化作用，而且酸化产物以 SO_4^{2-} 为主，S^{2-}的含量甚至低于 1ppm（1ppm= 10^{-6}）。据此，元素硫的腐蚀产物应该为硫酸亚铁或者硫酸铁。然而，魏辉荣等研究 L360 钢在元素硫存在条件下的 H_2S/CO_2 溶液中的腐蚀行为，发现元素硫促进了钢的阴极反应，但并未影响腐蚀产物的种类，即 L360 钢在含硫和不含硫溶液中的腐蚀产物均为马基诺矿型产物 FeS_{1-x}。因此，这些以元素硫水解为基础的腐蚀机理的可靠性有待考究。Fang 等将元素硫直接涂敷在 X65 钢表面进行试验，研究认为元素硫的腐蚀机理应该为元素硫与碳钢直接反应［式（2-13）］形成硫化亚铁腐蚀产物。另外，碳钢在元素硫存在条件下的腐蚀速率与腐蚀时间和元素硫沉积层的厚度有关。杨萍等研究硫沉积腐蚀时间对 X52 钢的腐蚀速率的影响发现，在单质硫覆盖下样品表面的腐蚀产物随时间的演化趋于稳定，因此不同温度下的腐蚀速率趋于接近。蒋秀等研究 L360 钢在 S-Cl^--饱和 CO_2 溶液中的腐蚀行为，认为腐蚀速率与 S 沉积层的厚度有关，即随着 S 沉积层厚度的增加而降低，但当沉积层厚度达到临界值后，腐蚀速率趋于稳定。

$$8Fe(s)+S_8(s)\longrightarrow 8FeS(s) \tag{2-13}$$

2.1.5　海水腐蚀[33]

海底管道处于海水或海泥中，海泥中的海水处于饱和状态，海水对金属管道外腐蚀的机理有多种。

金属钢管不仅含有铁、碳元素，还含有其他各种含量较少的元素和杂质。所以，这样的金属钢管处在海水电解质中，就会引起电化学腐蚀。例如，将一块钢板放入海水中，钢板表面很快显示出电位高低的不均匀性，这是因为钢板与海水接触，在钢板表面形成微电池，且海水中氧的浓度不同，使钢板表面形成的氧化膜有快有慢、有早有迟，氧化膜形成快的、早的部位是阴极区，受到保护，而氧化膜形成慢的、迟的部位是阳极区，受到腐蚀。这就是金属管道在海水中的电化学腐蚀原理。海水中含有各种盐类，更加剧了金属管道外腐蚀。

影响钢管道在海水中腐蚀的因素很多，包括化学（如溶解氧、盐度、酸碱度）、物理（如流速、潮汐、温度）和生物等因素。

（1）溶解氧

海水溶解氧的含量越多，钢质管道的腐蚀速率越快。

（2）盐度

海水含盐量较高，其中所含的钙离子和镁离子，能够在金属表面析出碳酸钙和氢氧化镁沉淀，对金属有一定的保护作用。当盐度低、钙和镁的含量较小时，金属的腐蚀性增加。海水中的氯离子能破坏金属表面的氧化膜，并能与金属离子形成络合物，后者在水解时产生氢离子，使海水的酸度增大，使金属的局部腐蚀加剧。

（3）酸碱度

pH 越小，酸性越强，反之亦然。海水的 pH 通常变化很小，对金属的腐蚀几乎没有直接影响。当海水被污染时，pH 可能有所改变，因此对腐蚀会产生一定的影响。

（4）流速

海水对金属的相对流速增大时，溶解氧向阴极扩散得更快，使金属的腐蚀速率增加。特别是当海水流速很大，或者它对金属的冲击很强时，海水中产生气泡，发生空泡腐蚀，其破坏性更强。船舶螺旋推进器的叶片，往往因空泡腐蚀而损坏。

（5）潮汐

海水中裸钢桩的腐蚀，可表明潮水涨落的影响。接近海面的大气中，有较高的水分和盐分，又有充足的氧，对金属的腐蚀性比较强。因此，在平均高潮线上面海水浪花飞溅到的地方（飞溅区），金属表面经常处于潮湿多氧的情况，腐蚀最为严重。在平均高潮线和平均低潮线之间为潮差区，金属的腐蚀性差别很大，由高潮线向下，腐蚀速率逐渐下降。总的说来，在平均中潮线以上的腐蚀比较严重。

（6）温度

水温升高会使腐蚀加速，但是温度升高，氧在海水中的溶解度降低，会使腐蚀减轻。这两方面的效果相反。

2.1.6 海洋大气腐蚀[34]

海洋大气盐分高、湿度大，在钢铁表面形成导电性良好的液膜，提供了电化学腐蚀的条件。因此，大气腐蚀基本上属于电化学性腐蚀范围。它是一种液膜下的电化学腐蚀，与浸在电解质溶液内的腐蚀有所不同。一方面，由于金属表面上存在着一层饱和了氧的电解液薄膜，大气腐蚀以优先的氧去极化过程进行腐蚀；另一方面，在薄层电解液下很容易造成阳极钝化的适当条件，固体腐蚀产物也常以层状沉积在金属表面，从而起到一定的保护作用。

普通碳钢在海洋大气中的腐蚀比沙漠大气中要高出 50～100 倍。除了在强风暴的天气中，距离海岸近的钢结构，特别是在距海岸 200m 以内的大气区域中，强烈地受到海洋大气的影响，离海岸 24m 处钢的腐蚀比 240m 处大 12 倍，海洋大气中金属材料腐蚀速率在距海岸线 15～25km 处发生明显变化。因此，海洋大气的影响范围一般界定为 20km 左右。

海洋大气中相对湿度较大，同时由于海水飞沫中含有氯化钠粒子，所以对于海洋钢结构来说，空气的相对湿度都高于它的临界值。因此，海洋大气中的钢铁表面很容易形成有腐蚀性的水膜。薄水膜对钢铁作用而发生大气腐蚀的过程，符合电解质中电化学腐蚀的规律。这个过程的特点是氧特别容易到达钢铁表面，钢铁腐蚀速率受氧极化过程控制。

海洋大气腐蚀主要受以下几个方面的影响。

（1）大气相对湿度

海洋大气中相对湿度较大，空气的相对湿度都高于它的临界值。因此海洋大气中的钢铁表面有腐蚀性水膜。表面水膜的厚度对钢铁的海洋大气腐蚀有重要影响，它直接影响到钢铁腐蚀速率和腐蚀机理。与一般的大气腐蚀相比，随着水膜厚度的增加，腐蚀速率变大。由于海洋大气环境的湿度不同，所形成的水膜也具有不同的厚度，因此在不同海域的海洋大气腐蚀形式也不完全相同。由于日晒和风吹，钢铁表面的水膜厚度也会发生改变，从而改变钢铁表面大气腐蚀的过程。海洋环境中的雨、雾、露中的水分通过不同的方式影响相对湿度，进而影响钢铁的大气腐蚀过程。

（2）大气含盐量

海洋大气中因富含大量的海盐粒子，形成含有大量盐分气体的环境，这是与其他气体环境的重要区别。这些盐粒子杂质溶于钢铁表面的水膜中，使这层水膜变为腐蚀性很强的电解质，加速了腐蚀的进行，与干净大气的冷凝水膜比，被海雾周期饱和的空气能使钢的腐蚀速率增加 8 倍。海洋大气区海盐的沉积与风浪条件、距离海面的高度和在空气中暴露时间的长短等因素有关。

（3）干湿交替的影响

暴露于海洋大气环境下的金属材料表面常常处于干湿交替变化的状态中，干湿交替导致金属表面盐浓度较高，从而影响金属材料的腐蚀速率。干湿交替变化的频率受到多种因素的影响。空气中的相对湿度通过影响金属表面的水膜厚度来影响干湿交替的频率。日照时间如果过长导致金属表面水膜消失，降低表面的润湿时间，使得腐蚀总量减小。另外，降雨、风速对金属表面液膜的干湿交替频率也有一定的影响。在海洋大气区金属表面常会有真菌和霉菌沉积，由于它保持了表面的水分而影响干湿交替的频率从而增强了环境的腐蚀性。

（4）光照条件

光照条件是影响海洋大气腐蚀的重要因素，光照会促进铜及铁金属表面的光敏腐蚀反应及真菌类生物的生物活性。

（5）大气温度

不同海域由于温度及其他环境因素的差异，海洋大气的腐蚀性差异较大。海洋大气腐蚀环境的温度及其变化通过影响金属表面的水蒸气的凝聚、水膜中各种腐蚀气体和盐类的溶解度、水膜的电阻及腐蚀电池中的阴阳极过程来影响金属材料的海洋大气腐蚀。一般的大气环境中，由于相对湿度低于金属临界相对湿度，在温度升高的情况下，由于环境干燥，金属的腐蚀仍然很轻微。但在海洋大气腐蚀环境中，由于空气湿度大，常常高于金属的临界相对湿度，温度的影响十分明显，温度升高使海洋大气腐蚀明显加剧。对于一般的化学反应，温度每升高 10℃，反应速率会提高 2 倍。所以同一地区的季节变化也会影响腐蚀速率。一般热带海洋大气的腐蚀性最强，温带海洋大气次之，温度较低的南北极最弱。

2.1.7 微生物腐蚀[35, 36]

油田采出液中的微生物一般有三种细菌：硫酸盐还原菌（sulfate-reducing bacteria，SRB）、铁细菌和腐生菌。其中，SRB 对管道腐蚀危害最大，其在无氧的环境下将水中无机硫酸盐还原成 H_2S，从而对系统造成腐蚀。在缺氧条件下，硫酸盐还原菌在金属管道内表面的水膜中，将利用硫酸盐类进行繁殖。在这种细菌和氢的作用下，硫酸盐类被还原为硫化物。反应所需要的氢是来自油品中所含的有机物或来自金属腐蚀过程中生成的阴极氢。这样就使细菌有生存条件、繁殖条件，而且还能不断获得氢，就促使这种细菌腐蚀加快、加剧。

海洋中的微生物种类繁多，它们附着在金属管道及设备表面，形成生物膜。由于生物膜内的 pH、溶解氧、有机物和无机物种类等因素都与海洋本体环境完全不同，因此生物膜内微生物的活性控制着电化学反应的速率和类型，诱发海洋工程材料的腐蚀。微生物腐蚀的本质是微生物新陈代谢的产物通过影响腐蚀反应的阴极过程或阳极过程而影响腐蚀速率和类型。按照影响腐蚀的机制，可将微生物划分为 SRB、产酸菌（acid-producing bacteria）、产黏泥菌（slime-producing bacteria）、产氨菌（ammonium-producing bacteria）等。据统计，海洋微生物腐蚀引起的材料破坏占涉海材料破坏总量的 70%～80%，因此已成为海上油气田开采过程中面临的主要腐蚀问题。

2.2 油气田的腐蚀案例

2.2.1 井下油套管的腐蚀及断裂[37-39]

井下油套管失效事故轻则造成大批油套管损坏，甚至导致管柱落井事故，重则使整口井报废，造成巨大的经济损失。腐蚀是油套管普遍存在的问题。如前所述，油管的腐蚀因其深度分布而不同。

碳钢和低合金钢与 H_2S、CO_2 和 Cl^-等腐蚀介质接触时，一般会发生两种类型的腐蚀，一种为 H_2S 所引起的环境敏感开裂，包括氢致开裂（HIC）、阶梯形裂纹（SWC）、应力导向氢致开裂（SOHIC）、软区开裂（SZC）及硫化物应力开裂（SSC）；另一种为失重腐蚀（MLC），包括全面腐蚀、点蚀和缝隙腐蚀等。由此引起的油管失效形式主要为穿孔和断裂。

图 2-12 是某 P110 油管的腐蚀形貌。这种腐蚀破坏主要以腐蚀产物膜局部破损引发的点蚀或坑状腐蚀为主要腐蚀特征。在实际的服役工况中，这种腐蚀往往不是单一介质引起的，而伴生有其他的腐蚀介质，如溶解氧腐蚀、Cl^-的自催化作用等。腐蚀产物主要是 $FeCO_3$，表明套管和油管的环空已经和油管内的介质导通，这是造成油管外壁腐蚀的主要原因。

图 2-12　某 P110 油管腐蚀形貌

硫化氢应力腐蚀开裂是一种低应力破坏，在很低的拉应力下可能发生开裂，随着钢材强度增加，硫化氢应力腐蚀开裂越容易发生，对于高强度钢即使在溶液中硫化氢含量很低（0.001mL/L）的情况下仍可能引起破坏。图 2-13 是某 P110EU 油管应力腐蚀断裂后的断口形貌，该油管外壁机械损伤是断裂源，油管硬度较高及硫酸盐还原菌等的存在是导致油管最终断裂失效的关键因素。

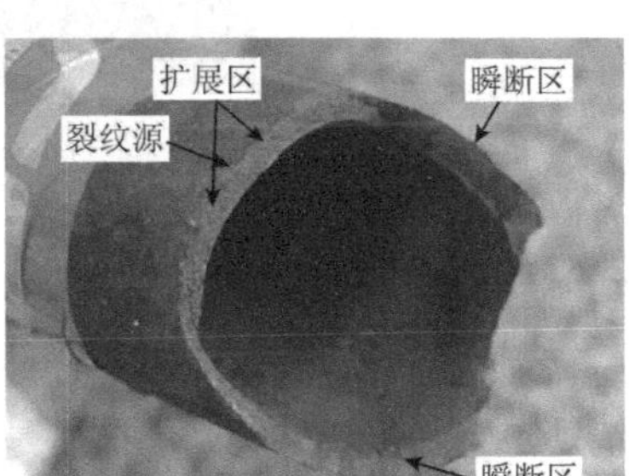

图 2-13　某 P110EU 油管应力腐蚀断裂后的断口形貌[39]

2.2.2　集输管线的内腐蚀[40]

集输管线是油气井井口集气和集油管线、站间输送管线，输送介质为油气井采出物或经简单分离处理的原油或天然气。集输管线常见的金属材料为碳钢，牌号有 20、20G、L245、L360 等。由于碳钢的耐蚀性较差，集输管线通常面临 CO_2、H_2S 和地层水的腐蚀，腐蚀形态以均匀腐蚀为主，但也存在危害性较大的局部腐蚀（如点蚀或应力腐蚀开裂），导致刺漏、穿孔等安全事故发生。与油套管的腐蚀穿孔失效类似，集输管线的腐蚀穿孔也不是单一介质引起的，往往是 CO_2-H_2O-Cl^-、H_2S-H_2O-Cl^-或 CO_2-H_2S-H_2O-Cl^-的综合作用。

20G 钢管是根据 GB 5310—2008 标准制造的高压锅炉用无缝钢管，显微组织为铁素体+珠光体。与 20 钢相比，20G 钢中含有一些微量元素，具有更好的物理性能（如弯曲、冲击和抗拉性能），因此近几年来广泛应用于油气田地面集输管线系统。然而，西部某油田一条 20G 原油输送管线在投产一年后即发生腐蚀穿孔泄漏，腐蚀速率达 8mm/a。穿孔管段内壁的形貌如图 2-14 所示，除穿孔外，管段内壁 6 点钟位置存在明显的腐蚀坑和腐蚀产物。腐蚀产物主要由 Fe_3O_4、Fe_2O_3、FeO(OH)、FeS 和 $FeCO_3$ 组成。该管线内部输送介质中含 2.37%的 CO_2 和 2700mg/L 的 H_2S，含水率约为 7%，且地层水具有高矿化度（约为 190000mg/L）和高 Cl^- 浓度（约为 100000mg/L）的特点，并含有一定浓度的 HCO_3^-（约为 200mg/L）、SO_4^{2-}（约为 12000mg/L）、S^{2-}（180mg/L）、CO_2 和细菌。因此，该管线在服役过程中面临着 CO_2、H_2S 和地层水的腐蚀，腐蚀产物主要为 $FeCO_3$ 和铁的氧化物及羟基氧化物，地层水中高浓度的氯离子会诱发和促进点蚀的形核及发展，从而导致管线的穿孔。

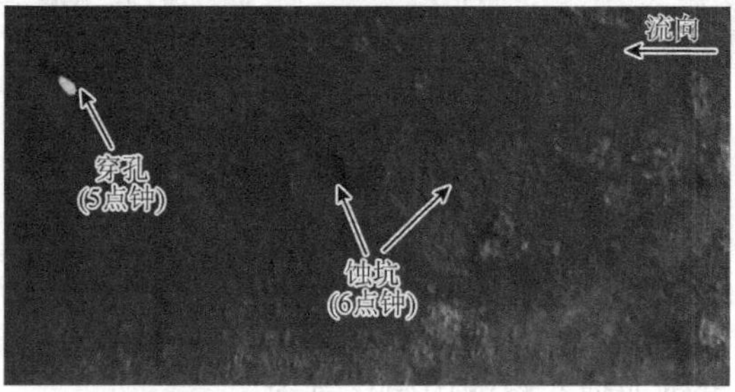

图 2-14　管道内壁宏观形貌[40]

2.2.3　埋地管线的外腐蚀

埋地油气管线通常都进行外防腐和保温处理，并安装阴极保护系统。因此，埋地油气管线出现外防腐的前提是外防腐层遭到破坏，使得金属表面暴露于土壤环境中，或者土壤中的空气和水通过防腐层渗透到金属表面，从而导致外腐蚀发生。

某西气东输支线投用 6 年后，开挖检测时发现管线外防腐层发生大面积脆性开裂和剥离［图 2-15（a)］，管线外表面腐蚀严重［图 2-15（b)］。从管线的腐蚀情况和外防腐层破损情况来看，管线外防腐层破损是导致管线严重腐蚀的直接原因。外防腐层开裂后，腐蚀介质沿裂缝向周围渗透，从而导致管线腐蚀，如图 2-16 所示。

(a)　　　(b)

图 2-15　某西气东输支线外防腐层严重破损情况

图 2-16　外防腐裂缝与管线腐蚀的对应关系

通过测量腐蚀坑尺寸、剩余壁厚和最大壁厚减薄，根据 SY/T 6477—2014《含缺陷油气输送管道剩余强度评价方法》评定管线的剩余强度因子，如图 2-17 所示。可见 1 号、2 号、3 号和 6 号检测坑内评价点处于非安全区，缺陷不可接受，须更换管线或降压使用。

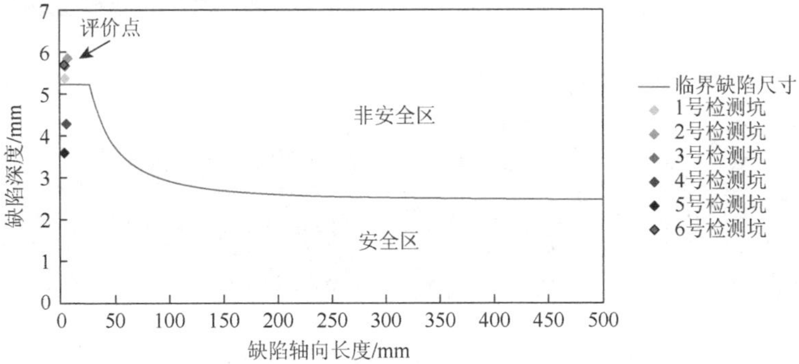

图 2-17　管道剩余强度评价结果

此类外防腐层破损的原因通常为机械损伤和防腐层老化。从图 2-15（a）和图 2-16 来看，该西气东输支线的外防腐层呈脆性开裂特征，且靠近高温区段的外防腐层开裂和剥离更严重。因此，管线外防腐层的开裂与温度适应性不匹配有关。

为防止此类管线外腐蚀失效事故发生，建议加强外防腐层适应性选型，并定期对管线外防腐层进行检测，确保金属管线不与土壤直接接触，减缓金属管线的外腐蚀。

2.2.4 脱硫装置塔底重沸器换热管束腐蚀穿孔失效[41]

在高含硫油气田中，天然气脱硫是油气处理系统的核心工艺之一。通过可再生溶剂吸收脱除酸性组分是石油天然气净化处理最常用的方法，而其中占主导地位的是采用醇胺溶液的化学吸收工艺。MDEA 溶液法脱硫脱碳在长庆油田、塔里木油田和西南油气田等广泛使用。

脱硫装置中的横卧管壳式再生塔底重沸器通常由换热管束、壳体、折流板、环形支撑板和管板等组成，材质多为不锈钢（如 304、316），管程内介质为导热油（进口温度 157℃，出口温度 131℃），壳程介质为浓度为 40%的 MDEA 溶液（进口温度 125℃，出口温度 90℃）。图 2-18 是该类换热管束在投用两年半后发生穿孔泄漏的情况，管体表面出现点蚀、蜂窝状局部腐蚀坑、穿孔及折流板接触位置出现环形腐蚀坑。腐蚀是由 RNH_2-H_2S-Cl^-- H_2O 介质体系所致，介质体系中 Cl^- 易诱发点蚀，Cl^-和 H_2S 交互作用加速腐蚀。管束与折流板之间存在振动，可使换热管束外壁的氧化膜被损伤而形成腐蚀源，同时振动加速腐蚀进程。

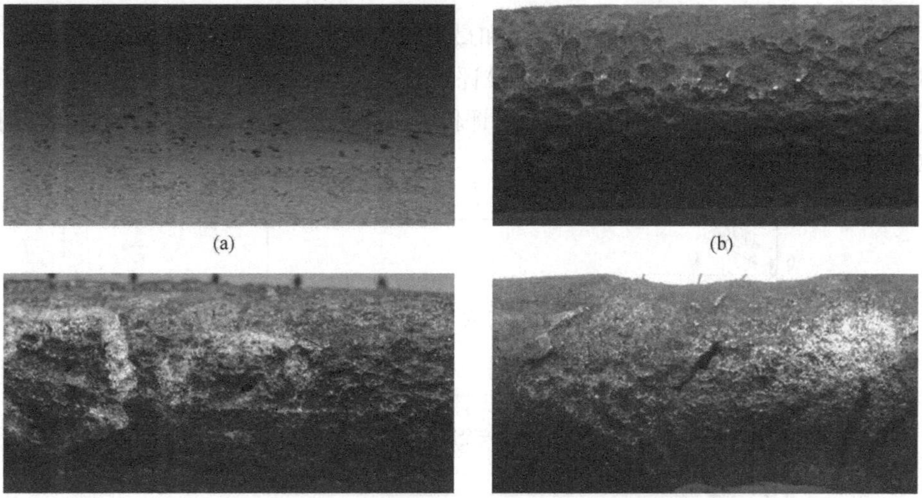

(a) (b) (c) (d)

图 2-18 塔底重沸器换热管束宏观腐蚀形貌[41]

（a）点蚀；（b）蜂窝状局部腐蚀坑；（c）管体穿孔；（d）折流板位置环形腐蚀坑

2.3　油气田的腐蚀控制措施

2.3.1　材料优化及选择

针对油气田采输系统管道及装备的腐蚀特征，合理选择耐蚀性能更好的材料通常作为减缓腐蚀问题的有效手段之一。

1. 碳钢和低合金钢[42-44]

（1）抗 CO_2 腐蚀管线钢

为了提高管道的抗 CO_2 腐蚀能力，目前国内通过调节 Cr 含量和成型工艺来开发经济型低 Cr 管线钢。其作用机理在于形成富 Cr 保护性腐蚀产物膜以降低 CO_2 全面腐蚀速率和抑制局部腐蚀的发生。研究表明：添加 3%～5%的 Cr 元素可使钢的组织由铁素体加少量珠光体转变为贝氏体，1%以上 Cr 的加入即可提高钢的硬度、强度，同时保持良好的韧性；调节轧制制度和控制轧后控冷速度的情况下，Cr 的添加量也可适当降低。例如，适当加大奥氏体未结晶区轧制时钢坯的累积变形量，并以 23℃/s 的冷却速度层流水冷，只需添加 0.55%的 Cr，即可得到屈服强度 530MPa 以上、抗 CO_2 腐蚀性能较好的管线钢。

（2）抗 HIC 管线钢

氢致开裂和硫化物应力腐蚀开裂是含湿 H_2S 天然气输送管道的主要失效模式。两种失效模式的产生及严重程度取决于输送气体介质中的 H_2S 分压，一般硫化氢分压大于 0.3kPa 时，就应考虑管道的开裂问题。欧洲钢管公司的抗 HIC 油气输送管销售量已占其钢管总销量的 30%以上，目前国外批量供应的抗 HIC 管线钢主要是 X65 钢级，抗 HIC 的 X70 级钢管已研制成功，并在墨西哥一条管线上使用。提高管材抗 HIC 能力的措施是：①提高钢的纯净度。采用精料及高效铁水预处理（三脱）及复合炉外精炼。②提高成分和组织的均匀性。在降低硫含量的同时，进行钙处理、钢水和连铸过程的电磁搅拌、连铸过程缓慢压缩（轻压下）、多阶段控制轧制及加速冷却工艺、限制带状组织等。③晶粒细化。主要在微合金化和控轧工艺上下工夫。④尽量降低碳含量［通常，$w(C)\leqslant 0.06\%$］，控制 Mn 含量，加 Cu 元素。

2. 耐蚀合金

在一些苛刻的条件下，应该优先使用耐蚀合金。目前在油气田使用比较广泛的耐蚀合金包括奥氏体不锈钢、马氏体不锈钢、双相不锈钢和镍基合金。这些耐蚀合金的牌号及热处理工艺如表 2-1 所示，其相应的化学成分组成如表 2-2 所示。从表中可以明显看出，这些耐蚀合金在 Cr 和 Ni 的含量上变化最为明显，这两种元素能起到耐蚀作用，其次是 Mo、Cu、V、Ti 等微量元素的添加，以及 S、P、C 等元素含量的有效控制。

表 2-1　六种不同耐蚀合金材质的牌号和热处理工艺[45]

编号	材料型号	热处理工艺
CRA1	316L 不锈钢	固溶退火
CRA2	API 5CT L80 13Cr	淬火和回火
CRA3	超级 13Cr 不锈钢	淬火和两次回火
CRA4	双相不锈钢 UNS S31803	固溶退火
CRA5	超级双相不锈钢 UNS S32760	固溶退火
CRA6	825 镍基合金 UNS N08825	退火

表 2-2　六种不同耐蚀合金化学元素含量比较[45]（wt%）

编号	C	Mn	Si	P	S	Cr	Ni	Mo	N	Fe	其他
CRA1	0.021	1.54	0.39	0.028	0.007	17.0	11.53	2.13	—	余量	—
CRA2	0.210	0.82	0.29	0.015	<0.005	12.5	<0.10	0.05	—	余量	—
CRA3	0.020	0.25	0.20	0.005	0.001	12.3	4.75	1.98	—	余量	—
CRA4	0.021	1.75	0.46	0.023	0.010	22.2	5.18	3.29	0.160	余量	—
CRA5	0.022	0.51	0.48	0.023	0.0005	25.4	6.95	3.59	0.256	余量	0.54Cu，0.003Ti，0.007Al，0.008Nb，0.06V，0.63W
CRA6	0.034	0.65	0.23	—	<0.003	21.7	余量	3.00	—	32.9	1.81Cu，0.61Ti，<0.02Al

耐蚀合金由于其在成分及组织上有差异，进而导致其在力学和耐蚀性能上的差异。国外目前在含 CO_2 条件下倾向于采用含铬铁素体不锈钢管（9%～13% Cr）；在 CO_2 和 Cl^- 共存的严重腐蚀条件下，采用铬-锰-氮体系的不锈钢管（22%～25% Cr）；在 CO_2 和 Cl^- 共存并且温度也较高的条件下，使用镍-铬基合金（supper alloy）或钛合金（Ti-15Mo-5Zr-3Al）等。图 2-19 为不同耐蚀合金的服役工况条件，随着合金中 Cr 元素含量的增加，合金耐 SSC 腐性能、抗 CO_2 腐蚀性能随之增强。

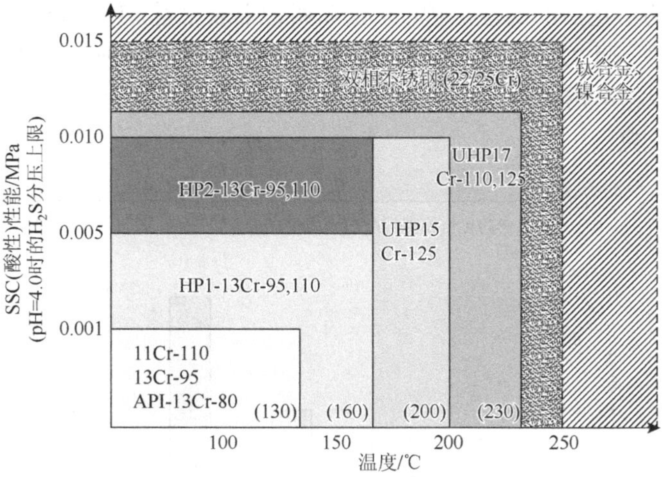

图 2-19　不同耐蚀合金材质服役工况条件

抗 CO_2 腐蚀在上限温度下，CO_2 分压为 1～10MPa，Cl^-含量≤120000ppm

耐蚀合金种类众多，且价格较碳钢和低合金钢高，因此选用时须综合考虑耐蚀性、经济性和适用性。

（1）井下管柱耐蚀合金选用[46-57]

在考虑适应性和经济性的基础上，超深高温高压气井管柱选材最为广泛的是马氏体不锈钢，包括普通 13Cr 和超级 13Cr，随着马氏体不锈钢研究的进一步开展及 13Cr 材质存在的腐蚀问题，目前日本 JFE 钢铁公司开发出了 UHP15Cr 和 17Cr 马氏体不锈钢，但是这两种材质目前还处于研究阶段，尚未工业化应用。这些含 Cr 耐蚀合金在油气井下环境中存在着酸化腐蚀、应力腐蚀开裂和缝隙腐蚀等问题。

1）酸化腐蚀。目前大部分气井采用“射孔—酸化—完井”一体化完井工艺，石油工程师协会《酸性气田设计指南》指出 13Cr 油管在酸化过程中腐蚀最严重的阶段发生在残酸返排的过程中。根据塔里木油田现场油管失效统计情况，大北和迪那失效的五口井，其失效时限均在投产后半年以内，这五口井的共同特征就是都经过了酸化作业，酸液平均返排率为 52%。因此需要调研含 Cr 耐蚀合金在鲜酸酸化和残酸返排阶段的腐蚀情况。图 2-20 为五种不同含 Cr 耐蚀合金在 15% HCl（无缓蚀剂）体系中 80℃条件下的腐蚀速率，HP13Cr-2 和 UHP15Cr 的耐蚀性能最为优异，随着含 Cr 的增加，其耐盐酸腐蚀性能降低，这与前面的抗 CO_2 腐蚀和

SSC 能力随 Cr 含量增加是相反的。图 2-21 为五种含 Cr 耐蚀合金在模拟残酸（无缓蚀剂）体系中 80℃条件下的腐蚀速率，考虑到 13Cr、15Cr 和 17Cr 均为马氏体不锈钢，而 22Cr 为双相不锈钢，所以先讨论四种马氏体不锈钢的腐蚀规律，在不同 pH 条件下，腐蚀速率随着 Cr 含量的增加而降低，这与鲜酸的腐蚀规律是相反的。图 2-22 为酸化后的腐蚀形貌，从宏观腐蚀形貌来看，UHP15Cr 表面光滑，未发现明显腐蚀，而 22Cr 和 25Cr 表面出现均匀的选择性腐蚀，这是因为在奥氏体和铁素体的双相不锈钢中，其中铁素体更容易被腐蚀，因此在宏观形貌上出现了选择性腐蚀形貌。

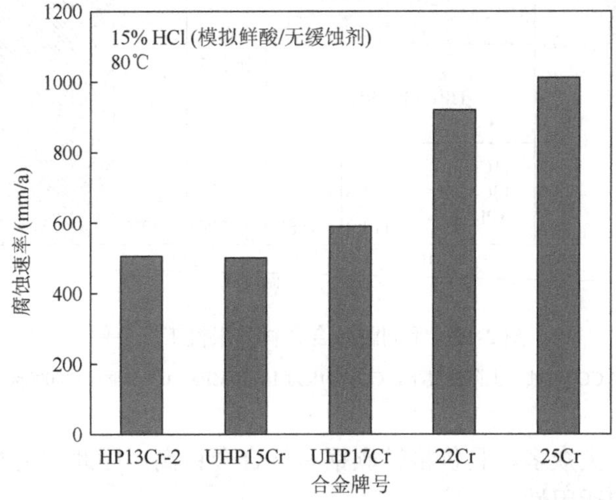

图 2-20　含 Cr 耐蚀合金在 80℃15% HCl（无缓蚀剂）溶液中的腐蚀速率

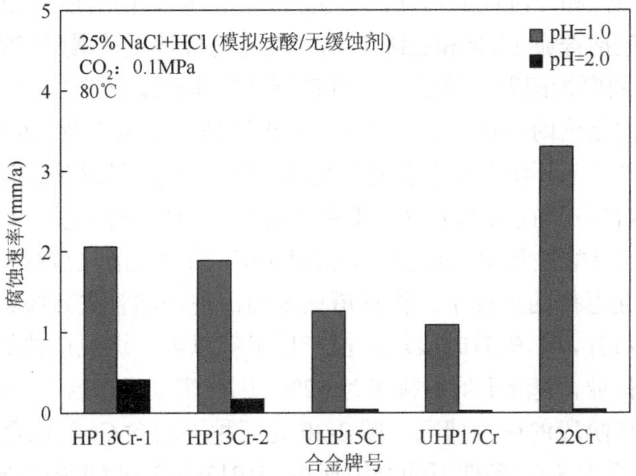

图 2-21　含 Cr 耐蚀合金在 80℃模拟残酸（无缓蚀剂）中的腐蚀速率

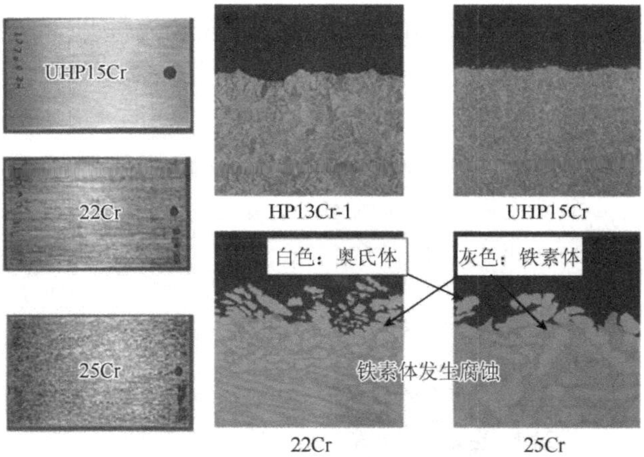

图 2-22 含 Cr 耐蚀合金在 80℃模拟残酸（无缓蚀剂）中的腐蚀形貌

图 2-23 为不同含 Cr 耐蚀合金在 13.5% HCl+1.5% HF+缓蚀剂体系中的腐蚀速率，在添加了缓蚀剂的情况下，腐蚀速率发生了变化，其中改进型的 Mod. 13Cr-1 具有最优异的耐蚀能力，其次是 New15Cr，与图 2-20 无缓蚀剂添加的情况相比，缓蚀剂使得腐蚀速率降低至原来的 1/50～1/20，同时改变了酸化过程的腐蚀机理。研究表明，22Cr 和 25Cr 双相不锈钢无论在鲜酸还是残酸中均不具有耐蚀性，因此，不建议双相不锈钢作为高温高压气井的备选材质。

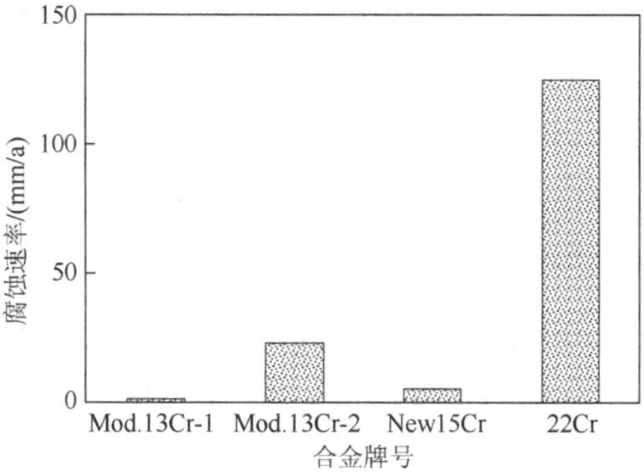

图 2-23 含 Cr 耐蚀合金在 13.5% HCl+1.5% HF+缓蚀剂中的腐蚀速率

2）应力腐蚀开裂。针对管柱的应力腐蚀开裂主要包括两个方面：①管柱在其内流动介质环境中的应力腐蚀开裂；②管柱在其外（环空保护液）流动介质环境中的应力腐蚀开裂。图 2-24 为超级 13Cr 耐蚀合金在不同浓度 NaCl 溶液体系中的应力腐蚀开裂敏感性，随着 pH 降低、氯离子浓度和 H_2S 分压增加，超级 13Cr 耐蚀合金的应力腐蚀敏感性增加，氯离子浓度的增加使得超级 13Cr 发生应力腐蚀开裂的 pH 范围增大。图 2-25 为不同钢级 13Cr 的应力腐蚀开裂敏感性，其中 L80 钢级的最耐应力腐蚀开裂，而 95 钢级和 110 钢级相当，总体上表现为钢级越高，越不耐应力腐蚀开裂。

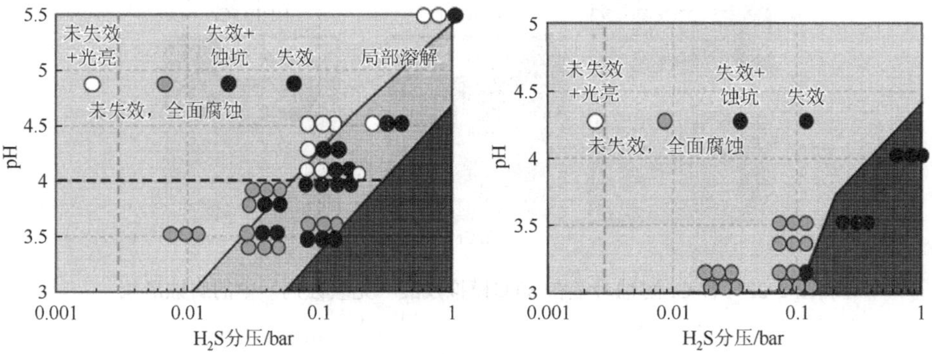

图 2-24　超级 13Cr 耐蚀合金在不同浓度 NaCl 溶液中的应力腐蚀开裂敏感性

（a）100g/L NaCl；（b）1g/L NaCl；1bar=10^5Pa

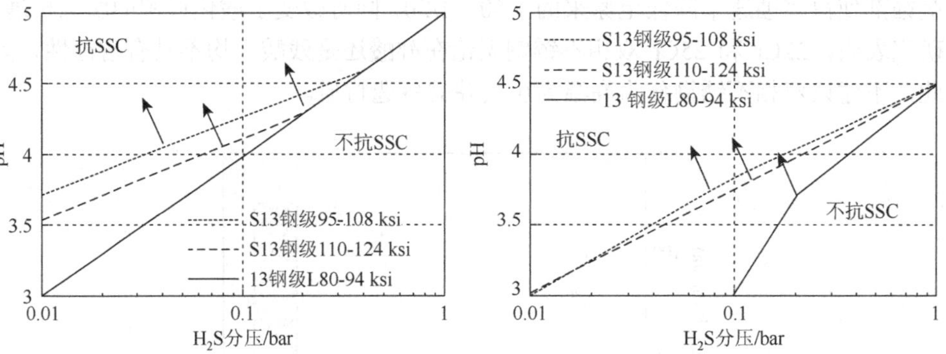

图 2-25　超级 13Cr 耐蚀合金在不同浓度 NaCl 溶液中的应力腐蚀开裂敏感性

（a）100g/L NaCl；（b）1g/L NaCl

采用图 2-26 的 C 形环法对 13Cr-85 和 13Cr-110 两种管材在表 2-3 中的十种不同有机盐完井液中进行了应力腐蚀开裂评价试验，表 2-4 中试验结果表明，13Cr-85 管材在所有十种有机盐溶液均未发生应力腐蚀开裂，而 13Cr-110 管材在溶液 7 和溶液 8 中发生了应力腐蚀开裂，这两种溶液分别含有酸性气体和氯离子。油管在有机盐完井液中的应力腐蚀开裂敏感性不仅与钢级有关，而且与介质成分相关，钢级越高，发生应力腐蚀开裂的敏感性越高，无论是在油管内部还是外部，酸性气体和氯离子都会促进应力腐蚀开裂的发生。

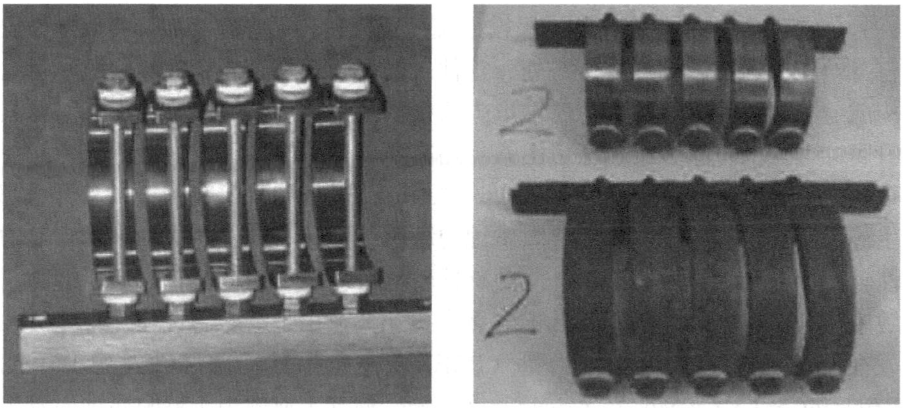

(a)　　　　　　　　(b)

图 2-26 用于评价 13Cr 油管应力腐蚀开裂的 C 形环法

（a）实验前；（b）实验后

表 2-3　十种不同有机盐完井液体系的组成及添加物

流体编号	流体描述	影响因素	变量
1	17.5ppg $ZnBr_2/CaBr_2/CaCl_2$	pH	pH=4.0
3	18.5ppg $ZnBr_2/CaBr_2/CaCl_2$	pH	pH=2.2
2	19.2ppg $ZnBr_2/CaBr_2/CaCl_2$	pH	pH=1.5
3	18.5ppg $ZnBr_2/CaBr_2/CaCl_2$	除氧剂	无除氧剂
4	18.5ppg $ZnBr_2/CaBr_2/CaCl_2$/NaIsoascorbate	除氧剂	异抗坏血酸钠
4	18.5ppg $ZnBr_2/CaBr_2/CaCl_2$	缓蚀剂	无缓蚀剂
5	18.5ppg $ZnBr_2/CaBr_2/CaCl_2$/NaSCN	缓蚀剂	硫氰酸钠
6	18.5ppg $ZnBr_2/CaBr_2/CaCl_2/NH_4SCN$	缓蚀剂	硫氰酸铵
7	11.5ppg $CaCl_2$	酸性气体	氯盐，无缓蚀剂
8	11.5ppg $CaCl_2$/NaSCN	酸性气体	氯盐，硫氰酸钠
9	17.5ppg $ZnBr_2/CaBr_2$	酸性气体	锌和溴盐，无缓蚀剂
10	17.5ppg $ZnBr_2/CaBr_2$/NaSCN	酸性气体	锌和溴盐，有缓蚀剂

表 2-4　两种 13Cr 管材在十种不同有机盐完井液体中的应力腐蚀开裂结果

钢材	流体编号									
	1	2	3	4	5	6	7	8	9	10
13Cr-85	NC（0-5）	NC（0-5）	NC（0-5）	NC（0-5）	NC（0-5）	NC（0-5）	NC（0-3）	NC（0-3）	NC（0-3）	NC（0-3）
13Cr-110	NC（0-5）	NC（0-5）	NC（0-5）	NC（0-5）	NC（0-5）	NC（0-5）	C（3-3）	C（3-3）	NC（0-3）	NC（0-3）

注：①NC 表示未开裂，C 表示开裂；

②括号内数字的含义为：（开裂试样数-总试样数）。

3）缝隙腐蚀。油套管柱井下服役系统涉及油管管端螺纹连接、其他配件安装及自身结构等，在管端螺纹接头处、管件之间甚至管体表面存在异物时不可避免地构成缝隙。缝隙腐蚀与其他腐蚀形式的根本区别在于，缝隙腐蚀不仅需要具备一般腐蚀形式的材料因素和环境因素，还需要特殊的结构因素——缝隙，一般情况下发生缝隙腐蚀的缝隙宽度在0.025～0.1mm之间。几乎所有的金属和合金都会发生缝隙腐蚀，但各种金属对缝隙腐蚀的敏感性不同，钝性金属（不锈钢）的敏感性较高，非钝性金属（碳钢）的敏感性较低；对于不锈钢油管材质，缝隙腐蚀的敏感性与点蚀电位、Cr和Mo的含量直接相关，由于缝隙腐蚀往往最终导致局部发生点蚀，研究采用点蚀当量（PREN）定量描述局部腐蚀发生的可能性（PREN=%Cr+3.3×%Mo+16×%N）。近年来，油气工业中由于缝隙腐蚀而发生的腐蚀破坏接连不断，致使油套管柱接头脱扣、因局部溶液的渗透导致应力腐蚀脆性开裂等失效事件也不断发生。但是目前国内外针对油田环境、针对“三超”服役工况油井管柱缝隙腐蚀的研究却鲜有报道，尤其在众多的管柱腐蚀失效案例中，忽略了缝隙腐蚀这一关键影响因素的分析。缝隙腐蚀的主要研究工作归类为如下四大方面：第一，在缝隙材料方面，采用金属/非金属和金属/金属形成缝隙，从实验室研究来看，大部分采用被研究的金属和非金属的缝隙工具（PTFE聚合物材料）形成缝隙；第二，在缝隙结构设计方面，有长方形缝隙、楔形缝隙、复式缝隙组合（multiple crevice assembly）、不规则缝隙；第三，在环境介质方面，主要为氧浓度、氯离子浓度、温度、pH、流体流速对缝隙腐蚀的影响；第四，在计算机模拟建模方面，根据传质学、电化学热力学和动力学建立缝隙内的2D和3D模型，表征缝隙内电流电位分布、离子分布、电导率分布，以及缝隙外介质和电流电位改变对缝隙内上述各分布的影响。目前关于井下油管工况条件下的缝隙腐蚀研究还较为少见，井下油管接头处及油管和井下工具之间的缝隙腐蚀有如下四个特征：①缝隙腐蚀发生在超高温和超高压状态下，使得影响腐蚀的因素变得更加复杂；②缝隙腐蚀往往发生在受力或力矩作用下的油管接头处，存在力学因素对缝隙腐蚀的影响；③油管和井下各种工具容易形成缝隙，形成的是异质金属（金属A/金属B）类型的缝隙，需要研究电偶因素和缝隙因素协同作用下的缝隙腐蚀；④在受力作用下，缝隙内是否存在应力腐蚀开裂的可能性，缝隙与应力腐蚀开裂是否具有相关性。目前，关于以上四种类型缝隙腐蚀的研究工作还相对较少，因此关注油井管柱缝隙腐蚀，以及如何导致管柱连接处腐蚀失效的行为特性应是目前的焦点问题。

图2-27为用于评价25Cr缝隙内C型环发生应力腐蚀开裂的四种夹具，图2-28中为发现在缝隙内有应力腐蚀裂纹，根据图2-29的统计，缝隙内发生的裂纹数占到整个试样发生应力腐蚀开裂裂纹数的1/3，说明了缝隙是促进应力腐蚀开裂发生的重要因素之一。

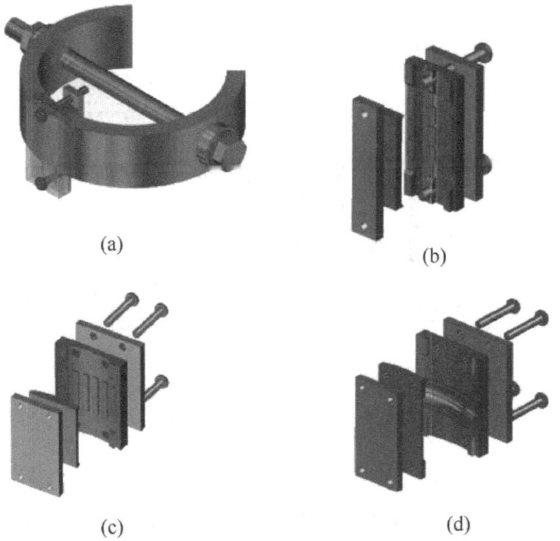

图 2-27　用于评价 25Cr 缝隙内 C 型环发生应力腐蚀开裂的夹具

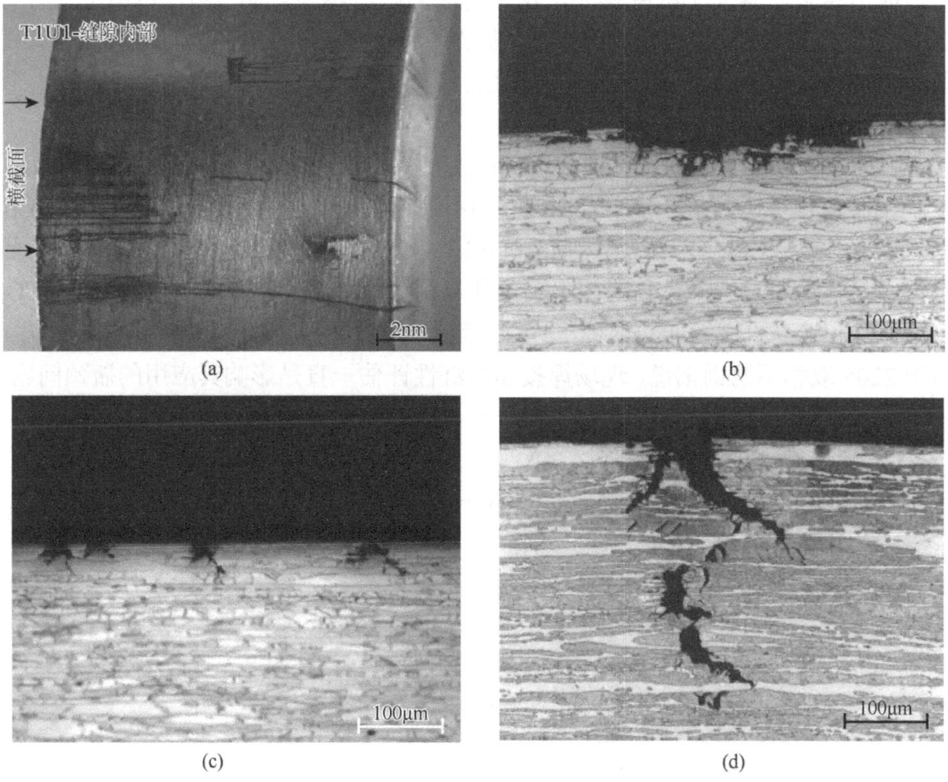

图 2-28　25Cr 油管 C 型环试样在缝隙内发生应力腐蚀开裂裂纹形貌

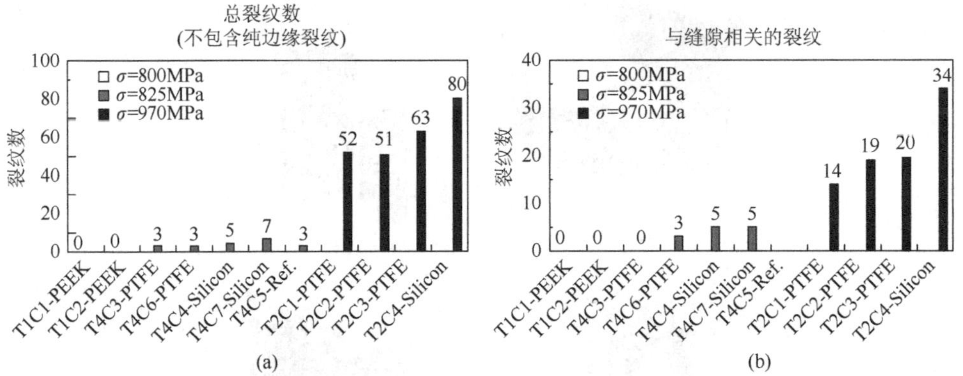

图 2-29　25Cr C 型环试样裂纹总数（a）及与缝隙相关的裂纹数（b）

4）电化学腐蚀。图 2-30 为四种含 Cr 耐蚀合金在不同浓度 NaCl 溶液中的点蚀电位变化，可以看出，随着含 Cr 量的增加，点蚀电位发生正移，对于同一耐蚀合金，在不同的 NaCl 浓度下，随着氯离子浓度增大，点蚀电位负移。从电化学热力学角度来讲，点蚀电位越正，耐点蚀能力越强，说明了随着 Cr 含量的增加耐点蚀能力越强，氯离子浓度越大，发生点蚀的趋势越大。图 2-31 示出了三种含 Cr 耐蚀合金的临界点蚀温度（CPT），临界点蚀温度随着 Cr 含量的增加而增大，即 Cr 含量越高，在同一温度下发生点蚀的趋势越小。

（2）地面管道耐蚀合金选用

目前油田地面管线使用耐蚀合金材料主要有 316L 和 2205 双相不锈钢管材。其中，2205 双相不锈钢是一种中合金型双相不锈钢，主要合金元素是 Cr、Ni、Mo 和 N，含有约 22% Cr、5% Ni、3% Mo 和 0.15% N。正常交货状态下（固溶处理）显微组织具有约 50%铁素体和约 50%奥氏体双相组织，是一种具有优良耐 Cl^-和 CO_2 腐蚀性能和较高机械性能的钢种，具有高耐点蚀、均匀腐蚀、应力腐蚀开裂能力。对于 2205 双相不锈钢来说，现场焊接和经济性评估一直是影响其应用的瓶颈问题。

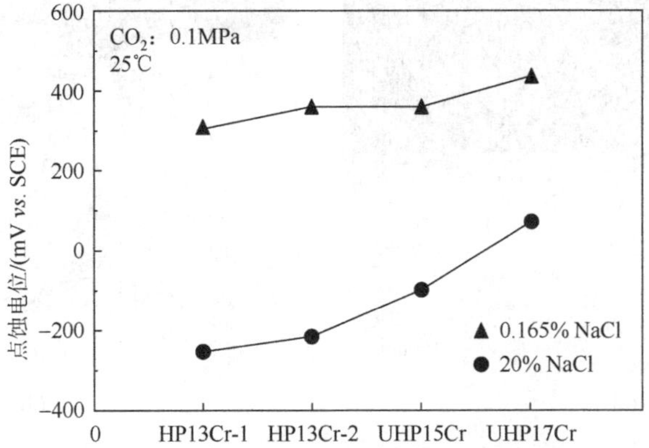

图 2-30　四种含 Cr 耐蚀合金在不同浓度 NaCl 溶液中的点蚀电位变化

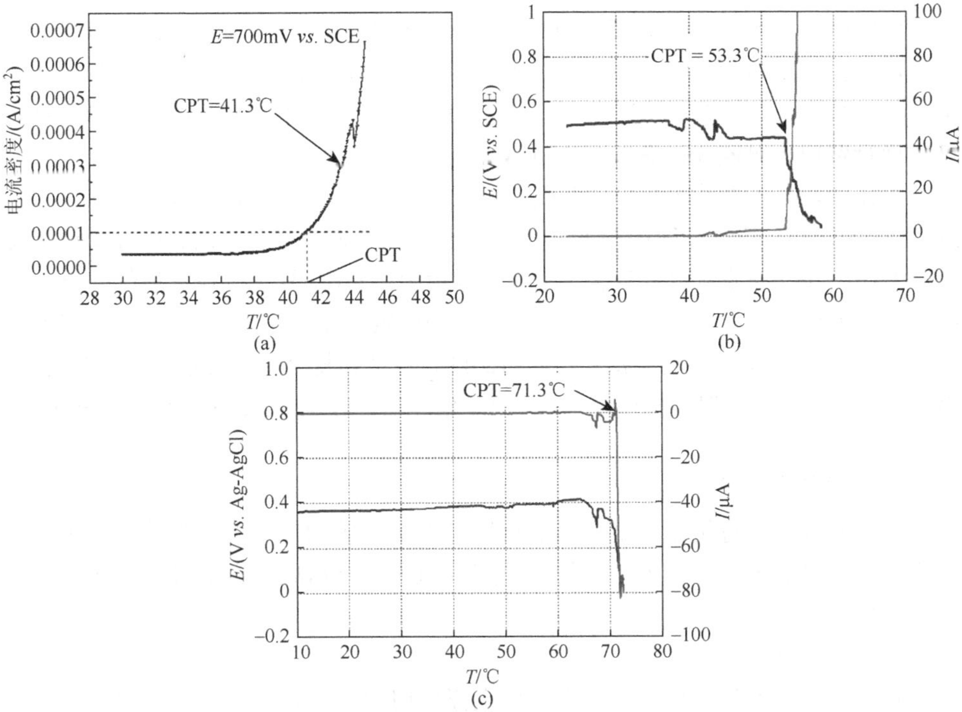

图 2-31　三种含 Cr 耐蚀合金的临界点蚀温度（CPT）比较

（a）HP13Cr；（b）22Cr；（c）25Cr

1）产品焊接问题。自从双相不锈钢问世以来，焊接始终是一个重要研究课题，由于焊接、热处理等工艺问题没有解决而一直没能大规模推广使用。技术的不断发展、人们对焊接冶金过程认识的提高，促进了焊接工艺的不断改进。现代双相不锈钢在焊接性能方面已有很大提高，远优于早期的双相不锈钢，已是一种工程实用材料。但是，与奥氏体不锈钢相比，双相钢在许多方面有所不同，有自己的焊接特点和技术。焊接规范参数对焊接接头的组织和性能有极大的影响，通过采用适当焊接工艺和焊接材料与一定的焊接技术相结合是获得成功焊接的关键。

2）产品经济性分析。以塔里木油田某区块集输系统选材为例，对集输管线采用碳钢加缓蚀剂、内衬 316L 双金属复合管、国产 22Cr、进口 22Cr 进行经济对比分析，经过计算：①采用碳钢加缓蚀剂 L360、$\Phi 323\times 12$ 管线综合单价 246 万元/千米（含施工费用），但后期加注缓蚀剂运行维护费用较高，该区块需要加注缓蚀剂及运行费用 1847 万元/年，同时需要一次性投资缓蚀剂设备 496 万元，20 年费用折现 13797 万元，总投资 17790 万元；②L360+316L、$\Phi 323\times$（10+2）双金属复合管，综合单价 485 万元/千米（含施工费用），维护修理运行费用相对碳钢+缓蚀剂较少，总投资 9541 万元；③国产 2205 综合单价 1170 万元/千米，维护修理运行费用相对较少，总投资 17221 万元；④进口 2205 综合单价 1521 万元/千米，维护修理运行费用相对较少，总投资 21974 万元。

相比较，碳钢加缓蚀剂一次性投资最低，内衬 316L 复合管和国产 2205 次之，进口 2205 最高。碳钢加缓蚀剂方案虽然一次性投资低，但后期维护运行管理费用高。考虑一次性投资和 20 年维护修理运行费用，316L 复合管投资最低，碳钢加缓蚀剂、国产 2205 次之，进口 2205 最高。若采用碳钢加缓蚀剂不如采用国产 2205。但国产2205综合单价是双金属复合管的2.4倍，双金属复合管具有较大的价格优势。而国外冶金复合管一般为机械复合管的 1.5 倍左右，较国产 2205 更具有经济优势。

3. 双金属复合管[58-60]

双金属复合管将耐蚀合金良好的抗腐蚀性能与碳钢优良的力学性能有机地结合起来，是目前国内外较为认可的环境用管道内防腐措施，在油气田地面集输系统中大量应用。

（1）产品制备工艺

复合管的基管起到承压和管道刚性支撑作用，内覆或衬里管起到耐腐蚀作用。根据输送介质的流量和压力要求，基管可选用不同规格的碳钢管材，直径范围为 Φ20～1422mm，壁厚范围为 2.5～50mm。内覆或衬里管则可根据输送介质的腐蚀性，选用不同的耐蚀合金，如 304、316L、2205、2507、N08825 和 N06625 等，壁厚则由使用寿命和焊接工艺要求决定，范围一般为 0.3～4mm。

目前双金属复合管的制备已发展形成了多种工艺，包括水压法、复合板（卷）成型焊接法和热挤压法等，产品结合方式分为机械与冶金两种，见表 2-5。每一种工艺方法都有自身技术特点及工艺限制。机械结合的方式，生产工艺简单，工序较少，生产成本低，但结合层存在很大的应力集中甚至宏观间隙，结合强度不高；冶金结合的方式，有较好的强度，但生产成本高，工艺复杂，制作难度大。因此，双金属复合管生产工艺的选择要考虑工程要求、经济效益、产品质量等多种因素。

表 2-5 典型复合管制备工艺

工艺名称	工艺特点	结合方式
水压法	采用水压机对复合管坯扩径，形成机械复合，几何精度高，基管与衬管结合强度较低	机械结合
水下爆燃法	采用液压动力管爆炸技术、测控技术，定性定量对复合管坯精准扩径，不受管径限制，生产效率高，基管与衬管结合强度较低	机械结合
机械拉拔法	采用拉挤模对复合管坯拉拔成型，生产效率较高，基管与衬里结合强度低，易对衬里材料造成机械损伤或局部减薄	机械结合

续表

工艺名称	工艺特点	结合方式
机械旋压法	采用旋压模对复合管坯旋压成型，基管与衬里结合强度低，易对衬里或基管材料造成机械损伤	机械结合
复合板（卷）成型焊接法	直缝或螺旋焊管，适合管径大于 Φ300mm 产品，界面及管体残余应力较大，异种钢焊接焊缝较长，质量控制难度较大	冶金结合
热挤压法	限于碳钢、不锈钢和高镍合金间复合，变形抗力小，适用于 203.2mm 以下小口径复合管	冶金结合
爆炸复合法	材料组合仅限于熔化焊下具有相容性的材料之间，结合强度高，但效率低，成本高，适宜管端或管件	冶金结合
堆焊成型法	几乎任何一种熔化焊方法都可以用作堆焊，材料组合仅限于熔化焊下具有相容性的材料之间	冶金结合
钎焊法	覆层和基管间放置钎焊料经连续感应加热复合而成，生产成本较低	冶金结合

（2）经济技术特性

双金属复合管的使用主要针对高腐蚀油气田，并依据材料的腐蚀速率选择使用，研究认为：

1）当腐蚀速率小于 5mm/a 时，并采取腐蚀监测措施，支持使用碳钢加缓蚀剂，但要求缓蚀率和利用率均大于 95%（特殊情况下，需高于 97%）。在有些地段，当缓蚀率和利用率下降特别严重时，腐蚀裕量和使用寿命须重新核定。

2）当腐蚀速率为 5～10mm/a 时，使用碳钢加内涂层，同时添加缓蚀剂，没有涂层处和涂层破裂处，需要加强腐蚀监测。

3）当腐蚀速率大于 10mm/a 时，出油管道的全部或关键部分可考虑使用耐蚀合金复合管。

4）当腐蚀速率大于 12mm/a 时，基于使用周期内的经济可行性，推荐使用耐蚀合金复合管。

高腐蚀性油气田环境恶劣，腐蚀速率高，采用双金属复合管，一方面为环境所迫，另一方面也有其自身独特的经济技术优势。

双金属复合管结合了基管的强度及内衬管的耐蚀性两大优点，相比其他防腐措施及管道材质具有一定的优越性。常规防腐措施中，缓蚀剂不够稳定，效果很难控制；内涂层防腐效果与涂层或镀层材料及工艺技术水平有关，一旦出现漏点还会加快腐蚀；耐蚀合金价格昂贵，成本太高。常用管道材质中，普通碳钢耐蚀性能不够；不锈钢管、特种耐蚀合金管价格昂贵；热塑性复合管，使用压力和温度低，而且还有老化现象；玻璃钢管，力学性能不足，使用温度也受限。

傅广海以徐深 1 集气站环境为例，对碳钢加腐蚀裕量、碳钢加缓蚀剂、耐蚀合金、双金属复合管四种防腐措施经济对比分析，结果表明，在气井开发年限中，腐蚀速率超过 0.45mm/a 时，316L 双金属复合管为最节约的防腐措施（表 2-6）。

表 2-6　四种防腐措施投入对比

序号	腐蚀速率/（mm/a）	四种防腐措施投入经济对比/万元				投入顺序
		A[1)]	B[2)]	C[3)]	D[4)]	
1	0.15	989.63	—	—	—	A
2	0.3	1068.75	1616.95	2321.43	1286.23	C>B>D>A
3	0.45	1375.48	1616.95	2321.43	1286.23	C>B>A>D
4	0.6	1691.41	1696.07	2321.43	1286.23	C>B>A>D
5	0.75	2041.38	1696.07	2321.43	1286.23	C>A>B>D
6	0.9	2186.49	1696.07	2321.43	1286.23	C>A>B>D
7	1.0	2334.02	1696.07	2321.43	1286.23	A>C>B>D
8	1.2	2423.02	1908.10	2321.43	1286.23	A>C>B>D
9	1.5	2925.40	2187.48	2321.43	1286.23	A>C>B>D
10	1.8	3446.50	2503.64	2321.43	1286.23	A>B>C>D
11	2.0	4049.10	3007.41	2321.43	1286.23	A>B>C>D

1）碳钢加腐蚀裕量。
2）碳钢加缓蚀剂。
3）含 Cr 不锈钢。
4）双金属复合管。

4. 非金属管材[61, 62]

非金属与复合材料管材由于具有耐腐蚀，无需内外防腐、内壁光滑、抗结垢结蜡、流体阻力小、抗磨和抗冲刷、电绝缘、质量轻、便于运输和施工、后期维护费用低等一系列优点而成为油田地面集输管网防腐的重要解决方案之一，现已广泛应用于采油、采气、集输、注水等工程。

（1）产品制造工艺

国内外油气田常用非金属管可以分为塑料管、增强塑料管和内衬管三大类。其中在油田地面集输系统中应用的主要是增强塑料管。根据基体材料的不同，增强塑料管分为增强热固性塑料管和增强热塑性塑料管。其中增强热固性塑料管主要包括玻璃钢管和塑料合金复合管（即以塑料合金为内衬的玻璃钢管），增强热塑性塑料管主要包括钢骨架增强聚乙烯复合管和增强热塑性塑料连续管（也称连续管、RTP 管、柔性复合管）。不同类型非金属管材的制造工艺及主要原材料不同，详见表 2-7。

表 2-7　油气田常用非金属管材对比

名称	类型	制造工艺	制造标准
高压玻璃纤维管线管	增强热固性非金属管	采用无碱增强纤维为增强材料、环氧树脂和固化剂为基质，经过连续缠绕成型、固化而成	SY/T 6267—2006（API 15HR：2005，IDT）
钢骨架聚乙烯复合管	增强热塑性非金属管	以钢骨架为增强体，以热塑性塑料为连续基材，采用一次成型、连续生产工艺，将金属和塑料两种材料复合在一起成型	SY/T 6662.1—2012 HG/T 3690—2012 CJ/T 123—2004
增强热塑性塑料复合管	增强热塑性非金属管	以内管（热塑性塑料管）为基体，通过正反交错缠绕芳纶纤维增强带增强，再挤出覆盖热塑性塑料外保护层复合而成	SY/T 6794—2010（API 15S：2006，IDT）
柔性复合高压输送管	增强热塑性内衬管	以内管（热塑性塑料管）为基体，通过缠绕聚酯纤维或钢丝等材料增强，并外加热塑性材料保护层复合而成	SY/T 6716—2008
塑料合金复合管	增强热固性内衬非金属管	以内管（聚乙烯、增强聚乙烯塑料或多种塑料合金）为基体，外管采用无碱增强纤维和环氧树脂连续缠绕成型	HG/T 4087—2009
钢骨架增强热塑性树脂	复合连续管增强热塑性内衬非金属管	由介质传输层（热塑性塑料）、增强层（钢带或钢丝）、黏结层、保温层和防护层复合而成	SY/T 6795—2010

（2）产品使用范围

不同类型的非金属管道性能特点不同，适用范围和使用条件也不同。根据管材特点、输送介质要求及各油气田应用经验，韩方勇等总结了玻璃钢管、钢骨架聚乙烯复合管等非金属管道的推荐适用条件和范围，详见表 2-8～表 2-13，其中不同温度下压力修正系数见表 2-14。

表 2-8　推荐玻璃钢管适用条件和范围

应用范围	公称直径/mm	允许使用压力/MPa	允许使用温度/℃
集油	40～200	5.5	65（酸酐固化） 85（芳胺固化）
输油（单向）	100～200	10.0	65（酸酐固化） 85（芳胺固化）
供水	40～200	10.0	常温（酸酐固化）
	40～100	25.0	
注水、注聚合物	150	16.0	常温（酸酐固化）
	200	14.0	
	40～50	22.0	
	65～80	20.0	
注聚合物、碱、表面活性剂	100、150	14.0	常温（芳胺固化）
	200	8.5	

表 2-9　推荐钢骨架聚乙烯复合管适用条件和范围

应用范围	公称直径/mm	允许使用压力/MPa	允许使用温度/℃
低压集气	50、65、80	2.5	70
	100、125、150	2.5	
低压集气、供水	200	2.0	
供水	250	1.6	
	300～500	1.0	

注：使用温度在 0℃＜T≤20℃时，可按公称压力选取；使用温度在 20℃＜T≤70℃时，根据表 2-14 对管道最高工作压力进行修正。

表 2-10　推荐（芳纶）增强热塑性塑料复合管适用条件和范围

应用范围	公称直径/mm	允许使用压力/MPa	允许使用温度/℃
输油	65	10.0	70
	100	6.8	
	150	4.3	
输气	65	9.6	
	100	6.0	
	150	3.8	

注：使用温度在 0℃＜T≤20℃时，可按公称压力选取；使用温度在 20℃＜T≤70℃时，根据表 2-14 对管道最高工作压力进行修正。

表 2-11　推荐柔性高压复合管适用条件和范围

应用范围	公称直径/mm	允许使用压力/MPa	允许使用温度/℃
低压集气	40、50、65、80、100	2.5	70
注水	40、50、65	25.0	常温
	80、100	16.0	常温
注醇	15、25	32.0	常温
	40、50	25.0	常温

注：低压集气系统中，使用温度在 0℃＜T≤20℃时，可按公称压力选取；使用温度在 20℃＜T≤70℃时，根据表 2-14 对管道最高工作压力进行修正。

表 2-12　推荐塑料合金复合管适用条件和范围

应用范围	公称直径/mm	允许使用压力/MPa	允许使用温度/℃
集油	40～80	6	65
供水	40～200	10	常温
注水	40～100	25	常温
	125～200	16	常温

表 2-13　推荐钢骨架增强热塑性树脂复合连续管适用条件和范围

应用范围	公称直径/mm	允许使用压力/MPa	允许使用温度/℃
集油	40、50、65、80、100	5.5	70
注水、注聚合物	40、65	25.0	常温
	80、100	16.0	
	150	7.0	

注：集油系统中，使用温度在 0℃＜T≤20℃时，可按公称压力选取；使用温度在 20℃＜T≤70℃时，根据表 2-14 对管道最高工作压力进行修正。

表 2-14　钢骨架聚乙烯复合管不同温度下公称压力修正系数

温度 T/℃	修正系数	温度 T/℃	修正系数
0＜T≤20	1.00	40＜T≤50	0.86
20＜T≤30	0.95	50＜T≤60	0.81
30＜T≤40	0.90	60＜T≤70	0.70

（3）产品应用问题

鉴于非金属管材种类多，管材质量及性能影响因素复杂，以及设计及施工人员对非金属管材认识不充分等原因，其在应用中存在着管材质量差别大、检测手段及设计方法不完善、施工不规范等问题，影响了非金属管的进一步推广应用。非金属管在油田应用中存在的典型问题分析如下。

1）产品自身局限性。

（a）由于连接部位结构不连续性及接头施工有特殊要求，非金属管之间、非金属管与金属管之间在一定的温度和压力作用下可能会发生不协调变形，从而造成连接接头处失效，该失效形式已成为目前非金属管最主要的失效形式之一。

（b）非金属管的维修专业性较强。非金属管材的种类繁多，目前还没有统一的维修方法可以解决各种类型的管材修复问题。由于非金属管材的修复手段比较特殊，需要专业的队伍进行维修和维护。此外，由于非金属管结构的特殊性，多数非金属管进行维修时需要停产，无法实现在线修复。

（c）非金属管使用温度存在局限性。非金属管的耐温性比金属差，大部分使用温度在 90℃以下。塑料合金复合管、钢骨架复合管和增强热塑性连续管通常最高使用温度不超过 70℃。部分玻璃钢产品虽然使用温度可达 120℃，但其价格比普通玻璃钢管高出近一倍，而且在一些高温输送领域仍然不能满足要求。

2）非金属管应用过程不规范。

（a）设计和选材：目前还没有完善的非金属管材设计和选材标准，设计部门通常根据经验进行初始设计和选材。但是，由于非金属管的种类比较多，相互间性能差异比较大，具有非金属管相关专业知识的设计人员极度缺乏，这就造成了非金属管材的选材具有很大的盲目性和片面性。

（b）施工过程：非金属管材的施工对管线运行质量具有重要的影响。然而，通过在油田的现场跟踪发现，施工过程的各个环节均存在不规范现象，如施工队伍对施工产品的特点和标准不熟悉，忽略了对施工关键点的控制；施工队伍责任心不强，不能严格依据操作规范进行精确施工；施工前的产品质量检测过程不完善，检测项目不完整，现场产品与质检产品不一致。以上施工过程存在众多薄弱环节，严重影响了管道安全运行。

5. 压力容器材料[63-68]

在油气田的开发过程中，会产生CO_2或H_2S等腐蚀性的伴生气体，在含水的条件下，环境具有严重的腐蚀性。目前广泛使用的钢制压力容器多选用经济性高的碳钢和低合金钢材料，然后普通碳钢和低合金钢材料耐蚀性能不足，油田压力容器承受了较严重的腐蚀损伤。

樊户伟等对胜利油田2005～2008年在用压力容器全面检验情况做了调查：以2005年为例，共检验压力容器831台次，判定报废及停止使用45例，其中27例是因为压力容器材质腐蚀而导致设备失效，占失效容器的60%，金属腐蚀导致失效是油田在用压力容器失效主要因素。林振军等统计2007～2011年的中原油田压力容器腐蚀情况同样非常严重，检验压力容器2705台次中62台次可判定为修理后使用或报废级别，28台次判为监控使用；并进一步分析了中原油田压力容器腐蚀的原因：①压力容器使用时间长，腐蚀性介质长期腐蚀造成压力容器失效；②分析器中的介质非常复杂，易产生电化学腐蚀，并且腐蚀一旦开始就不断地以增加的速度发展，使得腐蚀不断进行，并且酸性介质使电解质酸化，增加了导电性能，也加速腐蚀。

（1）产品选材依据

目前国内还没有专门用于压力容器（如二氧化碳环境钢材）选择标准，主要是参考国外的标准和依靠经验确定材料。对于提高容器的耐蚀性，主要通过添加少量合金元素增加碳钢和低合金钢的抗腐蚀性，目前低Cr合金、内衬耐蚀合金的复合钢板在压力容器选材中性价比较高，既能提高耐蚀性能又能降低成本，但是对制作工艺要求较高。抗CO_2腐蚀设备钢主要有马氏体13% Cr钢、双相不锈钢（22% Cr和25% Cr）、410钢和A286钢等，由于造价高，只用于高压分离器等的加工。

对于含湿H_2S环境下压力容器用钢材料选择，国内外标准比较多。国内标准HG/T 20581—2011和SH/T 3075—2009详细定义了湿H_2S应力腐蚀环境，对压力容器用材料的强度、硬度、无损检测也有明确规定。对于酸性环境下压力容器用钢材料选择及防护，姜放等指出：①开发抗 HIC 专用钢材。目前还没有一种制造抗 HIC 的专用钢板标准方法，但基本达成了一种共识，即采用最大含硫量小于0.002%、最大含磷量小于 0.01%的正火真空脱氧钢。但也有人认为，目前还没有足够长的使用时间和经验来证明这种方法是解决 HIC 的最有效方法。②发现 HIC 后的修复方法。如果表面鼓泡直径小于 50mm，鼓泡的修复可采用钻孔消除内部应力，但在此之前，须对鼓泡所在的设备进行强度分析。也可以采用把已遭到氢损伤的钢板割除，并用新钢板进行更换。但在此前后，应注意消氢处理。裂纹的消除可采用磨合电弧刨的方法，并根据对该设备的强度分析进行必要的补焊。采取上述修复 HIC 压力容器的方法都可能要进行补焊，因此应考虑焊后热处理。③HIC 防护。目前国外主要从四个方面来解决 HIC 问题：设计中采用抗 HIC 的钢材；采用缓蚀剂（据美国 CLI 公司称已有较满意的缓蚀剂用于防止 HIC）；采用耐蚀复合钢板和堆焊衬里（据加拿大介绍，塔体选用碳钢，内壁喷焊含 Ni 50%的镍铬合金）；采用内涂层。

（2）工程应用案例

某工程气田原料气气质含 H_2S 的摩尔分数为 4.5%，CO_2 为 6.2%，同时含水和凝析油，其中 Cl^- 质量浓度高达 126592mg/L。该气田压力容器用钢选材如下。

1）在井口、内部集输、预处理厂三相分离器前（包括三相分离器），$y(H_2S)$=4.5%，$y(CO_2)$=6.2%，$\rho(Cl^-)$=126592mg/L，选用 Q345R（R-HIC）+825、Q245R+825，接管为 16Mn+825 复合管、20G+825 复合管，锻件为 16Mn+825 堆焊、20+825 堆焊。

2）经三相分离器后天然气处理厂 $y(H_2S)$=4.5%，$y(CO_2)$=6.2%，$\rho(Cl^-)\leqslant$ 3000mg/L 选用 Q345R（R-HIC）+316L、Q245R+316L，接管为 16Mn+316L 复合管、20G+316L 复合管，锻件为 16Mn＋316L 堆焊、20+316L 堆焊。

3）个别低压薄壁容器从技术经济比较和减少材料设备制作工序考虑用 825 或 316 纯材。

4）Q245R 和 Q345R（R-HIC）根据国内大型锅炉压力容器厂经验，以厚度 80mm 为界限，当 Q245R 厚度≥80mm，则用 Q345R（R-HIC）。

5）硫黄回收设备为 Q245R、20G、20 锻件，但应有开停工保护措施，防止 H_2S、SO_2、SO_3、CO_2 停工后残存于管线和设备内。

当覆层为 825 时，腐蚀裕量为 0mm，覆层厚为 3mm；覆层为 316L 时，腐蚀裕量为≤0.05mm，覆层厚为 3mm；碳钢和低合金钢腐蚀裕量为 4mm。设备设计使用年限为 30 年。

（3）应用存在问题

双金属复合板压力容器虽然基本解决了介质的腐蚀问题，经济性也较好，但是由于其制造工艺和焊接工艺的复杂性，复合板压力容器在使用过程中也发现了一些问题，尤其是2205复合板制压力容器其产品制造及焊接难度更大，油田在使用过程中甚至出现了容器爆炸失效事故。

1）制造缺陷。某油田2205复合板压力容器在入厂检验时，发现4台气液分离器和1台集气汇管焊缝处存在表面裂纹和气孔（图2-32和图2-33），具体情况如下。

（a）第1套气液分离器五条纵焊缝中四条有表面裂纹，其中A4整条存在断续裂纹，其余A1、A3、A5有五处裂纹。

（b）第2套气液分离器有7条表面裂纹，最大长度为350mm。

（c）第3套气液分离器A4有1条表面裂纹，长度为1370mm。

（d）第4套气液分离器有5条表面裂纹，最大长度为170mm。

（e）集气汇管接管角焊缝共发现14处裂纹，其中7个大接管中有6个存在筒体熔合线裂纹，小接管有一处与筒体连接处的横向裂纹。另有一处环焊缝上横向微裂纹。

（f）4台气液分离器上双相钢接管及法兰本体均有线性磁痕显示。4台气液分离器裂纹普遍发生在纵焊缝母材与焊肉熔合线部位，裂纹沿熔合线纵向延伸，中间无分叉。部分裂纹掩藏在熔合线界限下，消除裂纹时打磨深度为1～3mm。

（g）检验还发现了其他缺陷：第4套气液分离器环焊缝B6上有一处直径约为2mm的表面气孔；1套气液分离器液位远传口开孔在纵焊缝上；4台气液分离器局部表面硬度在HB200以上，硬度偏高。

图2-32　第3套气液分离器的表面裂纹

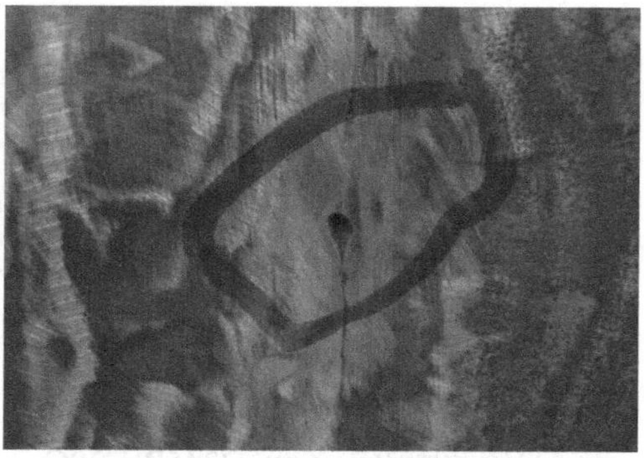

图2-33　第4套气液分离器的焊缝边缘气孔

2205复合板压力容器发现裂纹属于比较典型的热裂纹，由焊接热影响区应力集中造成。分析认为在制造过程壳体成型工艺控制不严，筒体卷制速度、焊前预热、焊后保温、焊接电流等参数把握不够。气液分离器按标准、规范和设计文件要求对设备应进行整体热处理，但制造时考虑到2205复层和16MnR基层一起进行消除应力热处理的复杂性，采取设备整体热处理后堆焊面层，即制作过程缺乏成熟经验，各关键工艺缺少成功经验验证。

2）局部点蚀问题。某油田 6 台 2205 复合板容器使用后不断发现局部点蚀问题，尤其集中出现在 4 套分离器上，具体数据见表 2-15。

表 2-15 双金属复合板压力容器点蚀数量汇总

设备名称	2007 年	2008 年	2009 年	2010 年	2011 年	2013 年	2014 年
液液分离器	—	9	—	13	—	—	—
集气汇管	—	5	—	30	—	—	—
第 1 套气液分离器	1	64	—	69	3	21	—
第 2 套气液分离器	—	60	—	58	11	—	18
第 3 套气液分离器	—	45	1	98	19	8	—
第 4 套气液分离器	—	38	—	115	18	6	—

内壁焊缝发现针孔腐蚀历年合计达几百个，大部分位于环焊缝上，如图 2-34 所示。人孔与法兰连接接管处针孔腐蚀情况十分严重，如图 2-35 所示。

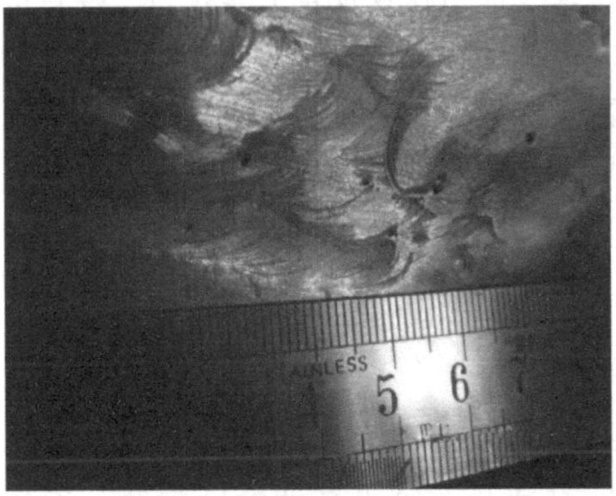

图 2-34 环焊缝处针孔腐蚀

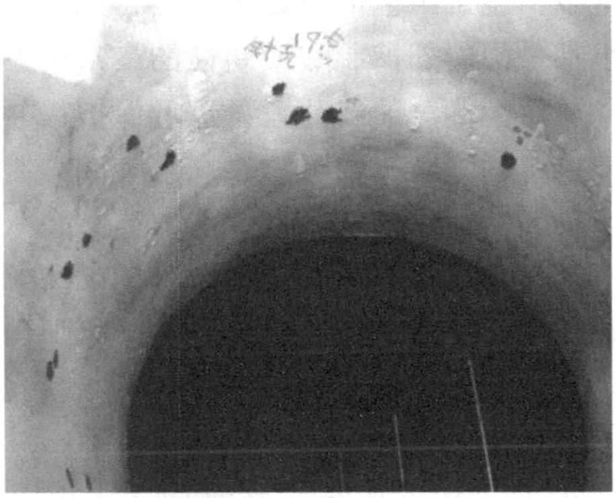

图 2-35 人孔与法兰接管处针孔腐蚀

分析认为点蚀产生是因为焊接施工时，未严格按焊接工艺进行操作，致使焊缝微区铁素体和奥氏体两相比例失衡，以及形成不同形态组织，从而在微区形成电位差而发生电偶腐蚀并发展为针孔，属于制造焊接过程给予技术支撑不够，把关不严，焊接施工时焊接工艺缺陷，造成焊缝大量出现针孔和裂纹。

2.3.2 缓蚀剂应用

在腐蚀环境中添加很少量的某种物质，能使金属的腐蚀速率大大降低，这种物质就称为缓蚀剂，也称为腐蚀抑制剂。缓蚀剂可以是单组分物质，或者多组分物质。其优点在于：①可以直接投加到系统中，无需附加设备，操作简单、见效快；②可以保护整个系统，包括管道、仪表、阀门等，这是其他方法不具备的；③有良好的保护效果，不但能抑制均匀腐蚀，而且可以抑制局部腐蚀；④多种缓蚀剂的配合使用，还可以保护同一体系中的多种金属；⑤用量少，不会改变介质性质，技术容易掌握，投资少、成本低。

1. 油气井用缓蚀剂[69-94]

在石油开采、油气田开发过程中，使用的各种专用管（钻）具、油管和套管处于含氧、硫化氢、二氧化碳或具有导电性的钻井液中。金属管材在动态环境下，受机械力和水力的相互作用易发生电化学腐蚀或多种类型的腐蚀。在油井腐蚀中，油管和套管的内腐蚀是尤为严重的，特别是油田持续开采的中后期，油井、油气混合井、注水井中都含有 CO_2、H_2S 等多种成分腐蚀介质、气体，以及高温、高矿化度、井况环境比较恶劣等情况，造成套管腐蚀程度不断加剧。

解决油套管的腐蚀问题，最有效的途径就是添加缓蚀剂。而且缓蚀剂具有用量少、施工工艺简单、不需要特殊的附加设备（如电化学保护）等优点，一直以来都是国内外抑制酸液腐蚀的最常用方法。

缓蚀剂对油气井设备进行保护，主要防腐原理是缓蚀剂中含有 N、O、S 原子的有机物能够牢固吸附在金属表面，减缓腐蚀介质对金属的攻击，从而达到防腐的目的。

在油气井开发过程中，使用的缓蚀剂主要有酸化压裂用缓蚀剂、注水缓蚀剂和油气井用缓蚀剂三类。

（1）酸化压裂用缓蚀剂

在油气井酸化中，特别是在高温深井和超深井进行浓盐酸或大酸量深井酸化中，首要的任务是要解决高温酸化液对油井套管设备的腐蚀问题。近年来，国内外在该研究领域中取得了长足的进展，开发出了一系列酸化缓蚀剂品种。

苏联早在 20 世纪 60 年代末，在“含氮和含炔类缓蚀剂对某些钢在盐酸中的保护作用及其温度和压力的关系”一文中，即报道了不同缓蚀剂配方对钢在 110～250℃的 4mol/L HCl 溶液中的缓蚀试验，表 2-16 是其试验结果，从试验条件可以看出，苏联早已注意研究 250℃高温下的酸液腐蚀问题。而这些盐酸用的缓蚀剂在高温酸中常与丙炔醇、碘化物、锑化物复配。

表 2-16　氮化物和炔醇化物在 4mol/L HCl 溶液中对 N80 钢的缓蚀试验结果

序号	缓蚀剂浓度/%	不同温度的腐蚀速率/［g/(m²·h)］						
		130℃	150℃	170℃	190℃	210℃	230℃	250℃
1	BA-6（1.0）	360	4100	8800	—	—	[illegible]	—
2	ΠKY（1.0）	580	1940	6620	—	—	—	—
3	丙炔醇（1.0）	3120	6700	—	—	—	—	—
4	BA-6（1.0）＋丙炔醇（1.0）	112	800	3146	—	—	—	—
5	BA-6（1.0）＋己炔醇（1.0）	45	244	802	2200	5900	7900	8520
6	同 5＋碘化钾（0.1）	35	174	561	1560	2150	7200	8521
7	同 5＋$CrCl_3$（0.4）	25	102	470	1300	2200	6200	—
8	ΠKY（1.0）＋己炔醇（1.0）	57	370	1600	6700	—	—	—
9	同 8＋碘化钾（0.1）	48	230	1175	5016	—	—	—

美国的 B. R. Keeney 研究了有机胺和碘化亚铜的复配物及两者的协同作用，N80 油管钢试样在 177℃（350℉）的含有 2%有机胺和 7000ppm 碘化亚铜的 15% HCl 溶液中浸泡 2h，腐蚀速率仅为 65g/(m^2·h)。Dowell 公司借助于 20 世纪 70 年代开发的缓蚀剂经验，开发出新的更高温度的酸化缓蚀剂 EXHT1。其基本成分为苯基酮（如 2-苯甲酰基-3-羟基-1 丙烯）；喹啉鎓，如萘甲基氯化喹啉鎓。还可以加入助剂（如甲酸）及少量表面活性剂，这些组分的配比见表 2-17。

表 2-17　EXHT1 缓蚀剂组成配比

组分	质量分数/%	组分	质量分数/%
苯基酮	0.1～2	表面活性剂	0～2
喹啉鎓	0.1～2	增效剂	0～10

在国内，华中科技大学、四川石油管理局井下作业处、四川石油管理局天然气研究所、中石化江汉油田、中石化胜利油田、中石油华北油田和中石油管工程技术研究院等单位，先后研究和生产了 7461-102、7623、7701、7801、川天 1-2（CT1-2）、川天 1-3（CT1-3）等系列产品，详见表 2-18。

表 2-18　国内油气田酸化缓蚀剂研制及应用表

缓蚀剂名称	主要缓蚀剂组分	使用温度和酸浓度范围	油田应用的主要配方/%	腐蚀速率/［g/(m²·h)］	研制生产单位
7461-102	吡啶季铵盐	80～180℃ 15%～28% HCl	7461-102（1.2） 甲醛（3.0） 乌洛托品（3.0） HCl（28）	46.6（120℃）	华中科技大学与江汉油田

续表

缓蚀剂名称	主要缓蚀剂组分	使用温度和酸浓度范围	油田应用的主要配方/%	腐蚀速率/[g/(m²·h)]	研制生产单位
IMC	水溶性巯基苯骈噻唑、硫脲、辛基酚聚氧乙烯醚等	30～70℃ 7% HCl+3% HF	不详	不详	中科院长春应用化学研究所与大庆油田
7801	曼尼希碱、丙炔醇等	90～150℃ 28% HCl 180℃ 20% HCl	7801（3.5） HCl（28） HCl（20）	<80（150℃）	华中工学院与四川石油管理局井下作业处
川天 1-2	曼尼希碱、丙炔醇等	90～150℃ 28% HCl	川天 1-2（3.5） HCl（28）	<80（150℃）	四川石油管理局天然气研究所

注：AS 表示配方保密，无法提供。

进入 20 世纪 90 年代后，高温酸化缓蚀剂逐渐向着复配的方向发展，在缓蚀剂里面添加有机化学品及有机和无机化学品混合物，以达到增效的目的。目前使用的有机化学品作为酸化缓蚀剂的包括含氮化合物、乙炔醇、醛、酮、甲酸及其衍生物、硫脲及其衍生物等。例如，中国石油集团石油管工程技术研究院开发的 TG200 系列高温酸化缓蚀剂（表 2-19），该系列缓蚀剂成功解决了超级 13Cr 油管在储层高压、低渗的迪那 2 气田酸化增产中的腐蚀问题。

表 2-19　TG200 系列缓蚀剂研制与应用表

缓蚀剂名称	主要缓蚀剂组分	使用温度和酸浓度范围	材质	油田应用的主要配方/%	腐蚀速率/[g/(m²·h)]
TG201	喹啉季铵盐、氯化亚铜、丙炔醇等	120℃ 15% HCl	HP13Cr	TG201（3） HCl（9、15） HF（2）	<15（120℃）
TG201-Ⅱ	喹啉季铵盐、曼尼希碱	160℃ 20% HCl	HP13Cr	TG201-Ⅱ（6） HCl（15） HF（2）	<40（160℃）
TG202	喹啉季铵盐、丙炔醇等	120～140℃	N80	20% HCl	优于一级标准（SY/T 5405—1996）
TG203	曼尼希碱	90～140℃	N80	20% HCl	优于一级标准（SY/T 5405—1996）

目前，国内外酸化缓蚀剂的研究领域中，主要集中在以下几个方面。

进入 21 世纪以来，先进技术设备的应用，使得酸化缓蚀剂的机理更为明确和清晰；在此基础上，随着环境的持续恶化和人们对环境的日益重视，缓蚀剂的研究开发也向无危害、无污染、可降解等方向发展，绿色环保成为当今社会总的趋势。查阅大量文献发现，目前酸化缓蚀剂研究的大致方向可分为杂环化合物、植物提取液、表面活性剂、医药和废物利用等几类，如杂环化合物近年来被广泛地应用于酸液的缓蚀剂，如唑类、吲哚、嘧啶、噻重氮类、嘌呤等；植物提取液易降解、无污染，已成为酸化缓蚀剂研究热门，且不断壮大；食用药品和表面活性剂由于具有较好的吸附性和溶解性也逐渐被研究用作酸化缓蚀剂；此外，一些农业、生活垃圾以及工业副产品的回收利用，在减少环境污染的同时，还可以变废为宝，为人们研究酸化缓蚀剂的发展提供了新的思路。

1）杂环化合物类酸化缓蚀剂。L. Larabi 等发现 2-巯基-1-甲基咪唑在盐酸溶液中是一种铜的混合型缓蚀剂，但其阳极的防腐效果更为显著一些。N. S. Patel 等指出 1, 7′-二甲基-丙基-1, 3′-2, 5′-苯并咪唑（DPBI）在 1mol/L HCl 溶液中是一种良好的碳钢缓蚀剂。J. Aljourani 等研究了苯并咪唑和它的两种衍生物在 1mol/L HCl 中的防腐效果对比，指出在相同浓度条件下三种物质的防腐效果大小顺序为：巯基苯并咪唑＞甲基苯并咪唑＞苯并咪唑。S. T. Zhang 等对比分析了三唑衍生物 1-[2-（4-硝基-苯基）-5-[1, 2, 4]三唑-1-羧酸-3-基]-苯乙酮（NTOE）和 1-（4-甲氧基-苯基）-2-5-[1, 2, 4]三唑-1-羧酸-4H-[1, 2, 4]三唑-3-吡咯烷基-苯乙酮（MTTE）在 1mol/L HCl 溶液中的腐蚀防护作用，指出这两种物质均为混合型缓蚀剂，在 1mol/L HCl 溶液中的腐蚀防护效果为 NOTE＞MTTE。

2）植物提取液作酸化缓蚀剂。A. Ostovari 分析了指甲花提取液和它的主要成分指甲花醌、五倍子酸、单宁酸在 1mol/L HCl 溶液中的防腐效果，大小为：指甲花醌＞指甲花提取液＞五倍子酸＞单宁酸，同时指出指甲花提取液为一种混合型缓蚀剂，在指甲花提取液加量为 1.2g/L 时缓蚀率最高可达 92.6%。

张娟涛和尹成先等利用红薯茎蔓和莴苣花茎发酵后提取有机物，然后复配氯化物，用作 P110 钢的盐酸酸化缓蚀剂；通过大量实验得出，在 120℃、15%盐酸条件下，该缓蚀剂的腐蚀速率可达 13.97g/(m^2·h)。

A. M. Abdel-Gaber 等采用电化学方法研究了甘菊、黑色小茴香、菜豆等的提取液在1mol/L硫酸溶液中针对碳钢的保护作用，指出这些植物提取液都有很好的防腐效果。

3）表面活性剂作酸化缓蚀剂。A. Tizpar 和 Z. Ghasemi[61]研究了三种表面活性剂［十二烷基磺酸钠（SDS)、辛基苯氧聚乙氧基乙醇（TX-100)、十二烷基苯磺酸钠（SDBS)］和柠檬酸针对 Pb-Sb-As-Se 合金在 12.5mol/L H_2SO_4 溶液中的防腐作用。在加量相同的条件下，四种缓蚀剂的缓蚀率大小依次为：SDS＞SDBS＞TX-100＞柠檬酸，它们在合金表面的吸附过程服从 Langmuir 等温线，缓蚀率随着缓蚀剂浓度的增加而增大，析氢过电位也随着缓蚀剂的加入而升高，其顺序为：SDS＞TX-100＞SDBS＞柠檬酸；三种表面活性剂的析氧过电位也随着它们在酸液中的加入而升高，但柠檬酸的加入没有这种现象。

4）药品作酸化缓蚀剂。链霉素（streptomycin）是一种氨基葡萄糖型抗生素，分子式为 $C_{21}H_{39}N_7O_{12}$。1943 年美国 S. A. 瓦克斯曼从链霉菌中析离得到链霉素，是继青霉素后第二种生产并用于临床的抗生素。S. K. Shukla 等指出链霉素在

1mol/L HCl 溶液中针对低碳钢，在加量为 500mg/L 时缓蚀率可达到 88.5%。

头孢氨苄、头孢匹林钠、头孢噻肟酸钠均为广谱抗生素。S. K. Shukla 和 M. A. Quraishi 指出头孢氨苄是一种混合型缓蚀剂，其防腐效果随着缓蚀剂浓度的增大而增加，而头孢噻肟酸钠在 1mol/L HCl 溶液中缓蚀率可达到 95.8%。

5）废物回收利用作酸化缓蚀剂。M. A. Migahed 等研究了回收聚乙烯作水溶性缓蚀剂。整个反应过程为：首先是聚乙烯在乙二醇溶液中和三乙醇胺反应进行解聚，然后在乙酸锰催化作用下与溴乙酸发生酯化反应，形成酯化物后再与硫脲反应，形成硫醇衍生物，其合成反应如图 2-36 所示。试验证明该物质在 2mol/L HCl 溶液中具有很好的防腐效果，是一种混合型缓蚀剂，但在阳极的作用更显著一些。

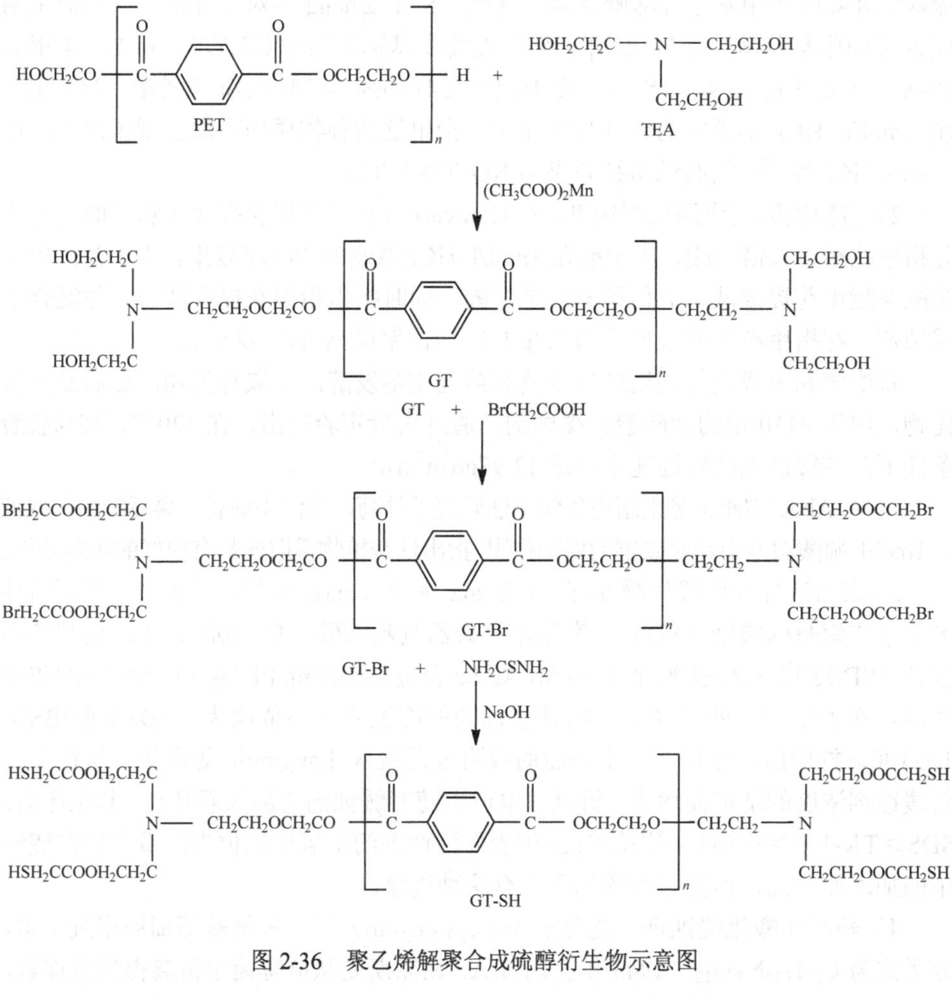

图 2-36　聚乙烯解聚合成硫醇衍生物示意图

赵俊等回收烟蒂作 N80 钢 15% HCl 的酸化缓蚀剂，其缓蚀率达到了 93%以上，引起了广泛关注。

四川天然气研究所以煤焦油吡啶釜残渣作为主要原料合成的酸化缓蚀剂“7251”“7623”，华中理工大学（现华中科技大学）和江汉油田开发的“7461”，在解决了油气井中油管腐蚀问题的同时，也实现了其重新利用的价值，一举两得。

（2）注水缓蚀剂

伴随着注水开采的使用，原油中含水率也不断攀升，采出液中分离出的油田污水回注量也越来越大。由于污水水质复杂，如含 H_2S、CO_2、O_2、细菌及高矿化度等。因此，需要在管线中添加缓蚀剂。油田注水缓蚀剂品种较多，主要有以下几种。

1）BULK-T606 型油田回注水专用缓蚀阻垢剂。该缓蚀剂由巴尔克公司研发，多种有机磷酸、特殊表面活性剂、增效剂等组成，对水中的 Ca^{2+}、Mg^{2+}具有螯合作用，通过晶格畸变作用抑制垢的生成；对水中的碳酸钙、硫酸钙、磷酸钙等均有良好的螯合分散作用。主要用于采油过程中地层和管线的阻垢、除垢作用，防止因结垢而造成的地层、管线的堵塞。本品具有耐高温、耐碱、耐盐、在油层条件下稳定、使用剂量低等特点。

2）TG705 咪唑啉类缓蚀剂。该缓蚀剂由中国石油集团石油管工程技术研究院研究开发，其主要成分为咪唑啉，同时复配多元醇磷酸酯和其他增效剂，缓蚀剂凝固点≤15℃，能与水互溶。TG705 缓蚀剂防腐效果特佳，同时具有解决垢下腐蚀、抑制氧腐蚀等多重功效，在与金属逐步形成共价键和配位键时，相互交替形成链状多层防护膜，有效地抑制装置内侧接触介质面金属的腐蚀。与一般的缓蚀剂相比，具有成膜速度快的特点。该物质能迅速在管线表面形成缓蚀膜，阻止腐蚀介质的侵入；该产品具有缓蚀、阻垢、除氧、防点蚀、防坑蚀等多重功效，这是其他缓蚀剂所不具备的。

其吸附机理为：有机高分子化合物中的氮、磷原子上带有孤对电子，其能进入铁原子（离子）杂化的 dsp 空轨道，形成配位键，发生络合作用，生成稳定的具有六元环状结构的螯合物吸附在铁表面，形成完整的疏水保护膜，同时在分子形成配位键后，铁表面的电位相对较正，较难进一步吸附阳离子，而在此时加入的其他增效剂在溶液中能产生负离子，其被正电性的铁表面吸附，使其带上负电荷，有利于有机高分子在铁表面发生特性吸附，从而形成多层网状吸附，达到防腐效果。

在模拟油田水进行腐蚀失重试验时，TG705 缓蚀剂的试验结果如表 2-20 所示。可以看出：TG705 缓蚀剂在 40℃、CO_2 分压为 2.5MPa 的腐蚀介质中，腐蚀速率由 0.26mm/a（不加缓蚀剂）降到 0.025mm/a，表现出优异的防腐效果。

表 2-20　TG705 注水缓蚀剂缓蚀试验结果

TG705 浓度/(mg/L)	0	30	60	100
缓蚀率/%	—	76	86	85

3）CT2-10 油田注水缓蚀剂。该缓蚀剂主要成分是有机胺，是一种黄色透明液体，有刺激性气味。适用于注水站、污水处理站的设备和管线的防腐。在密闭系统用量一般为 15～20ppm，在投加缓蚀剂前，应当清洗注水系统及管道。

4）IMC-30-G 缓蚀剂。这是一种以多元醇磷酸酯为主的缓蚀剂。适用于油田产出水中含有高 Cl^-、高 HCO_3^- 及氧等工况的防腐。多元醇磷酸酯不仅具有优良的缓蚀作用，而且有一定的阻垢分散能力。其缓蚀作用主要是与水中某些离子在金属表面络合形成络合沉淀膜和氧化膜，抑制金属电化学腐蚀过程，也可抑制垢下局部腐蚀。

5）DX-1 长效缓蚀剂。该缓蚀剂由有机磷酸盐、有机胺、有机酸（醛）和无机物复配而成，其中无机物为钼酸盐和亚硝酸盐。该品为浅黄色固体，可在污水中缓慢释放有效成分，能够起到延长缓蚀效果的作用，用于注水系统，现场投加量为 10～30mg/L，可以达到 92%的缓蚀率。

6）SL-2B 缓蚀阻垢剂。本缓蚀剂主要成分为咪唑啉磷酸酯或咪唑啉硫代磷酸酯，再加入一定量的分散剂、表面活性剂和阻垢剂。常温下为棕色至深棕色黏稠液体，密度为 0.90～1.10g/cm^3，易溶于水、甲醇、丙酮等溶剂。该缓蚀剂兼具缓蚀和防垢双重作用，可用于油田注水系统。

7）CRS2-7 注水缓蚀剂。该缓蚀剂是由极性很强的咪唑啉季铵盐为主要成分，并与表面活性剂、渗透剂等复合而成的一种高效、高性能的注水缓蚀剂，不但适用于高含盐量的污水，而且对含有 H_2S、CO_2 等腐蚀性气体的污水也极为有效，是用于油田注水等系统防腐的理想产品。其外观为棕色黏稠液体；固含量≥50%；腐蚀速率≤0.04mm/a。使用方法是将 CRS2-7 注水缓蚀剂用清水稀释后，用加药泵或自流的方式连续加入注水系统；CRS2-7 注水缓蚀剂添加量为 10～50mg/L。

8）RX-201 油田回注水缓蚀剂。本品是以强极性咪唑啉季铵盐为主要成分，再加入醇、渗透剂、表面活性剂等组成的高效注水缓蚀剂。本产品不含有机氯，用于 CO_2、H_2S 和高矿化度盐水体系具有非常优异的缓蚀效果，可将腐蚀速率降到 0.05mm/a 以下，与其他油田化学药剂具有很好的配伍性。

9）CT-2 缓蚀剂。本品由 C_{18}～C_{20} 直链脂肪酸和长链有机胺反应产物与表面活性剂复合构成，是一种水分散型复合缓蚀剂，为深棕色液体。它易溶于水，毒性小，乳化倾向小。该缓蚀剂具有分散、洗涤、渗透和稳定作用，也能很好地与杀菌剂、阻垢剂配伍，防腐效果突出，能用于高矿化度油田污水处理和注水系统，其投加量为：密闭式系统 10～15mg/L，敞开式系统 15～20mg/L。

10）ZK682 回注水缓蚀剂。该缓蚀剂主要成分为含氮、磷有机盐类化合物。外观是黄色至棕黄色液体，易溶于醇、酸和水，密度为 1.046g/cm^3，pH 为 10～12。ZK682 为有机胺类吸附膜型缓蚀剂，具有极性基团和非极性基团，极性基团吸附在金属表面上，而长尾巴非极性基团由金属表面向溶剂排列。ZK682 缓蚀剂比同类型的咪唑啉型缓蚀剂更致密，缓蚀膜之间没有大的缝隙，能更好地抑制腐蚀的进行。用于 CO_2、H_2S 和高矿化度盐水体系具有非常优异的缓蚀效果，可将腐蚀速率降到 0.076mm/a 以下。

（3）油气井用缓蚀剂

在油气井开采的中后期，井底产生大量积水，有的不易排出，在井下对套管和井下作业工具产生严重的腐蚀。另外，油气井中含有大量 H_2S、CO_2 气体，会引起井下采油、气设备穿孔腐蚀或断裂。针对以上情况，使用油气井缓蚀剂防腐蚀是一种既有效又经济的方法。

根据油气井缓蚀剂的特性及使用工况，将其分为固体缓蚀剂和液体缓蚀剂。

1）固体缓蚀剂。由于钻井深度的增加和日益恶劣的环境条件，对缓蚀剂的需求也随着增加。固体缓蚀棒（环）具有缓释效果好、作用周期长、投加次数少等特点，得到了一定的开发。

尹成先等发明的TG503油套管高温防腐用的耐高温固体缓蚀剂，其组成如下：某二元酸 20%～35%；二乙烯三胺 5%～15%；氯乙酸 5%～15%，以及十二烷基苯磺酸钠、六亚甲基四胺、HPMA、聚环氧琥珀酸、环氧树脂、聚酰胺树脂等。固体缓蚀剂的复配、固体缓蚀剂的固化后倒入模具成型，冷却即得固体缓蚀剂成品。该产品根据现场使用条件，可制作成环状或棒状，不同温度下的防腐效果如表 2-21 所示。

表 2-21　不同温度对 TG503 缓蚀性能的影响

温度/℃	材质	加量/(mg/L)	失重/g	缓蚀率/%
60	P110	500	0.0011	94.44
90	P110	500	0.0032	92.14
120	P110	500	0.0283	88.57
150	P110	500	0.0339	87.77

周云等为了提高缓蚀阻垢剂的使用温度范围和对环境的友好性，以高分子化合物作为骨架，以聚天冬氨酸钠盐为阻垢剂、咪唑啉类为主缓蚀剂，配以缓释剂、黏结剂、助溶剂等，制备了一种耐高温、对环境友好的固体缓蚀阻垢剂。实验结果表明：92℃时样品在水中浸泡 15 天后无明显减少，30 天后可完全溶解。80℃时样品缓蚀率可达 85.92%［试验介质为 1%的 NaCl 溶液（未除氧），试验周期为

48h，缓蚀剂加量为100mg/L，试验材质为A3]，90℃时阻垢效率可达93.71%。

江汉石油学院的蔡黎明、赖燕铃针对东辛采油厂污水矿化度较高（尤其以辛三站较为严重，高达19298mg/L）、氯离子含量较高，造成注入设备和管线腐蚀现象严重，且形成以碳酸钙垢为主、硫酸钙垢为辅的结垢问题，以几种无机缓蚀剂、聚磷酸盐、硫脲及室内合成的缓蚀剂和阻垢剂为基础组分，与胶黏剂、填充剂、增效剂等添加剂按一定比例混合均匀，放入模具内，加压成型，然后脱水干燥，制得固体缓蚀阻垢剂GHZ系列。室内试验的具体数据说明了其在静、动态下的缓蚀率可分别高达94.9%和93.7%，阻垢率均可达到94%以上。

中原油田分公司技术监测中心沈丽萍等用选配好的优级缓蚀基体A与固化剂B、C按比例6∶3∶1投入反应釜中，加热至120～130℃。恒温反应1～2h。再将温度冷却至80～90℃，缓慢加入添加剂D、E，投入量为20%，搅拌反应30min后，将产品倒入模具中冷却成型，即制成水溶性固体缓蚀剂GH-01。

采用静态失重法，评价固体缓蚀剂的缓蚀性能。试验条件为采油厂含油污水，温度50℃，时间120h，试片材质A3钢。结果表明：加量为150mg/L时，缓蚀率为93.3%。

2）液体缓蚀剂。

（a）TG500系列油井缓蚀剂。中国石油集团石油管工程技术研究院开发的TG500系列缓蚀剂，具有优异的防腐效果。本系列产品是针对油气田H_2S/CO_2、Cl^-联合腐蚀而开发的复合型高效缓蚀剂，其主要成分为咪唑啉衍生物、磷酸酯、季铵盐、含N有机杂环化合物、表面活性剂及其他有效成分，可对服役于高含Cl^-、H_2S、CO_2环境中的油套管、设备进行有效保护。它能进入铁原子（离子）杂化的dsp空轨道，形成配位键，发生络合作用，生成稳定的螯合物吸附在铁表面，形成完整致密的疏水保护膜，同时有机长链覆盖于表面，附着力强，从而阻止了腐蚀产物铁离子向溶液中扩散的腐蚀反应过程，使腐蚀反应速率变慢，达到金属缓蚀的目的。

特别是针对连续油管作业开发的耐高温缓蚀剂TG520是在国内趋于领先技术水平的产品。该产品使用温度高（170℃），环境介质复杂（主要是O_2/CO_2）。

（b）CT2-4油气井缓蚀剂。这是一种酰胺类化合物组成的缓蚀剂，其外观为棕红色液体，有氨的气味，pH为7～8，密度1.028g/cm^3（20℃），流动性好，凝固点低，在水中分散良好。CT2-4油气井缓蚀剂主要适用于H_2S-CO_2-Cl^-介质的管材腐蚀防护，其用量根据井中所含水、H_2S及CO_2含量而定。如果考虑到硫化物应力腐蚀的影响，推荐用量为0.6kg/m^3，投加周期为7天。

（c）IMS-80-ZS油井及集输干线缓蚀剂。该缓蚀剂是以炔氧甲基胺和季铵盐为主体成分，再复配杀菌剂等辅助药剂组成的复合缓蚀剂。适用于含CO_2、细菌和综合含水80%以上油井和集输干线的防腐。IMS-80-ZS为棕黑色液体，有氨、乙醇气味，pH 为 10 左右；相对密度为 0.930～0.960；在水中能均匀分散，溶于醇、羧酸，微溶于汽油、柴油。按专业方法进行评价，在给定用量下，缓蚀率为 75%～80%。

2. 集输用缓蚀剂[69, 95-102]

随着油气田大规模开发的进行，油气田集输过程中所面临的 CO_2 和 H_2S 腐蚀问题日益严重，CO_2 和 H_2S 是油气工业中主要的腐蚀气体，它们溶于水后形成弱酸，对石油、天然气的集输设备和管线产生严重腐蚀，导致设备和管线的服役寿命大大降低。集输管线在含 CO_2、H_2S、Cl^- 等多种腐蚀介质的多相环境中服役时，集输管线中如果不采用相应的防腐措施，有可能会导致管线刺漏、开裂，造成巨大的经济损失。

实际上，存在少量 H_2S 就会对 CO_2 腐蚀产生明显影响，而在油气集输中常有 CO_2 和 H_2S 共存的情况，由此导致油管钢的腐蚀行为远比 CO_2 或 H_2S 单独作用时复杂。当系统中同时含 H_2S 和 CO_2 两种腐蚀性气体时，H_2S、CO_2 的共同作用，使得腐蚀研究十分复杂，且因 H_2S 为剧毒气体，使试验条件变得十分苛刻。随着对 CO_2 腐蚀和 H_2S 腐蚀逐渐深入的研究和工程上腐蚀问题的逐步解决，CO_2 与 H_2S 共存条件下的腐蚀显得相当突出，相应的腐蚀及防护研究已经迫在眉睫。作为防腐方式，选择添加缓蚀剂是降低 H_2S/CO_2 腐蚀问题的一个重要手段，且相对于采用高钢级或者合金材料管线而言，经济性能较好，操作简便。

针对油气田集输系统中存在的不同腐蚀环境，缓蚀剂的种类也多种多样。根据缓蚀剂使用的介质、对电极过程的影响、在金属表面形成保护膜的特征等不同，分类方法也不同。根据缓蚀剂对电化学腐蚀的控制部位分类，分为阳极型缓蚀剂、阴极型缓蚀剂和混合型缓蚀剂；根据缓蚀剂形成的保护膜类型分类，缓蚀剂可分为氧化膜型、沉积膜型和吸附膜型缓蚀剂。通常按照化学组成可将其分为无机缓蚀剂和有机缓蚀剂两大类。

无机缓蚀剂一般是通过氧化金属表面而生成钝化氧化物膜或者在金属表面阴极区形成沉淀膜，从而抑制腐蚀反应的进行。目前正在研究并在油气田集输系统应用的主要有钼酸盐、钨酸盐、稀土元素等。

钼酸盐是一种阳极钝化型缓蚀剂，因其具有低毒、无公害、高效、稳定等优点受到越来越多的关注。钼酸盐缓蚀剂单独使用时剂量大、成本高，因此，根据钼酸盐的缓蚀机理以及与其他物质的协同效应，开发钼酸盐复合缓蚀剂已成为当今研究的热点。龚利华等用极化曲线法研究了钼酸钠与乌洛托品、三乙醇胺、苯并三氮唑、磷酸二氢钠之间的复配效果。实验发现，钼酸钠与磷酸氢二钠的复配效果较为突出，在不同温度下的缓蚀率均达 99%左右。张淑玲等研究发现，钼酸钠与某些杂环化合物对碳钢有很好的协同效应，其协同缓蚀作用大小为：2-氨基苯并咪唑＞2-巯基苯并咪唑＞苯并三氮唑＞苯并咪唑。

钨酸盐的缓蚀性能与钼酸盐相似，常与其他缓蚀剂复配产生协同作用。李燕等通过失重法研究发现钨酸钠与聚天冬氨酸和锌盐协同作用对碳钢的缓蚀率可达到 97.68%。

有机缓蚀剂通常由以电负性较大的 N、O、S、P 等中心原子组成的极性基团和 C、H 等组成的非极性基团构成。

（1）含磷化合物

有机磷化合物作为缓蚀剂是近几十年才兴起的，有机磷缓蚀剂对金属有很强的吸附作用。有机磷缓蚀剂主要有膦酸及其衍生物、磷酸及其衍生物、膦盐、亚磷酸脂和磷杂环化合物。在油气田集输系统中应用的有机磷缓蚀剂主要是有机磷酸盐和磷酸酯类。胜利油田设计院开发的咪唑啉磷酸酯和咪唑啉硫代磷酸酯缓蚀剂用于抑制 CO_2-H_2S-O_2-SRB 腐蚀。原中国科学院金属与腐蚀防护研究所研制的多元醇磷酸酯对高浓度的 Cl^-和 HCO_3^- 体系具有较好的缓蚀效果并兼有一定的阻垢分散能力。但是有机磷缓蚀剂的过量使用会引起“富营养化”问题，而且对铜或铜合金有一定的侵蚀性。

（2）含硫化合物

含硫化合物的缓蚀剂主要有硫醇、硫脲及其衍生物。这类缓蚀剂主要抑制 CO_2 和 H_2S 的腐蚀。S. A. Young 开发了一类具有$(HS)_n$-R-$(OH)_m$ 结构的硫醇衍生物缓蚀剂，如 2-巯基乙醇、1-巯基-2-丙醇、2-巯基丁醇对高流速高压 CO_2、H_2S 腐蚀环境具有较好的缓蚀效果。吕战鹏等研究发现硫脲衍生物在较低浓度时就能明显抑制碳钢在饱和 CO_2 水溶液中的腐蚀，但其缓蚀效果随着温度的升高而降低。含硫化合物尤其是硫脲缓蚀剂受环境温度、浓度及介质的影响较大，并且存在加速渗氢和浓度极值不利现象，在现场中很少单独使用。

（3）含氮化合物

含氮化合物是油气田集输系统缓蚀剂品种中种类最多、用量最大的一类缓蚀剂，主要包括有机胺类、咪唑啉类、铵盐和季铵盐类等一系列缓蚀剂。这类缓蚀剂以其亲水基团吸附于金属表面，疏水基团远离金属表面，从而在金属表面形成吸附层将金属活性中心覆盖，阻止腐蚀介质对金属的侵蚀。

有机胺类化合物包括脂肪胺、芳香胺、一元胺、二元胺或聚胺及它们的盐。Y. I. Kuznestsov 等发现伯胺和仲胺能抑制气相和液相中 CO_2 的腐蚀，而且伯胺比仲胺更易控制 CO_2 腐蚀。G. Schmitt 等将聚琥珀酰亚胺、乳糖酸等的衍生物用作碳钢在高压 H_2S 盐水和盐水烃类介质中的环境友好缓蚀剂。

咪唑啉及其衍生物是一种广泛用在油气田集输系统的缓蚀剂，其分子结构中含有氮五元杂环。该类缓蚀剂的特点是：相溶性和热稳定性好、毒性低、能阻垢杀菌；当金属与酸性介质接触时，它可以在金属表面形成单分子吸附膜，改变氢离子的氧化还原电位，也可以络合溶液中的某些氧化剂降低其电位达到缓蚀的目的。曹楚南等研究发现咪唑啉系列缓蚀剂中阳极型缓蚀剂抑制 H_2S 腐蚀的性能优于阴极型。H. Wang 等通过交流阻抗研究发现，在多相流条件下使用油溶性咪唑啉缓蚀剂优于水溶性缓蚀剂。

铵盐和季铵盐类缓蚀剂主要靠氮原子吸附，广泛用在油气田集输系统中。曹家绥等通过研究季铵盐缓蚀剂碳原子数对缓蚀效率的影响发现，含 6～8 个碳的烷基胺合成的炔氧甲基胺和季铵盐缓蚀剂效果最好。宗鹏等研究发现喹啉季铵盐的缓蚀性能要比吡啶季铵盐的好。

（4）含氧化合物

应用在油气田集输系统中的含氧化合物缓蚀剂主要是炔醇类、醛类、脂肪羧酸类。有效的炔醇类缓蚀剂的三键必须在碳链的顶端，即 1 位；羟基必须与三键相邻，即 3 位。这是由于其内部的“互变异构作用”稳定了三键，提高了其对铁的配位能力，而产生强烈的化学作用。醛类缓蚀剂中的肉桂醛是近年来发展的高效低毒性缓蚀剂，其对金属的缓蚀作用主要是基于吸附和聚合成膜过程。Y. I. Kuznestsov 等研究了脂肪族羧酸在饱和 CO_2 的盐水溶液中对碳钢的气相和液相的缓蚀效果，发现脂肪族羧酸的缓蚀性能随疏水性的增加而增加，其中十二烷酸抑制 CO_2 腐蚀的效果最好。

1）COW2013 型缓蚀剂。该缓蚀剂由北京奥凯石京科技有限公司研发生产。其主要成分为咪唑啉，适用于油田采油过程中高含 H_2S、CO_2 和高矿化度盐水及高 Cl^- 的油田产出水体系中金属（碳钢）的防腐蚀保护，在抑制 H_2S、CO_2 腐蚀的同时，能较好地控制高矿化度盐水引起的局部腐蚀，是一种油溶水分散型缓蚀剂，并同其他油田化学药剂有好的配伍性。该缓蚀剂的理化特性如表 2-22 所示。

表 2-22 COW2013 油溶性缓蚀剂理化性能

理化项目	具体性能
主要成分	不同结构的油溶性咪唑啉衍生物
外观与性状	深棕红色均一液体
pH（1%水溶液）	有机物，不适用
水稀释 100 倍 pH	5.0～9.0
密度（20℃）/(g/cm^3)	0.80～0.90
固含量	≥30%
凝固点/℃	≤-15
黏度/(mPa·s)	95
溶解性	醇溶，水分散
一般添加量（mg/L）	50～100

续表

理化项目	具体性能
缓蚀性能（mm/a）	≤0.076
主要用途	适用于油田采油过程中高含 H_2S、CO_2 和高矿化度盐水及高含 Cl^- 的油田产出水体系中金属(碳钢)的防腐蚀保护，在抑制 H_2S、CO_2 腐蚀的同时，能较好地控制高矿化度盐水引起的局部腐蚀
其他	无

2）IMC-871 油溶性缓蚀剂。该缓蚀剂由沈阳中科腐蚀控制工程技术发展有限公司生产。IMC-871 是油溶水分散型缓蚀剂，是以不同结构的油溶性咪唑啉衍生物为主体成分，协同炔氧甲基胺衍生物和其他辅助添加剂组合而成，主要用于控制 CO_2-H_2S-Cl^--H_2O 腐蚀，适用于含水率较低的生产初期，其理化特性如表 2-23 所示。

表 2-23　IMC-871 油溶性缓蚀剂理化性能

理化项目	具体性能
主要成分	不同结构的油溶性咪唑啉衍生物
外观与性状	红棕色液体
pH（1%水溶液）	5.0～5.5
密度（20℃）/(g/cm^3)	0.91～0.96
凝固点/℃	−25
黏度/(mPa·s)	2.48
闪点/℃	64
溶解性	溶解于醇、酸和油中
腐蚀速率/(mm/a)	＜0.1
缓蚀效率/%	＞80（高湿度气相）
主要用途	主要用于含 H_2S、CO_2 和高 Cl^- 共存的油气田，控制油气井和集输系统的均匀腐蚀和局部腐蚀
其他	无

3）TG500 系列集输用缓蚀剂。中国石油集团石油管工程技术研究院经过多年研究开发，形成一系列针对地面管线防腐的缓蚀剂，如 TG510 抗 H_2S 集输缓蚀剂，TG512 抗 CO_2 集输缓蚀剂等。其中 TG510 是巯基苯并噻唑曼尼希碱和硫脲-咪唑啉为主剂，复配多元醇膦酸酯和其他增效剂而成的强吸附型专用缓蚀剂。巯基苯并噻唑曼尼希碱分子中的硫原子、氧原子和氮原子上带有孤对电子，其能进入铁原子（离子）杂化的 dsp 空轨道，形成配位键，发生络合作用，生成稳定的具有六元环状结构的螯合物吸附在铁表面，形成完整的疏水保护膜，从而阻止了腐蚀产物铁离子向溶液中扩散的腐蚀反应的阳极过程，使腐蚀速率降低；但是由于巯

基苯并噻唑曼尼希碱水溶性很差，会造成在金属表面吸附的不均匀；这时硫脲-咪唑啉会改善这种吸附状况，其相近的吸附结构，以及较好的水溶性和表面活性，弥补了巯基苯并噻唑的缺陷，同时复配的多元醇膦酸酯和其他助剂进一步相互促进、相互补充共同吸附于金属表面，形成多层网状致密的保护膜，阻隔腐蚀液与金属基体的接触，达到了高效防腐的目的。

该产品建立了油溶性和水溶性缓蚀剂共同作用的协作模式；提高了成膜的牢固性和均匀性；并引进了硫氢根离子，一方面有效阻止了介质的腐蚀，另一方面和 H_2S 中的硫离子发生竞争，减少硫离子和金属形成疏松的硫化亚铁膜，从而影响缓蚀剂成膜的致密性。

本产品对高浓度 H_2S、CO_2、NaCl 体系和由高矿化度的地层水、H_2S、CO_2 三元共存体系产生的腐蚀具有优良的抗蚀、防蚀、缓蚀性能，并具有独特的抗氢脆和抗应力腐蚀开裂能力，对电化学腐蚀也有良好的抑制作用，无点蚀、坑蚀等现象。其理化指标如表 2-24 所示。

表 2-24　TG510 缓蚀剂性能指标

项目	指标
外观	黄色至棕红色液体
pH	4.0～6.0
密度（20℃）/(g/cm^3)	0.8～1.2
倾点/℃	＜−38
溶解性	与水互溶
腐蚀速率/(mm/a)（塔中现场评价条件下）	＜0.1

4）1901（4-甲基吡啶）缓蚀剂。该产品是 1966～1969 年由四川石油设计院防腐攻关队与北京石油科学研究院共同试制成功的一种抗酸性介质腐蚀的缓蚀剂。主要用于含硫天然气井及天然气集输管道防腐。但该产品气味恶臭，对环境造成污染。随着缓蚀技术的不断发展，先后开发出有机伯、仲、叔胺，有机铵盐，季铵盐，酰胺，咪唑啉等含 N、S 的杂环化合物，以及复合配方的缓蚀剂，如 CT2-1、CT2-2、CT2-5、CT2-6 等。

5）精制地沟油制备得到的苯并咪唑啉缓蚀剂。广东工业大学利用地沟油开发出一种新型缓蚀剂。该缓蚀剂是在苯并咪唑分子中引入了不同链长的饱和烷基及不饱和烷基或苯基，在增加分子中可与金属配位的 π 电子云密度的同时，还增加了保护膜的疏水性，从而大大降低了金属腐蚀速率，增加了金属抗腐蚀能力，该缓蚀剂为油溶性产物，可用作油田管路防腐和工业酸洗中的缓蚀剂，可在金属表面上形成紧密而牢固的吸附膜，降低了金属腐蚀速率。

另外，他们还开发了利用转基因大豆油制备咪唑啉缓蚀剂的技术，是以转基因大豆油和取代乙二胺或取代邻苯二胺为反应原料，经酰胺化、环化脱水反应而制得，通过在咪唑啉分子中引入不同链长的烷基及烯基或苯基之后，在增加分子中可与金属配位的 π 电子云密度的同时，增加了缓蚀膜的疏水性，增加了金属抗腐蚀能力，该方法制备得到的产物可用作油田管路防腐和工业酸洗中的缓蚀剂，可在金属表面上形成紧密而牢固的吸附膜。

6）CT2-2 输气管道缓蚀剂。该缓蚀剂主要成分是胺类物质，属于成膜型有机缓蚀剂。其外观为棕红色液体，略有氨的气味，密度＞$0.796g/cm^3$，溶于烃类溶剂，能分散在水和盐水中。该缓蚀剂适用于 H_2S、CO_2、NaCl 体系的天然气输送管道和气井，缓蚀率可大于 95%。使用时先对输气管线进行预膜，预处理后按 15 天一个周期加入 0.1%～2%的缓蚀剂。采用间歇投加方法用平衡罐注入输气管道内，借助气流使缓蚀剂沿途吸附在管道内壁，形成保护膜，防止腐蚀性介质对金属的作用。

2.3.3 表面防腐技术

1. 内表面防腐技术[103-113]

（1）有机涂层

有机涂层是目前石油管内防腐使用最广泛的一种材料，是由有机涂料经固化作用而形成的，具有良好的黏结力、抗渗透性、耐磨性、耐压性、耐热性、耐化学稳定性和耐腐蚀性等。

有机涂层的防腐蚀性能是通过涂层对腐蚀性组分的屏蔽，防止其与金属表面的接触（屏蔽机理），或对金属表面发生的腐蚀反应进行干扰破坏（电化学保护机理）来实现防止金属发生腐蚀的目的。涂层防腐蚀作用机理有以下几个方面。

1）屏蔽作用。涂层作为阻挡层，阻止腐蚀性组分和管壁直接接触，减缓腐蚀性组分向金属-涂层界面的扩散。虽然对于水、氧气来说，涂层是可渗透的，但是有机涂层具有很高的电解质阻挡性，可以阻止或者抑制阴极和阳极区域之间的离子运动。涂层有效的屏蔽作用主要由腐蚀性组分的渗透性和涂层抗湿附着力的能力决定。附着力的实质是一种界面作用力，有机涂层的附着力主要包括两方面[3]：首先是有机涂层与基体金属表面的黏附力，其次是有机涂层本身的凝聚力。湿附着力是指在有水存在条件下的附着力。潮湿环境中的附着力与涂层的吸水性有很大关系，渗入金属/涂层界面间的水能破坏涂层与金属表面的化学键结合，使涂层的附着力降低。研究表明，涂层的抗水渗透能力是决定涂层附着力消失速度的主要因素。

2）电化学保护作用。利用涂层中的活性填料对腐蚀反应进行干扰破坏，实现在腐蚀性组分到达金属-涂层界面时起到抑制金属基体腐蚀的目的。活性填料在涂层中既起屏蔽作用，也起电化学保护作用。活性填料溶解在渗入水中，溶解活性填料的溶液进入金属-涂层界面后，开始对金属进行持久的阴极保护。涂层反应后形成的复合产物体积比原始涂层的体积大，堵塞了涂层缝隙，减缓了水的进一步渗透。然而，活性填料在阴极保护的同时，增加了界面间的阴极反应趋势。随着界面间离子浓度的不断增加，在渗透压作用下，水向界面间的渗透增加，从而增加了涂层与金属的分离趋势，这种副作用不利于涂层的防腐蚀。

3）表面润湿性与较低的表面粗糙度。涂层表面的表面能较低，通过添加某些改性材料，使其具有不亲油性和不亲水性，即双疏性，从而使流动阻力较小。涂层表面又具有较低的表面粗糙度，因而可以防止或降低结蜡、结垢和抑制天然气水合物的生成。即使生成了部分蜡或垢，也会由于较低的表面粗糙度，不能形成晶核而被管内流体携带走，管壁不会结蜡、结垢。

环氧树脂涂料是目前在集输管道内防腐应用最广泛的一种涂料，包括液体和粉末两种类型。环氧涂料附着力好，对管道表面有优良的附着力；耐碱、油和水，电绝缘性能优良，但抗老化性差。环氧防腐蚀涂料通常由环氧树脂和固化剂两个组分组成。固化剂的性质也影响到漆膜的性能。常用的固化剂有：①脂肪胺及其改性物，特点是可常温固化，未改性的脂肪胺毒性较大；②芳香胺及其改性物，特点是反应慢，常需加热固化，毒性较弱；③聚酰胺树脂，特点是耐候性较好，毒性较小，弹性好，耐腐蚀性能稍差；④酚醛树脂、脲醛树脂等其他合成树脂。这些树脂和环氧树脂并用经高温烘烤后交联成膜，漆膜具有突出的耐腐蚀性，并有良好的机械性能。此外，通过对环氧树脂进行改性、添加一些特殊的填料等方法以提高防腐效果可形成改性环氧树脂涂料、无溶剂环氧树脂涂料、钛纳米聚合物涂料、环氧玻璃鳞片涂料等。

油管内表面服役的温度、压力、CO_2/H_2S 分压等工况比地面集输管道更为苛刻，因此对涂层的性能要求也更高。环氧酚醛涂层是目前国内外在油管内防腐应用最广泛、用量最大的一种材料，采用多层结构，并经 120℃以上的高温固化成型，具有良好的耐高温、高压、化学介质腐蚀等性能。

（2）合金镀层

20 世纪 80 年代，Ni-P 镀技术已在中东、美国和德国石油与天然气工业的管道、阀体和泵站的防腐蚀保护方面得到了广泛的应用，并取得了明显效果。国内在 20 世纪 90 年代初开始在油田行业开发应用该技术，在不断实践的基础上实现了大面积整体化 Ni-P 镀技术的突破，取得了一定的防腐蚀效果，降低了成本，提高了生产效率和生产能力。Ni-P 镀层采用化学镀工艺进行生产，其主要特点为：①镀层均匀性好，无边角效应，不受基材几何形状的限制，具有良好的“仿形性”，镀层厚度可根据需要在 10～90μm 范围内进行调整，一般要求为 25～30μm；②硬度高、抗磨性能优良，镀态硬度达 500～600HV，经 400℃热处理后维氏硬度可达 800～1000HV；③镀层结合强度高，其结合强度要远远高于有机涂层；④Ni-P 镀层中 Ni 的含量高达 88%～95%，具有优良的耐蚀性，此外由于 Ni-P 镀层属于非晶态，不存在晶界、位错等晶体缺陷，是单一的均匀组织，不易形成电偶腐蚀。

随着我国大多数油田进入中后期开发，以及大量高温、高压、超深、高含 H_2S/CO_2 的油气井成为开采对象，油套管面临的腐蚀问题越来越突出，新型耐蚀合金镀层技术也不断发展、应用。近年来，Ni-W 合金镀层油管使用越来越广泛，具有良好的耐腐蚀、耐磨、高硬度等性能。Ni-W 合金镀层以 Ni、W 元素为主，加部分 Fe 和少量 P、C 等元素，其中 W 的含量是影响镀层性能的重要因素，与传统的 Ni-P 相比，其综合性能更为优异。Ni-W 镀层采用电镀工艺生产，其主要特点为：①硬度高，镀层镀态硬度为 550～600HV，经不同温度热处理后硬度为 760～1100HV；②耐磨性能优异，Ni-W 合金镀层具有很高的硬度，对其耐磨性能发挥了重要的作用，同时 W 的存在，可使镀层与对偶件之间形成一层稳定起保护作用的转移层，降低两者之间的摩擦系数；③耐蚀性能优异，有研究表明，Fe-W、Ni-Mo-W、Fe-W、Ni-W-P 等非晶态镀层，在酸性条件下其耐蚀性远好于 18Cr-8Ni 不锈钢；④良好的热稳定性，由于金属钨具有高熔点的特性和钨合金中原子间结合力较强，同时非晶态镀层在高温氧化过程中可形成稳定致密的含 W 钝化膜，抑制了合金的溶解活性，从而使得镀层的高温热稳定性明显提高。

（3）陶瓷内衬层

陶瓷内衬目前主要用于旧油管的修复，其技术要求如表 2-25 所示。该技术不仅可以对旧油管内表面的缺陷进行修复，而且可以提供良好的耐腐蚀性能。陶瓷内衬油管采用铝热-离心法（也称离心自蔓延高温合成法）制备，即将 Fe_2O_3（或 Fe_3O_4）和铝粉按一定比例均匀混合装入油管后，固定在离心机上，待离心机转数达到一定值后将反应物点燃，利用被激发的氧化还原反应释放出来的大量反应热来维持反应的迅速进行。熔融态生成物在离心力作用下，根据其密度不同而相互分离，冷却之后形成陶瓷内衬油管（图 2-37）。

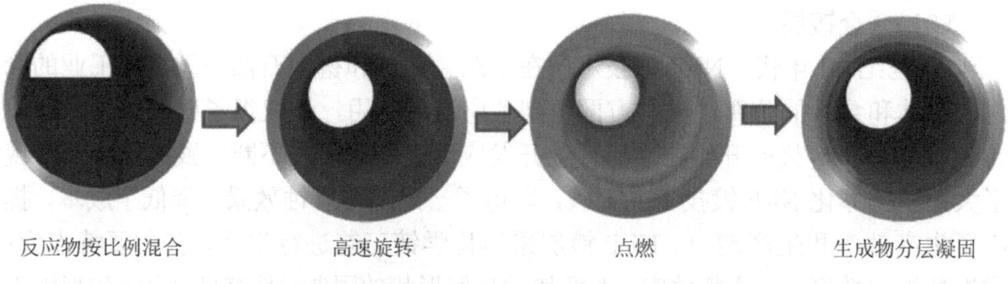

图 2-37 陶瓷内衬油管生产工艺示意图

陶瓷内衬油管由油管和陶瓷内衬层两部分组成，其中陶瓷内衬层由 Al_2O_3 陶瓷、金属陶瓷（Al_2O_3+Fe）和 Fe 构成。陶瓷内衬油管典型结构如图 2-38 所示，其力学性能和崩裂温度如表 2-26 所示。

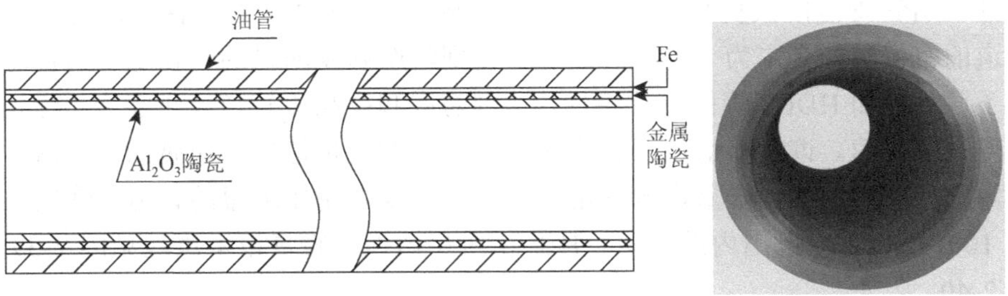

图 2-38　陶瓷内衬油管结构示意图

表 2-25　陶瓷内衬层技术要求

序号	项目		技术要求
1	陶瓷内衬层厚度/mm	油管外径≤88.9	2.2±0.5
		油管外径>88.9	3.2±0.5
2	硬度	HV	≥1100
3	密度	g/cm^3	≥3.4
4	耐蚀性/［g/(m^2·h)］	10% HCl	≤0.1
		10% H_2SO_4	≤0.15

表 2-26　陶瓷内衬油管力学性能及崩裂温度

油管钢级	陶瓷层断裂时陶瓷油管拉伸强度/MPa	压溃强度/MPa	结合强度/MPa	加热淬水三次陶瓷层出现崩裂的温度/℃
J55	≥500	≥280	≥25	≥800
N80	≥700	≥280	≥25	≥800
P110	≥800	≥280	≥25	≥800

（4）HDPE 内衬层

HDPE 内衬是利用非金属材料良好的化学稳定性和耐腐蚀性能，将高密度聚乙烯管内穿插在原金属管道中的一种技术，形成非金属内衬和原金属管道包裹的“管中管”的复合结构。此技术使用年代已久，存在大量修复问题，其腐蚀、渗漏、穿孔等现象经常发生，严重影响正常生产秩序，且修复费用居高不下而采取的一项修复工艺技术。

HDPE 内穿插管道修复是使用一种外径比原管道内径稍大的改性 HDPE 管，经多级等径压缩，暂时缩小 HDPE 管的外径（按设计要求，一般为 10%），经牵引机拉入清洗除垢好的主管道内，HDPE 管完全进入主管道后，经 24h，改性 HDPE 管慢慢恢复并与原管道内壁紧密贴合，形成内衬管的防腐性能与原管道的机械性能合二为一的复合结构，达到防腐修复的目的。修复后的管道具备了原管道和 HDPE 管的双重特性，达到防腐和提高原管道承压能力、延长使用寿命的目的。该技术适用于使用时间长、存在大量修复，而腐蚀、渗漏、穿孔等现象经常发生，严重影响正常生产，且修复周期要求短的管道，修复口径在 100～1000mm 范围内的管道。HDPE 内穿插管道修复技术原理见图 2-39 和图 2-40。

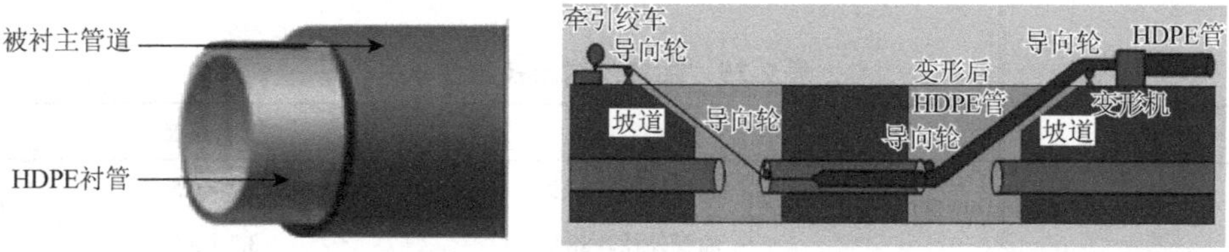

图 2-39　HDPE 内穿插修复工艺示意图

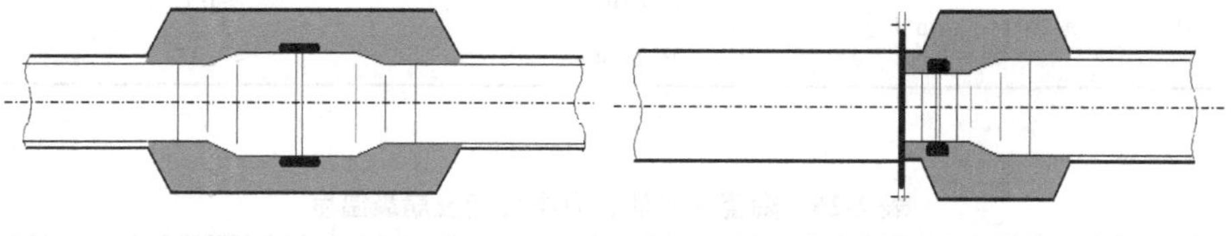

图 2-40　HDPE 管线接头连接和与原建金属管线工艺示意图

技术特点：修复速度快，一次性修复距离长，全线焊接、无法兰，整体性能好，而且是原位修复、地下穿越，质量可靠，综合成本相对较低，使用寿命长，是目前管道内腐蚀修复成熟的技术之一。

近年来，HDPE 内衬也大量应用于油管，以提高油管的耐磨、防腐性能。HDPE 内衬管通过冷缩径工艺将其插入油管内部，内衬管和油管间的间隙通过加热或压缩空气吹胀，由于聚乙烯的记忆效应而膨胀填充。内衬油管端部进行翻边处理，并对内衬间隙起密封作用（图 2-41）。

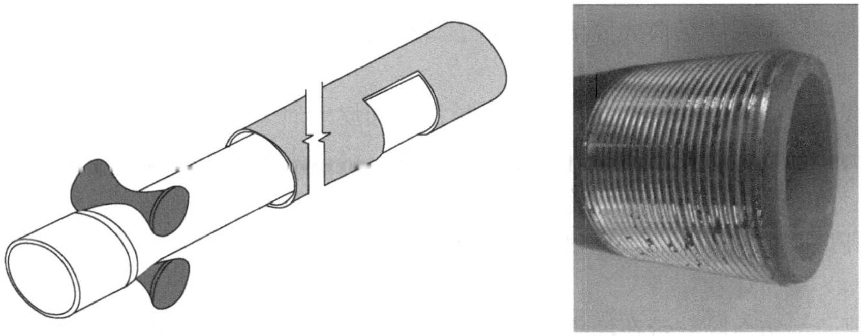

图2-41　HDPE内衬油管

2. 外表面防腐技术

埋地管道的外防腐层应具有在土壤中长期稳定的性能，一般应具有良好的电绝缘性、与基材牢固的黏结力、透气性低、优异的抗水汽渗透性、耐各种环境土壤腐蚀性能优良、机械强度高、耐土壤应力腐蚀作用能力强、与阴极保护的匹配性好等特性。

用于埋地管道的外防腐层材料种类很多，早期大多使用石油沥青和煤焦油瓷漆材料。随着油田的不断深入开发和化学工业的高速发展，国内外在埋地管道的防腐层材料和技术方面都取得了快速进步，陆续出现了以聚乙烯、聚氯乙烯及环氧树脂为基材的各种防腐层，如聚乙烯（或聚氯乙烯）胶粘带、挤出聚乙烯包覆层（夹克）、环氧粉末涂层等，后来又发展到三层结构聚烯烃防腐层，单层和双层熔结环氧粉末涂层技术。

（1）石油沥青

石油沥青涂层在我国管道防腐中应用最早。具有取材方便、造价低、补口与补伤方便、施工技术简单等优点，其缺点是吸水率高、耐老化性差、不耐细菌侵蚀和植物根系破坏、对环境污染严重，并且由于机械强度低，施工运行中损伤较多，因此已逐渐被其他防腐层取代。国际著名的美国规范《埋地或水下金属管线系统的外部腐蚀控制》（NACE standard RP0169）1996版中，石油沥青已从“常用涂层系统类别表”和相应的涂层参考资料索引表中被删除。近年，国内长输管线已不采用石油沥青涂层，油田集输管道和地方小口径管道仍在使用。

（2）煤焦油瓷漆

煤焦油瓷漆是由高温煤焦油分馏得到的重质馏分和煤沥青，添加煤粉和填料，经加热熬制而成，在国内外应用较广泛。其性能优于石油沥青，具有吸水率低、电绝缘性能好、抗细菌腐蚀、使用寿命长等优点。其缺点是抗土壤应力与热稳定性较差，在高寒和炎热地区施工易发生流淌和脆裂现象，特别是在熬制过程中毒性较大，环保问题在很大程度上限制了其应用。

（3）环氧煤沥青

环氧煤沥青防腐涂料是一种以环氧树脂和煤焦油为主要成分的双组分防腐材料，具有强度高、绝缘性能好、耐水、耐热、耐微生物腐蚀、施工简单等优点。其缺点是常温固化时间长，施工中对钢管表面处理质量和环境温度、湿度条件要求较高。此外，环保要求也限制了其使用。

（4）聚乙烯胶粘带

聚乙烯防腐胶粘带在油气管道上应用已有30多年的历史，由于其优异的防腐和施工性能，它在管道防腐体系中占有一定的优势。聚乙烯胶粘带由一层底漆、一层内防腐带和一层外保护带构成。底漆对钢管有较好的浸润性，使聚乙烯胶粘带与钢管有足够的黏结力，可以有效地阻止水分渗入钢管表面。聚乙烯胶粘带还具有绝缘电阻高、抗杂散电流性能好及施工方便等优点。其缺点是抗土壤应力能力差，特别是在高温下，易于因黏结力差、电阻值高而产生阴极保护屏蔽。在用于螺旋焊缝管道时，焊缝两侧胶带有空隙或搭接处出现黏结失效，都可能导致腐蚀介质渗入。此外，胶带储存温度在现场难以保证且储存期较短，易于降低胶带质量。

（5）聚乙烯包覆层（黄夹克）

聚乙烯包覆层防腐技术，是使用机具在除锈后的钢管外表面包覆一层连续、紧密、硬质的聚乙烯外防护层。它的使用温度范围一般在–40～80℃，具有较高的机械强度，较好的防水性能、耐化学腐蚀性能及高电阻值，而且能实行作业线连续施工，工艺简单，质量易于控制。但黏结性、热稳定性和抗土壤应力性能相对差一些。

（6）熔结环氧粉末

熔结环氧粉末涂层（FBE）是迄今世界上用量最大的防腐层。它是由固态环氧树脂、固化剂及多种助剂经混炼、粉碎加工而成。由于它使用寿命长，对金属黏结性能好及良好的机械性能、耐阴极剥离性能和适中的吸水性等，已成为20世纪80年代以来国内外特别是北美等工业发达地区埋地管道的首选涂层，尤其是河流穿越工程，几乎全都采用这种涂层。熔结环氧粉末涂层的涂敷生产线技术已非常成熟，钢管外壁抛丸除锈、管体中频加热与粉末涂敷均通过机械化生产线完成，一次成膜即形成连续的防腐层，而且涂层质量可靠，生产率高，施工方便，无环境污染，缺陷检测、修补和现场补口也十分方便。

（7）复合结构涂层

1）三层PE复合结构。三层PE是20世纪80年代在欧洲研制成功并开始使用的，它将环氧粉末良好的防腐性能、黏结性能、抗阴极剥离性能与聚烯烃材料优异的机械性能、防水性能、抗土壤应力性能完美地结合起来，使环氧树脂和挤压聚乙烯两种涂层的优良性能得到充分发挥，一经问世就得到高度评价。目前在国内长输管道中三层 PE 防腐层已占有相当大的比例。

2）环氧粉末和改性聚烯烃复合涂层。双层复合涂层是在三层复合涂层的基础上于 20 世纪 80 年代末发展起来的，也是以环氧粉末和聚烯烃为基本结构；两者的不同点在于：双层涂层直接将极性基团引入外层聚烯烃，使外层聚烯烃本身就能与底层环氧粉末产生化学键合，从而用一层改性聚烯烃代替了三层涂层的中间黏结剂层和外防护聚烯烃层，这种结构减少了整个涂层体系的总厚度和所需的涂覆设备，降低了涂覆施工的费用。

双层聚烯烃复合涂层的关键是改进环氧粉末与聚烯烃的黏结性，因此将聚烯烃进行化学改性，使其分子结构上直接带有极性基团，在涂覆时该极性基团直接与未固化的环氧粉末产生化学键合，从而获得强的黏结力。

3）双层环氧粉末涂层。双层环氧粉末涂层技术于 20 世纪 90 年代初开始在国外应用，至今已在美国、英国、加拿大、沙特阿拉伯等许多国家的油、气管线上得到广泛应用，其相应的技术和设备已很成熟和完善。它优异的抗机械损伤和耐高温性能使其得到快速发展，对于山区大口径管道的施工环境和条件尤其适用。

4）以水泥为机械保护层的复合涂层。该类复合涂层的结构为薄的防腐层加水泥外保护层。防腐层一般是环氧粉末、聚乙烯、煤焦油、聚氨酯等。水泥是无机氧化钙可固化材料，可加入纤维增加其韧性和抗冲击性；加入丙烯酸等聚合物以强化涂层，并改进对光滑防腐层的黏结性能。还可以用织物浸渍水凝水泥制成水泥带，缠绕在防腐层外面。水泥复合涂层能与阴极保护层良好配合、工程费用低。

2.3.4　腐蚀监测与检测

腐蚀监测/检测[114]是指对管道和设备的腐蚀进行系统测量，以便弄清楚腐蚀过程、了解腐蚀控制的应用情况及控制效果，并通过腐蚀监测来获得管道和设备的腐蚀状况、腐蚀类型，评价化学药剂和防腐工程的最终效果等，指导生产，确保设备处于良好的运行状态，以防重大安全事故的发生。

目前，腐蚀监测/检测广泛应用于油气田采输系统，主要是获取油气管道和设备的腐蚀速率、腐蚀形态及环境腐蚀性随时间变化信息，实时掌握油气田集输系统的腐蚀动态、全面认识油气田集输系统腐蚀因素、有效评估防腐措施效果[115]。

腐蚀监测/检测包括在线监测和离线检测两种方式。在线腐蚀监测可在管道和设备正常运行的情况下，测量各种工艺气液流状态的腐蚀性及管道设备的腐蚀速率和腐蚀状态。目前，油气田集输系统广泛使用的在线监测方法有挂片法和电阻探针。离线检测是在管道和设备运行一定时期后，通过超声波法、分析法等方法对管道和设备的腐蚀情况进行检测，查明是否存在裂纹和蚀坑，并评估其安全性。

1. 在线监测[116, 117]

在线腐蚀监测能够随时掌握油气田集输系统的腐蚀趋势和动态，能够反映防腐措施的实施效果，能够及时发现不正常的腐蚀因素。

为了获得准确的腐蚀信息，腐蚀监测点的布置须遵循“区域性、代表性、系统性”原则。“区域性”是指某一个区块或某一个油气田；“代表性”是指在生产系统中能达到以点代面；“系统性”是指围绕和贯穿整个油气田生产系统的各个环节。油田地面生产系统的腐蚀监测布局通常为：单井井口→计转站→处理站进站、油水处理系统、天然气处理系统→污水回灌系统、净化气外输系统、原油外输系统，在整个生产流程设置腐蚀监测点，能够反映生产系统的腐蚀状况。

常用的腐蚀监测技术有腐蚀挂片法、电阻探针法、线性极化电阻法等。

（1）腐蚀挂片法

腐蚀挂片法是一种传统的腐蚀监测技术，是油气田腐蚀监测系统中使用最普遍、最广泛的腐蚀监测方法之一，也是能最直接、最有效测量腐蚀速率的方法。腐蚀挂片法是将标准试片（即腐蚀挂片）挂置在监测管道内部介质中，通过失重来计算均匀腐蚀速率［式（2-14)］，同时观察试片的腐蚀情况，判断是否存在点蚀或其他局部腐蚀。腐蚀挂片法能直观地反映系统腐蚀速率尤其是点蚀速率，也能反映系统腐蚀形态，因此在国内各大油田，如大庆油田、塔里木油田、胜利油田、中原油田等广泛使用。特别是便携式带压开孔器的成功研发实现了油气田油、气、水低压系统的带压开孔（如金属、容器），带压试片（棒）取放器的改进实现了立管、横管、容器任何方位的安装使用，将测压、挂片、取样一体化且不影响正常生产。

$$V = \frac{K\Delta m}{At\rho} \tag{2-14}$$

式中，V为腐蚀速率，mm/a；K为8.76×10^4；t为浸泡时间，h；Δm为试片腐蚀失重，g；A为试片表面积，cm^2；ρ为试片的密度，g/cm^3。

（2）电阻探针法

电阻探针法是一种可自动和实时测量的挂片失重法，在油气管道腐蚀监测上应用较多。电阻探针法的测量原理是欧姆定律原理，即依据一定长度的金属材料（即测量元件）在确定的时间内因环境腐蚀而减薄时，其截面积的减少量、电阻的增加量和金属质量的损耗量之间存在函数关系，由此计算出金属材料的腐蚀速率。测量元件可以为丝状的、管状的和条状的。

电阻探针法的响应时间取决于监测环境下金属材料的腐蚀速率，腐蚀速率越大，响应时间越短。测量精度取决于测量元件的横截面积，横截面积越小，测量精度越高。

电阻探针法的优点在于：不受大部分腐蚀介质的限制，在气相和电解质或非电解质液相中都能应用；可连续测量和记录，不需要回收试片和失重测量，比腐蚀挂片法更加方便。其缺点在于：不能进行实时腐蚀测量，只适用于监控均匀腐蚀不能测出的点蚀速率；当腐蚀产物膜具有导体或半导体特性时，腐蚀监测结果误差较大，甚至出现负的腐蚀速率；若由于晶间腐蚀或者非金属夹杂物而导致测量元件电性能不连续时，监测的腐蚀速率远远大于真实的腐蚀速率。

（3）线性极化电阻法

线性极化电阻法的基本原理是通过测量腐蚀电流从而获得腐蚀速率，即将一个小的电位扰动（20mV 左右）施加到腐蚀电极上，测得相应的极化电流。由于极化电位与极化电流的比值为极化电阻，而腐蚀速率与极化电阻成反比，由此可计算出腐蚀速率。

线性极化电阻法的优点在于能够快速得到瞬时腐蚀速率，可进行实时监控，其缺点在于测量环境需要具有相对较高的离子导电性，且腐蚀电位不稳定会造成错误的测量结果。

2. 离线检测[118-123]

油气集输系统腐蚀检测包括外腐蚀检测和内腐蚀检测。外腐蚀检测一般是检查外防腐层、阴极保护防腐系统及泄漏检测。内腐蚀检测主要是检查管道壁厚变化、内壁蚀坑等情况。

（1）外腐蚀检测

根据检测对象的不同，管道外腐蚀检测可分为管道本体检测和外防腐层检测。

a. 管道本体检测

（a）超声导波检测

低频长距超声导波检测技术是由 TWI 率先提出的解决长距离管道金属损失检测难题的方案，是目前世界先进的管道腐蚀检测 NDT 技术，在美国、英国、德国等国家均有广泛的应用。

超声导波检测是利用检测探头上的压电陶瓷等材料与管壁紧密贴合，激发出低频超声波信号。该低频超声波信号从固定在管道周围的探头环发射，在钢管中的频率范围为 5～60kHz，传播速度为 3260m/s。与传统超声波检测相比，超声导波检测技术具有两方面的突出特点（图 2-42）：①超声导波在待检管道的一点处激发，可沿管道传播几十米的距离，而且探头所接收到的信号包含了有关激励和接收两点间的全部信息，因此实际检测范围为激励端和接收端之间的一条线；②超声导波在管道内、外表面和中部都有质点的振动，声场遍及整个壁厚，因此超声导波可以同时检测管道内部和外部缺陷。

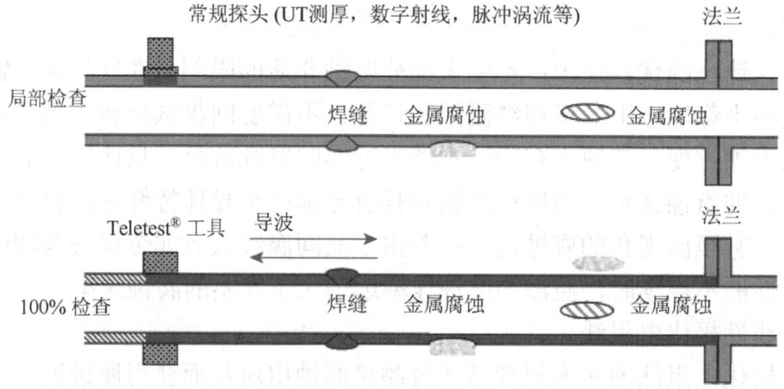

图 2-42　常规检验与导波检验的比较

（b）射线检测法

射线检测法起步较早，应用最为普遍，一般是陆上管道敷设施工中管沟回填前利用带有 X 射线或放射性同位素源的爬行器对管道焊缝进行检测。目前，已研发出直接数字射线成像技术，包括 CR 成像检测技术（即计算机 X 射线成像技术）和 DR 成像检测技术（即电子扫描成像技术）。CR 和 DR 技术具有不用成像胶片、更宽的动态范围和更小的像素尺寸等优点，在图像的对比度、宽容度和所具备的灰阶指数方面都优于传统的射线技术。另外，数字射线成像技术能够通过网络共享和评估影响，加快工作流程，在管道环焊缝检测领域发展潜力巨大。

（c）涡流检测

涡流检测技术是管道在不拆保温层或在线状态下的脉冲涡流测厚技术，其信号强度与绝缘层厚度有关，持续时间与管道壁厚有关。该技术适用于监测大面积腐蚀缺陷，不能检测单个小腐蚀坑。该技术具有以下优点：①不需对管道外表面进行打磨；②不需去除管道外表面绝缘层；③可检测铝制或钢制保温层（小于 1mm）的高低温管道，且允许保温层不均匀和有金属加强网。该技术的缺陷在于：①只适用于低合金钢管道；②不能监测单个小的腐蚀坑；③检测精度低于超声波技术。

（d）瞬变电磁检测技术

瞬变电磁检测技术是利用瞬变电磁原理而发展的一种无损探伤技术，用于管道本体检测、查找管道壁厚减薄部位、评价管道腐蚀程度等方面。该技术的优点在于：①不需开挖，可在地面进行检测；②不需破坏管道；③检测效率高。

b. 外防腐层检测

多频管中电流衰减法是检测管道外防腐层漏电情况的常用技术，它利用 PCM 仪器，通过检测间距测量电流，再测定电流分布梯度，准确定位电流信号衰减严重的部位，再利用“A”字架检验地表电位梯度，从而定位外防腐层的破损部位。

该技术适用于埋地管道外防腐层的质量检测、破损部位精确查找、外防腐层老化情况评级及阴保效果评定。

（2）内腐蚀检测

管道内腐蚀检测技术用于检测管道内表面缺陷（如蚀坑、裂纹）。常见的检测技术有超声波法、漏磁法、电磁声法等，其中超声波法和漏磁法是目前应用最广泛的两种检测方法。

以上罗列的检测技术各有优劣，生产实践中需要从管线腐蚀现状、敷设现状、灵敏度、可操作性和技术经济适用性综合考量。塔河油田和雅克拉气田结合其碳钢集输管线腐蚀的敷设情况和内腐蚀环境特征，比较了几种检测方法的适用性，如表 2-27 所示。

表 2-27　内腐蚀检测技术优劣比较

检测方法	优劣	针对性
低频长距导波	不停输、埋地，检测出 5%横截面损失，壁厚腐蚀的 9%；检测 30～40m，覆盖面积大，性价比高，得出缺陷位置，需结合超声波等验证	大范围点蚀
高频导波、外壁刺漏、远场涡流、智能猪	智能猪、远场涡流需要停输，高频导波检测距离短，外壁漏磁检测精度低，检测出壁厚腐蚀的 40%等，不符合检测要求	—
超声 C 扫描	管道不停输、埋地，需裸露，需开挖，腐蚀缺陷三维成像，可在线检验，形成腐蚀特征图	局部点蚀
超声波	不停输、埋地；灵敏度高，检测 1mm 以上壁厚变化，便于操作，检测面小，精确测厚	点蚀验证
磁记忆	适用于所有铁磁性材料构件，确定应力集中区域及损伤，实现缺陷早期诊断	材质问题
相控阵	不停输、埋地，需挖检测坑，对缺陷部位有彩色图形信号显示	局部点蚀

对于油气田集输管道而言，内腐蚀检测通常是将低频长距导波检测技术、漏磁检测技术和超声波测厚技术联合使用。低频长距导波检测技术用于初步判断管道缺陷位置和环向方位；漏磁检测技术对导波发现的可疑位置进行准确定位；超声波测厚技术则对管道内腐蚀部位的剩余壁厚进行准确测量。塔里木油田联合利用低频长距导波技术、漏磁检测技术和超声波测厚技术对某联合处理站的生产汇管内腐蚀情况进行检测，准确描述管道内部蚀坑分布和剩余壁厚，如图 2-43 所示。

2.3.5　阴极保护技术

阴极保护是通过对被保护的金属表面施加一定的直流电流，使其产生阴极极化，当金属的电位负于某一电位值时，阳极溶解腐蚀过程就会得到有效抑制。根据提供阴极电流的方式不同，阴极保护又分为牺牲阳极法和外加电流法两种，前

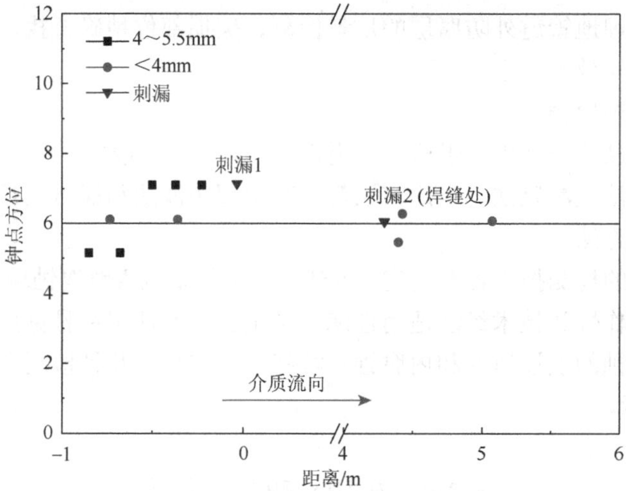

图 2-43　某管道内腐蚀检测结果

者是将一种电位更负的金属（如镁、铝、锌等）与被保护的金属结构物电连接，通过电负性金属或合金的不断溶解消耗，向被保护物提供保护电流，使金属结构物获得保护。后者是将外部交流电转变成低压直流电，通过辅助阳极将保护电流传递给被保护的金属结构物，从而使腐蚀得到抑制。不论是牺牲阳极法还是外加电流法，其有效合理的设计应用都可以获得良好的保护效果。

1. 阴极保护的原理

目前已广泛采用阴极保护方法来保护地下和水下的金属构筑物，如燃气管道或钢质给排水管道等，已知金属构筑物与电解质溶液相接触，会形成腐蚀原电池。阴极保护就是要消除金属结构上的阳极区，可以通过下述两种方法来使被保护金属成为阴极，从而使金属避免电化学腐蚀。

（1）牺牲阳极的阴极保护

被保护的金属管道上连接一种电位更负的金属或合金（如铝合金、镁合金、锌合金），形成一个新的腐蚀电池，由于管道上原来的腐蚀电池阳极的电极电位比外加的牺牲阳极的电位更正，整个管道就成为阴极。

（2）外加电流的阴极保护

将被保护金属与外加的直流电源的负极相连，把另一辅助阳极（一般为高硅铸铁）接到电源的正极，使被保护金属成为阴极。

2. 阴极保护的标准

（1）−850mV 阴极保护标准

实施阴极保护有一个最低 850mV 的负电位值。这个电位值是相对于铜/饱和硫酸铜参比电极并且消除 IR 降所测量的。

（2）100mV 最小电位差标准

管道表面与接触电解质的稳定铜/饱和硫酸铜参比电极之间的阴极极化电位差值最小为 100mV。这一参数可以是极化的建立或衰减过程中的数据。该标准最常用于涂层差或裸露的结构上。

3. 牺牲阳极材料

工程中常用的牺牲阳极材料有镁和镁合金、锌和锌合金、铝合金三类。其性能和指标如表 2-28～表 2-31 所示。镁合金牺牲阳极适用于电阻率为 15～150Ω·m 的土壤环境及淡水环境；锌合金牺牲阳极适用于电阻率小于 15Ω·m 的土壤环境及海水环境；铝合金牺牲阳极适用于海水和海泥环境。

表 2-28　镁合金牺牲阳极的化学成分（wt%）

类型	Al	Zn	Mn	Fe	Ni	Cu	Si	Mg
标准型	5.3～6.7	2.5～3.5	0.15～0.60	≤0.005	≤0.003	≤0.020	≤0.10	余量
镁锰型	≤0.010	—	0.50～1.30	≤0.03	≤0.001	≤0.020	—	余量

注：执行标准为 GB/T 21448—2008《埋地钢质管道阴极保护技术规范》。

表 2-29　锌合金牺牲阳极的化学成分（wt%）

类型	Al	Cd	Fe	Pb	Cu	其他杂质	Zn
锌合金	0.1～0.5	0.025～0.07	≤0.005	≤0.006	≤0.005	≤0.1	余量
高纯锌	≤0.005	≤0.003	≤0.0014	≤0.003	≤0.002	—	余量

注：执行标准为 GB/T 21448—2008《埋地钢质管道阴极保护技术规范》。

表 2-30　铝合金牺牲阳极的化学成分（wt%）

种类	Zn	In	Cd	Sn	Mg	Si	Ti	Si	Fe	Cu	Al
Al-Zn-In-Cd	2.5～4.5	0.018～0.050	0.005～0.020	—	—	—	—	≤0.10	≤0.15	≤0.01	余量
Al-Zn-In-Sn	2.2～5.2	0.020～0.045	—	0.018～0.035	—	—	—	≤0.10	≤0.15	≤0.01	余量
Al-Zn-In-Si	5.5～7.0	0.025～0.035	—	—	—	0.10～0.15	—	≤0.10	≤0.15	≤0.01	余量
Al-Zn-In-Sn-Mg	2.5～4.0	0.020～0.050	—	0.025～0.075	0.50～1.00	—	—	≤0.10	≤0.15	≤0.01	余量
Al-Zn-In-Mg-Ti	4.0～7.0	0.020～0.050	—	—	0.50～1.50	—	0.01～0.08	≤0.10	≤0.15	≤0.01	余量

注：执行标准为 GB/T 4948—2002《铝-锌-铟系合金牺牲阳极》。

表 2-31　三种牺牲阳极材料电化学性能比较

特征		镁阳极		铝阳极	锌阳极
		Mg、Mg-Mn	AZ63		
密度/(g/cm³)		1.74	1.77	2.83	7.14
开路电位/(–V，SCE)		–1.56	–1.48	–1.08	–1.03
对钢铁有效电压/V		0.75	0.65	0.25	0.20
理论发生电量/(A·h/g)		2.20	2.21	2.87	0.82
海水中（3mA/cm²）	电流效率/%	50	55	80	95
	发生电量/(A·h/g)	1.10	1.22	2.30	0.78
	消耗率/[kg/(A·a)]	8.0	7.2	3.8	11.8
土壤中（0.03mA/cm²）	电流效率/%	40	≥50	65	65
	发生电量/(A·h/g)	0.88	1.11	1.86	0.53
	消耗率/[kg/(A·a)]	10.0	≤7.92	—	≤17.25

4. 强制电流的阴极保护材料

（1）电源设备

电源设备是阴极保护的心脏。要求输出电压稳定可调，具备长期连续供电的可靠性，使用寿命长，易于维修保养，对环境适应性强，配置过载防雷故障保护装置。所以强制电流法阴极保护对于电源的要求是十分严格的，目前广泛采用的是交流市电的整流设备，如整流器、恒电位仪、恒电流仪等。

（2）辅助阳极

辅助阳极是强制电流阴极保护系统中将保护电流从外加直流电源引入土壤中的导电体。外加的电流通过辅助阳极输送到埋地的被保护金属管道或储罐表面，使金属阴极极化。常见的辅助阳极有高硅铸铁、MMO 贵金属氧化物、铂、石墨等。

5. 阴极保护设计前的勘测

在大多数情况下，进行阴极保护设计，需要进行实地勘测，通过勘测收集设计所需的数据和参数。

（1）土壤中离子的测试

土壤中含有多种矿物质，其可溶盐的含量与成分是形成电解质溶液的主要因素。其中氯离子和硫酸根离子的含量越大，土壤的腐蚀性越强。

（2）土壤 pH 的测定

土壤的酸碱性也是影响土壤腐蚀性的因素。酸性越强，土壤的腐蚀性越强。

（3）土壤含氧量、含水量的测定

土壤含氧量对腐蚀过程影响也很大，土壤含氧量的差异，为形成氧浓差电池提供了条件。

土壤中含水量增加，电解溶液增多，腐蚀回路的电阻减小，腐蚀速率增大。

（4）土壤电阻率的测量

土壤电阻率直接受土壤颗粒大小、含水量、含盐量的影响，多数情况下可以反映出土壤的腐蚀性。目前普遍按土壤电阻率的大小对土壤的腐蚀性进行分级，因此土壤电阻率的测量是评定土壤腐蚀性的最重要的参数。

（5）被保护金属的外防腐层调查

假如被保护金属有外防腐层，就要了解外防腐层的类型和状况。因为外防腐层的情况可以直接影响保护参数的选择。

（6）杂散电流的影响

电车、电气化铁路、以接地为回路的输电系统等直流电力系统都可能在土壤中产生杂散电流，使地下管道产生电化学腐蚀。杂散电流的流动过程形成了两个由外加电位差而建立的腐蚀电池，使其附近的埋地金属管道遭受腐蚀，其腐蚀速率比一般土壤腐蚀剧烈得多。地下管道在没有杂散电流时，腐蚀电池的两极电位差只有零点几伏，而在有杂散电流存在时，管道上的管地电位可能高达 8～9V，通过的电流最大能达到几百安培，其影响则可以远达几十千米的范围，可见杂散电流影响的严重性。因此在进行阴极保护设计时应考虑杂散电流的影响，并采取相应的排流措施。

（7）阴极保护系统的干扰

考察被保护金属附近是否有其他金属管道，可采取均压线、绝缘法兰、接地电池等方法避免其干扰。

（8）保护寿命

应该知道被保护的金属构筑物的预期使用年限，应该使阴极保护系统的设计寿命与被保护体的寿命相同并留有裕量。

（9）维修能力

维修设备和人员效率的可靠性对阴极保护系统是有影响的。如果条件不具备，最好选择简单易行、安全可靠的阴极保护方式，倾向于采用牺牲阳极系统。

（10）温度

温度对阴极保护的影响主要是改变介质的电阻，土壤和水的电阻通常是随着温度的升高而降低的。在冰冻时土壤的电阻率要发生突然变化，所以要了解土壤的冻土情况，阳极应安装在冻土层以下。

参 考 文 献

[1]　刘绘新，苏永平. 川东气田油管腐蚀现象的基本特征[J]. 天然气工业，2000，20（5）：77-79.

[2] 董军，李建波. 酸化技术研究现状[J]. 科技论坛，2007，（3）：18-19.

[3] 张双双，赵国仙，吕祥鸿. TP140 在模拟鲜酸和残酸环境中的腐蚀行为[J]. 腐蚀与防护，2014，35（1）：28-32.

[4] 吕祥鸿，谢俊峰，毛学强，等. 超级 13Cr 马氏体不锈钢在鲜酸中的腐蚀行为[J]. 材料科学与工程学报，2014，32（3）：318-323.

[5] Rober A. Corrosion control and monitoring in gas pipelines and well systems[C]//NACE Corrosion 1989. Houston：NACE International，1989，Paper No. 34.

[6] Burke P A. Recent progress in the understanding of CO_2 corrosion[C]//NACE Corrosion 1985，Houston：NACE International，1985，Paper No. 1.

[7] 张清，李全安，文九巴，等. CO_2/H_2S 对油气管材的腐蚀规律及研究进展[J]. 腐蚀与防护，2003，24（7）：277-281.

[8] 周学阳. 元素硫和 CO_2 对 P110 钢腐蚀行为的影响[D]. 西安：西安工业大学硕士学位论文，2014.

[9] Waard C D，Milliams D E. Carbonic acid corrosion of steel[J]. Corrosion，1975，31（5）：177-181.

[10] Linter B R，Burstein G T. Reaction of pipeline steels in carbon dioxide solutions[J]. Corrosion Science，1999，42（2）：117-139.

[11] Xia Z，Chou K C，Szklarska-Smialowska Z. Pitting corrosion of carbon steel in CO_2-containing NaCl Brine[J]. Corrosion，1989，45（8）：636-642.

[12] Nesic S，Thevenot N，Crolet J L，et al. Electrochemical properties of iron dissolution in the presence of CO_2-Basics revisited[C]. NACE CORROSION 1996，Paper No. 3.

[13] 李国敏，李爱魁，郭兴蓬，等. 油气田开发中的 CO_2 腐蚀及防护技术[J]. 材料保护，2003，36（6）：1-5.

[14] 莫泽民. 材料基础-腐蚀（图文简易教材）[M]. www. doc88.com/p-942562174977.html.

[15] 魏辉荣. L360 钢在 H_2S/CO_2 体系中的腐蚀规律研究[D]. 北京：北京化工大学硕士学位论文，2011.

[16] 刘正通，赵杰，王莹. 湿硫化氢环境中输气管道内腐蚀研究进展[J]. 腐蚀科学与防护技术，2014，26（6）：559-563.

[17] 陈虎，冯丽娟，谈平庆，等. 低分气分液罐表面氢鼓泡机理分析及预防措施研究[J]. 中国特种设备安全，2015，31（4）：40-44.

[18] 候铎，陈玉祥，李萍，等. 高含 H_2S 天然气集输管线氢鼓泡失效评价[J]. 中国测试，2011，37（1）：28-30.

[19] 任学冲，周庆军，褚武扬，等. 金属中氢鼓泡形核的机理[J]. 科学通报，2007，52（6）：725-729.

[20] 杨明，马晓勇，龙云，等. 碳钢在湿硫化氢环境中的应力导向氢致开裂行为[J]. 腐蚀与防护，2014，35（12）：1226-1229.

[21] 周成双，郑树启，陈长风. 湿 H_2S 环境中 L360MCS 钢焊接热影响区的应力导向氢致开裂行为[J]. 金属学报，2010，46（5）：547-553.

[22] 冯亚娟. 湿硫化氢环境下氢鼓泡形成机理分析及防护措施研究[D]. 上海：华东理工大学硕士学位论文，2015.

[23] 张凤春，李春福，傅爱红. 硫化物应力腐蚀开裂的理论研究进展[J]. 材料导报，2012，26（S2）：345-348.

[24] 叶兴远，吴赛红，宋祥伟，等. 管线钢的硫化物应力腐蚀开裂研究[J]. 煤气与热力，2013，33（2）：A33-A36.

[25] 刘志德，路民旭，肖学兰，等. 高含硫气田元素硫腐蚀机理及其评价方法[J]. 石油与天然气化工，2012，41（5）：495-499.

[26] 范舟，李洪川，刘建仪，等. 高含硫气田元素硫沉积及其腐蚀[J]. 天然气工业，2013，33（9）：1-8.

[27] Fang H，Brown B，Young D，et al. Investigation of elemental sulfur corrosion mechanisms[C]//NACE Corrosion 2011. Houston：NACE International，2011，Paper No. 11398.

[28] 魏辉荣，熊金平，赵景茂，等. H_2S/CO_2 环境中元素硫对 L360 钢腐蚀行为的影响[J]. 油田化学，2011，

28（3）：342-345.

[29] Fang H，Young D，Nesic S. Corrosion of mild steel in the presence of elemental sulfur[C]//NACE Corrosion 2008. Houston：NACE International，2008，Paper No. 08637.

[30] Fang H. Investigation of localized corrosion of carbon steel in H_2S environments[D]. Athens：Ohio University，2012.

[31] 杨萍，韩丹丹，隆卓，等. 硫沉积腐蚀时间对元素硫腐蚀行为的影响[J]. 腐蚀与防护，2012，33（增2）：92-95.

[32] 蒋秀，张艳玲，屈定荣，等. 3.5% NaCl 溶液中 L360 钢在 S 沉积条件下的腐蚀行为研究[J]. 腐蚀科学与防护技术，2014，26（4）：312-316.

[33] 韦云汉，芦金柱. 深海环境碳钢的腐蚀与防护[J]. 全面腐蚀控制，2012，26（3）：1-4.

[34] 鞠虹，王君，唐晓，等. 油气集输管道在海洋环境中的腐蚀与防护[J]. 石油化工设备，2010，39（5）：41-48.

[35] 刘光洲，吴建华. 海洋微生物腐蚀的研究进展[J]. 腐蚀与防护，2001，22（10）：430-433.

[36] 尹衍升，董丽华，刘涛，等. 海洋材料的微生物附着腐蚀[M]. 北京：科学出版社，2012.

[37] 王军，毕宗岳，张劲楠，等. 油套管腐蚀与防护技术发展现状[J]. 焊管，2013，36（7）：57-62.

[38] 何素娟，陈圣乾，赵大伟. L80 油管腐蚀失效原因分析[J]. 石油矿场机械，2011，40（6）：21-25.

[39] 韩燕，赵密峰，林冠发，等. 某井 P110EU 油管应力腐蚀断裂失效分析[J]. 理化检测-物理分册，2012，48（8）：528-531.

[40] 袁军涛，张慧慧，朱丽娟，等. 20G 原油输送管线腐蚀穿孔试验研究[J]. 油气田地面工程，2016，35（9）：31-34.

[41] 张庆春，常泽亮，薛艳，等. 塔底重沸器失效原因分析[J]. 腐蚀科学与防护技术，2014，26（6）：575-578.

[42] 张雷，胡丽华，孙建波，等. 抗 CO_2 腐蚀低 Cr 管线钢组织和性能研究[J]. 材料工程，2009，5：6-10.

[43] 张伟卫，吉玲康，蔡庆伍，等. 高强度抗 CO_2 腐蚀管线钢实验研究[J]. 材料工程，2009，1：68-71.

[44] 李鹤林，吉玲康，谢丽华. 中国石油钢管的发展前景展望[J]. 河北科技大学学报，2006，27（2）：97-102.

[45] Amaya H，Ohe T，Ueda M. Evaluation of compatibility between brine packages and materials for tubing and down-hole equipment[C]//NACE Corrosion 2010. Houston：NACE International，2010，Paper No. 10306.

[46] Huizinga H S，Liek W E. Corrosion'1994，corrosion behavior of 13% chromium steel in acid stimulations[C]//NACE Corrosion 1994. Houston：NACE International，1994，Paper No. 94070.

[47] Morgenthaler L N，Rhodes P R，Wheaton L L. Testing the corrosivity of spent HCl/HF acid to 22Cr and 13Cr stainless steels[C]. 1997 SPE Oilfield Chemistry. Houston，Texas：SPE，1997，37278.

[48] Kimura M，Sakata K，Shimamoto K. Corrosion resistance of martensitic stainless steel OCTG in severe corrosion environments[C]//NACE Corrosion 2007. Houston：NACE International，2007，Paper No. 07087.

[49] 吕祥鸿，谢俊峰，毛学强，等. 超级 13Cr 马氏体不锈钢在鲜酸中的腐蚀行为[J]. 材料科学与工程学报，2014，3：318-323.

[50] 张国超，张涵，牛坤，等. 高温高压下超级 13Cr 不锈钢抗 CO_2 腐蚀性能[J]. 材料保护，2012，45（6）：58.

[51] Toshiyuki S，Hiroshi H，Yasuyoshi T，et al. Corrosion experience of 13% Cr steel tubing and laboratory evaluation of super 13Cr steel in sweet environments containing acetic acid and trace amounts of H_2S[C]//NACE Corrosion 2009. Houston：NACE International，2009，Paper No. 09568.

[52] Pohjanne P，Leinonen H，Scoppio L，et al. Crevice corrosion induced SSC of 25Cr tungsten alloyed super duplex stainless steel tubing exposed to H_2S/CO_2 sour environment[C]//NACE Corrosion 2011. Houston：NACE International，2011，Paper No. 11097.

[53] Ueda M，Omura T，Nakamura S，et al. Development of 125ksi grade HSLA steel OCTG for mildly sour

environments[C]//NACE Corrosion 2005. Houston：NACE International，2005，Paper No. 05089.

[54] Tsaprailis H，Kovacs W Ⅲ，Tuggle J，et al. Corrosion resistance of stainless steels exposed to aggressive environments with particles and water[C]//NACE Corrosion 2009. Houston：NACE International，2009，Paper No. 09277.

[55] Henke T，Carpenter J. Cracking tendencies of two martensitic stainless alloys in common heavy completion brine systems at down-hole conditions：A laboratory investigation[C]//NACE Corrosion 2004. Houston：NACE International，2004，Paper No. 04128.

[56] Marchebois H，El Alami H，Leyer J，et al. Sour service limits of 13% Cr and super 13% Cr stainless steels for OCTG：Effect of environmental factors[C]//NACE Corrosion 2009. Houston：NACE International，2009，Paper No. 09084.

[57] 日本 JFE 公司. OCTG New Materials of UHP 15Cr & UHP 17Cr[R]. SML-12-011，2012.

[58] Singh B，Folk T. Engineering pragmatic solutions for CO_2 corrosion problems[C]//NACE Corrosion 2007. Houston：NACE International，2007：07310.

[59] 魏斌，李鹤林，李发根. 海底油气输送用双金属复合管研发现状与展望[J]. 油气储运，2016，35（4）：343-355.

[60] 傅广海. 徐深气田 CO_2 防腐技术分析[J]. 油气田地面工程，2008，27（4）：66-67.

[61] 韩方勇，丁建宇，孙铁民，等. 油气田应用非金属管道技术研究[J]. 石油规划设计，2012，23（6）：5-9.

[62] 李厚朴，李鹤林，戚东涛，等. 油田集输管网用非金属管存在问题分析及建议[J]. 石油仪器，2014，28（6）：4-8.

[63] 樊户伟，陈健飞，姜如华，等. 胜利油田在用压力容器腐蚀情况分析[J]. 科技信息，2009，4：595-596.

[64] 林振军，张建利. 中原油田在用压力容器腐蚀分析[J]. 辽宁化工，2013，42（5）：595-596.

[65] 李盼，李芳. 含 H_2S 和 CO_2 油气环境中压力容器选材研究[J]. 油气田地面工程，2010，29（4）：42-43.

[66] 姜放，饶威. 酸性环境中压力容器用钢及腐蚀防护新发展[J]. 天然气工业，1999，19（1）：94-97.

[67] 刘文广，张毅，张波. 高 H_2S 高 CO_2 高 Cl^- 天然气压力容器设计[J]. 石油与天然气化工，2014，43（2）：152-156.

[68] 李循迹，常泽亮，王福善. 关于库车山前地区双金属复合板压力容器选用的思考[R]//塔里木油田双金属复合板调研报告. 库尔勒：2014.

[69] 张天胜. 缓蚀剂[M]. 北京：化学工业出版社，2002.

[70] Migahed M A，Nassar I F. Corrosion inhibition of tubing steel during acidization of oil and gas wells[J]. Electrochim Acta，2008，53（6）：2877-2882.

[71] Ghareba S，Omanovic S. Interaction of 12-aminododecanoic acid with a carbon steel surface：Towards the development of ‘green’ corrosion inhibitors[J]. Corrosion Science，2010，52（6）：2104-2113.

[72] Raja P B，Sethuraman M G. Natural products as corrosion inhibitor for metals in corrosive media—A review[J]. Materials Letters，2008，62（1）：113-116.

[73] Mernari B，Attari H E L，Traisnel M，et al. Inhiiting effects of 3, 5-bis（*N*-pyridyl）-4-amino-1, 2, 4-triazoles on the corrosion for mild steel in 1 M HCl medium[J]. Corrosion Science，1998，40（2-3）：391-399.

[74] Bentiss F，Jama C，Mernari B. Corrosion control of mild steel using 3, 5-bis（4-methoxyphenyl）-4-amino-1, 2, 4-triazole in normal hydrochloric acid medium[J]. Corrosion Science，2009，51（8）：1628-1635.

[75] Quraishi M A，Jamal D. Corrosion inhibition of N-80 steel and mild steel in 15% boiling hydrochloric acid by a triazole compound-SAHMT[J]. Materials Chemistry and Physics，2001，68（1-3）：283-287.

[76] Elsm S，Erasmus R M，Comins J D. Effects of 3-amino-1, 2, 4-triazole on the inhibition of copper corrosion in acidic chloride solutions[J]. Journal of Colloid and Interface Science，2007，311（1）：144-151.

[77] Wang H L，Fan H B，Zheng J S. Corrosion inhibition of mild steel in hydrochloric acid solution by a

mercapto-triazole compound[J]. Materials Chemistry and Physics，2002，77（3）：655-661.

[78] Hassan H H，Abdelghani E，Amin M A. Inhibition of mild steel corrosion in hydrochloric acid solution by triazole derivatives Part I. Polarization and EIS studies[J]. Electrochim Acta，2007，52（22）：6359-6366.

[79] Larabi L，Benali O，Mekelleche S M. 2-Mercapto-1-methylimidazole as corrosion inhibitor for copper in hydrochloric acid[J]. Applied Surface Science，2006，253（3）：1371-1378.

[80] Patel N S，Jauhari S，Mehta G N. 1, 7′-dimethyl-2-propyl-1H, 3′H-2, 5′-bibenzo[d]imidazole as a corrosion inhibitor of mild steel in 1 M HCl[J]. Chemical Papers，2010，64（1）：51-55.

[81] Aljourani J，Raeissi K，Golozar M A. Benzimidazole and its derivatives as corrosion inhibitors for mild steel in 1 M HCl solution[J]. Corrosion Science，2009，51（8）：1836-1843.

[82] Zhang S T，Tao Z H，Li W H，et al. The effect of some triazole derivatives as inhibitors for the corrosion of mild steel in 1 M hydrochloric acid[J]. Applied Surface Science，2009，255（15）：6757-6763.

[83] Bouklah M，Hammouti B，Lagrenée M，et al. Thermodynamic properties of 2, 5-bis（4-methoxyphenyl）-1, 3, 4-oxadiazole as a corrosion inhibitor for mild steel in normal sulfuric acid medium[J]. Corrosion Science，2006，48（9）：2831-2842.

[84] Quraishi M A，Jamal D. Corrosion inhibition by fatty acid oxadiazoles for oil well steel（N-80）and mild steel[J]. Materials Chemistry and Physics，2001，71（2）：202-205.

[85] Patel N S，Jauhari S，Mehta G N. 1, 7′-dimethyl-2-propyl-1H, 3′H-2, 5′-bibenzo[d]imidazole as a corrosion inhibitor of mild steel in 1 M HCl[J]. Chemical Papers，2010，64（1）：51-55.

[86] Aljourani J，Raeissi K，Golozar M A. Benzimidazole and its derivatives as corrosion inhibitors for mild steel in 1 M HCl solution[J]. Corrosion Science，2009，51（8）：1836-1843.

[87] Ostovari A，Hoseinieh S M，Peikari M. Corrosion inhibition of mild steel in 1 M HCl solution by henna extract：A comparative study of the inhibition by henna and its constituents（Lawsone，Gallic acid，a-D-Glucose and Tannic acid）[J]. Corrosion Science，2009，51（9）：1935-1949.

[88] 张娟涛，白真权，冯耀荣，等. 红薯茎蔓和莴苣花茎的提取液缓蚀剂及其制备方法：中国，2011104249537[P]. 2013-7-31.

[89] Abdel-Gaber A M，Abd-El-Nabey B A，Sidahmed I M，et al. Inhibitive action of some plant extracts on the corrosion of steel in acidic media[J]. Corrosion Science，2006，48（9）：2765-2779.

[90] Tizpar A，Ghasemi Z. The corrosion inhibition and gas evolution studies of some surfactants and citric acid on lead alloy in 12.5 M H_2SO_4 solution[J]. Applied Surface Science，2006，252（24）：8630-8634.

[91] Shukla S K，Singh A K，Ahamad I，et al. Streptomycin：A commercially available drug as corrosion inhibitor for mild steel in hydrochloric acid solution[J]. Materials Letters，2009，63（9-10）：819-822.

[92] Migahed M A，Abdul-Raheim A M，Atta A M，et al. Synthesis and evaluation of a new water soluble corrosion inhibitor from recycled poly（ethylene terphethalate）[J]. Materials Chemistry and Physics，2010，121（1-2）：208-214.

[93] 赵俊，屈撑囤，张娟涛，等. 一种烟蒂提取液的金属螯合物的制备方法及其应用：中国，201010289154.9[P]. 2013-01-16.

[94] 蔡黎明，赖燕铃. 固体缓蚀阻垢剂 GHZ 系列的室内研究[J]. 江汉石油职工大学学报，2004，17（2）：26-27，41.

[95] 沈丽萍，陈志光，延建忠，等. GH-6 水溶性固体缓蚀剂的研制与应用[J]. 断块油气田，2002，9（5）：70-71.

[96] 龚利华，环毅. 钼酸盐水处理缓蚀剂复配研究[J]. 给水排水，2006，32（6）：60-63.

[97] 张淑玲，王新权，梁英. 钼酸盐与某些杂环化合物对碳钢协同缓蚀效应的研究[J]. 腐蚀与防护，1992，

13（4）：195-199.

[98] 李燕，陆柱. 钨酸盐与聚天冬氨酸对碳钢协同缓蚀作用的研究[J]. 腐蚀与防护，2001，22（9）：371-374.

[99] Young S A，Vladimir J. Mcraptoalcohol corrosion inhibitors：US，6645399[P]. 2003.

[100] 吕战鹏，郑家燊，刘江鸿，等. 硫脲衍生物对 CO_2 饱和水溶液中碳钢缓蚀性能的研究[J]. 腐蚀与防护，1999，20（1）：18-21.

[101] 段永锋，于凤昌，崔新安. 缓蚀剂在油气田集输系统的应用与研究进展[J]. 石油与天然气，2010，24（6）：26-30.

[102] 刘小波. 油气井抗 CO_2 腐蚀缓蚀剂的研究进展[J]. 广州化工，2011，39（6）：25-27.

[103] 林海潮，李谋成. 涂层下金属的腐蚀过程[J]. 腐蚀科学与防护技术，2002，14（3）：180-181.

[104] 郭清泉，陈焕钦. 金属腐蚀与涂层防护[J]. 合成材料老化与应用，2003，32（4）：36-39.

[105] 宋玉苏，姚树人. 涂层与基体金属附着力的研究进展[J]. 材料保护，1999，32（9）：21-22.

[106] 吴跃焕. 钢铁腐蚀与涂料湿附着力的关系[J]. 合成材料与老化应用，2002，31（1）：28-31.

[107] 潘肇基. 有机涂层湿附着力的研究[J]. 材料保护，1994，(2)：9-12.

[108] 王迎春，马壮，吕广庶，等. 化学镀 Ni-P 合金的耐磨性研究[J]. 材料工程，2000，28（8）：25-27.

[109] 于媛，徐桂英，黄虹. 化学镀 Ni-P 合金层组织与性能的研究[J]. 辽宁师范大学学报（自然科学版），1998，21（1）：58-61.

[110] 徐波. 化学镀 Ni-P 合金的性能研究[J]. 云南冶金，2000，29（3）：36-38.

[111] Haseeb A S M A，Albers U，Badea K. Friction and wear characteristics of electrodeposited nanocrystalline nickel-tungsten alloy films[J]. Wear，2007，2（2）：4-7.

[112] Lima-Neto P D，Correia A N. A comparative study of the physicochemical and electrochemical properties of Cr and Ni-W-P amorphous electrocoatings[J]. Electrochimica Acta，2006，51（23）：4928-4933.

[113] 周婉秋. Ni-W 非晶态镀层的制备和性能研究[J]. 电镀与涂饰，1996，15（4）：18-24.

[114] 吕瑞典，薛有祥. 油气田腐蚀监测技术综述[J]. 石油化工腐蚀与防护，2009，26（1）：4-7.

[115] 李建波，胡正海，张莉梅，等. 油气管道的腐蚀监/检测技术研究分析[J]. 全面腐蚀控制，2014，28（11）：48-52.

[116] 杨发平，王贵波. 普光气田地面集输系统腐蚀监测及控制体系[J]. 天然气工业，2012，32（1）：94-99.

[117] 张居生，杜月侠，兰云峰，等. 腐蚀监测技术及其适用性选择[J]. 腐蚀与防护，2012，33（1）：75-79.

[118] 张炜强，秦立高，李飞. 腐蚀监测/检测技术[J]. 腐蚀科学与防护技术，2009，21（5）：477-479.

[119] 王维斌，王禹钦，李荣光，等. 油气管道检测与修复技术[M]. 北京：石油工业出版社，2010.

[120] 李育忠，郑宏丽，贾世民，等. 国内外油气管道检测监测技术发展现状[J]. 石油科技论坛，2012，31（2）：30-35.

[121] 孙世高. TEM 非开挖检测技术提高管道检测时效[N]. 中国石化报，2010-4-12（7 版）.

[122] 魏书义. 国内油气长输管道检测技术发展探析[J]. 硅谷，2013，6：56-99.

[123] 张江江，张志宏，羊东明，等. 油气田地面集输碳钢管线内腐蚀检测技术应用[J]. 材料导报，2012，26（S2）：118-123.

第3章 油气长输管道腐蚀与控制

管道运输是油气运输的主要方式之一，具有安全、稳定、成本低的综合优势，油气管道被称为石油天然气工业的“生命线”。我国长输管道近年来发展迅猛，20年的时间里长输管道里程增长了近6倍，我国也因此成为世界上长输管道发展最快的国家。我国油气长输管道密度约为 $1.35km/100km^2$，在大国体系中，与俄罗斯大体相当，但与美国的 $6.94km/100km^2$ 和加拿大的 $5.03km/100km^2$ 仍有不小的差距。进入21世纪，随着我国国民经济的高速发展和人民生活水平的不断提高，石油、天然气的需求量日益增大，国家也加大了对西部天然气及海洋油气资源的开发力度，我国油气管道建设已呈指数级增长。目前，我国已初步形成了“横跨东西、贯穿南北、覆盖全国、连通海外”的油气管网格局[1]。

3.1 我国油气长输管道概况

油气长输管道根据输送介质不同可分为三类：原油长输管道、成品油长输管道和天然气长输管道。从管道归属来看，中国石油天然气集团公司（简称中石油）已建油气管道主要分布在我国西北、东北和华北地区，约7.7万km；中国石油化工集团公司（简称中石化）已建油气管道主要分布在华中、华南和西南地区，约3.5万km；中国海洋石油总公司（简称中海油）已建油气管道主要分布在东南沿海地区，约0.7万km。从管道数量上看，长输油气管道约300条，其中原油管道约90条，成品油管道约50条，天然气管道约160条。

原油长输管道方面，主要建成并运营的有：东北地区的漠大线、庆铁系统（新老线、三线、四线）、长吉线、铁抚线、铁大线、铁大复线（铁岭—鞍山段）、铁秦线、铁锦复线、锦绥线、中朝线、中俄原油管道等；华北地区的秦京线、任京线、津京线、唐津线、河石线等；华东地区的临沧线、东临线、东临复线、东黄线、东黄复线、日东线、鲁宁线、甬沪宁线、沿江线、平岱线等；西北地区的阿独线、独乌线、王化复线、轮库线、轮库复线、乌鄯兰线、马惠宁线、惠银线、长呼线、石兰线、中哈原油管道等；西南地区的兰成线、中缅原油管道；华南地区的马广线、湛茂线等；华中地区的临濮线、中洛线、洪荆线、魏荆线、钟荆线等。原油管道总里程约2.7万km。

成品油长输管道方面，主要建成并运营的有抚营线、环京线、石太线、黄骅港—中捷石化管道、淮枣线、鲁皖线、鲁皖二线、金嘉湖线、安合线、镇杭线、金闵线、九樟线、克乌线、独乌线、乌兰线、延西线、格拉线、兰成渝线、西南管道、珠三角管道、立沙石油管道、兰郑长线、长株线、荆荆线、洛郑驻线等，成品油管道总里程约 2.1 万 km。

天然气长输管道方面，主要建成并运营的有西气东输系统一线、二线、三线、江苏 LNG 外输管道、忠武线、冀宁线、永泰联络线、淮武线、长宁线；陕京系统一线、二线、三线、永唐秦、沧淄线、中沧线、港清一线、港清二线、港清三线、唐山 LNG 外输管道、克旗煤制气外输管道；涩宁兰系统的涩宁兰线及其复线、兰银线；东北地区秦沈线、大沈线、沈哈线；西南地区的川气东送线、中贵联络线、中缅天然气管道等，管道里程约 8.5 万 km。

预计到 2020 年，我国长输管道总里程将达到 15 万 km 以上。

对我国管道的服役年限情况进行粗略统计，按照服役年龄 10 年以下、10～20 年、20 年以上三个档次对管道进行归类，结果表明：原油管道以上 3 个年龄段分别占 41%、13%、46%，成品油管道分别占 72%、20%、7%，而天然气管道分别占 71%、11%、17%。数据表明：原油管道中，服役 20 年以上的接近一半。这些老旧管道，均已处于服役年限末期或已超过服役年限。据统计，1966～1992 年期间中石油所辖管道里程约为 11.6 万 km，其中 70%为原油管道，20%为天然气管道，9%为成品油管道，以及 1%的输水管道。由此可见，原油管道老龄化最为严重。而成品油管道和天然气管道的情况基本类似，70%以上均为 2000 年以后的新建管道[2-4]。

进入 21 世纪，随着东西部地区油气田的进一步开发和海外油气资源的大量引进，我国油气管道建设进入了第三个高峰。尤其随着西气东输一线、二线、三线，陕京系统二线、三线，川气东送管道，中俄原油管道，中哈原油管道，以及中缅原油管道等超长油气管道（表 3-1）的相继投产，我国油气管道建设迎来了井喷式的跨越发展。随着我国大口径管道（1016mm、1219mm 管径），以及 X70、X80 管材（抗拉强度在 570MPa 以上）的研制成功，我国输气管道设计压力提升至 10MPa 和 12MPa，大大提高了我国管道的输气能力。输油管道管径提升至 813mm，设计压力 14.7MPa，均取得了突破性的进展。

表 3-1　2000 年以后建成投产的部分管道概况

管线名称	管线材质	管径/mm	壁厚/mm	设计压力/MPa	投产年份
西气东输一线	X70	1016	14～26	10.0	2004
陕京三线	X70	1016	14～26	10.0	2010
西气东输二线	X80	1219	14～26	12.0	2011
西气东输三线（西段）	X80	1219	14～26	12.0	2014
中缅原油管道	X70	813	15～17	14.7	2015

未来我国将重点建设西气东输四线、中俄天然气管道东线、中俄天然气管道西线、陕京四线、新粤浙管道、鄂安沧管道等为主的主干管网和地区联络线为主的联络管道，全面建成更加合理完善的全国性管网系统，实现国产气与进口气，常规气与非常规气等不同属地、不同气源间的连通。这些管道投运后，将有利于提升天然气供应，增加中国天然气在能源消费中的比例，减少大气污染，惠泽管道燃气特许经营权所有者，带动钢材、管道、压缩机、防腐材料、吊装、焊接等行业发展。下游的压缩天然气、天然气化工和燃气电厂等主流应用也将获得更多机遇[5, 6]。

3.2　油气长输管道主要腐蚀类型

腐蚀是埋地管道不可避免的问题，也是影响管道系统可靠性及其使用寿命的关键因素。国际管道研究委员会根据管道事故的统计将天然气管道失效类型归纳为三大种类、9 种失效类型、22 种原因，其中属于腐蚀的失效原因包括外部腐蚀、内部腐蚀和应力腐蚀开裂三类。管道内腐蚀与油气田开采和集输系统的相似，此处不再赘述。外部腐蚀则与管道的阴极保护措施、外涂层的质量、土壤的腐蚀特性、电流干扰等因素有关。下面介绍油气长输管道外部腐蚀的几种类型。

3.2.1　电化学腐蚀[7-9]

电化学腐蚀指金属与电解质因发生电化学反应而产生的破坏。电化学反应包含有阳极反应和阴极反应，并与流过金属内部的电子流和介质中离子的定向迁移关系密切。其中阳极反应（氧化反应）是金属原子失去电子并转移入介质中的过程，阴极反应（还原反应）是介质中的氧化剂得到电子发生还原反应的过程。

电化学腐蚀的特点是：①介质是含有导电离子的电解质；②金属/电解质界面发生的反应是有电荷转移的电化学过程，必须有电子和离子在界面上的转移；③界面上的电化学过程可以被分为同时进行的氧化过程和还原过程，金属/电解质界面上有电荷转移的化学反应（电极反应）；④电化学腐蚀过程中伴随有电子的定向流动，而产生电流。

油气管道与潮湿的大气、土壤及湖泊、海洋接触，环境介质中的矿物质盐（如 NaCl、$CaCl_2$）及灰尘等均可作为电解质，作为电子传播载体。当钢铁管道暴露于这些导电介质中时，由于表面的吸附作用，钢铁表面上会覆盖一层极薄的水膜。水的电离度虽小，但仍能电离成 H^+和 OH^-。在酸性介质的大气环境中，H^+的数量由于水中溶解了 CO_2、SO_2 等气体而增加。因此，Fe 和其中的杂质就像放在含有 H^+、OH^-等离子的溶液中一样，形成原电池，Fe 作为阳极受到腐蚀。

金属电化学腐蚀按其被破坏的形式可以分为全面腐蚀和局部腐蚀。

（1）全面腐蚀

全面腐蚀是指在整个金属表面上进行的腐蚀。全面腐蚀一般来说分布比较均匀，腐蚀速率比较稳定，一般不会发生突发事故。全面腐蚀电池的阴、阳极全部是微电极，阴、阳极面积基本上相等，所以反应速率比较稳定。

（2）局部腐蚀

局部腐蚀是指只集中在金属表面局部区域上进行的腐蚀，其余大部分区域几乎不腐蚀。局部腐蚀造成的金属损失量不大，但是严重的局部腐蚀会导致管道的突发性破坏，这种破坏很难预测，往往会造成巨大的经济损失，更有甚者会引起灾难性事故。常见的局部腐蚀有电偶腐蚀、点蚀、缝隙腐蚀、晶间腐蚀、应力腐蚀开裂等。

3.2.2 应力腐蚀开裂[10, 11]

应力腐蚀是指在拉应力作用下，金属在腐蚀介质中引起的破坏。这种腐蚀一般均穿过晶粒，即所谓穿晶腐蚀，见图 3-1。

应力腐蚀是由残余或外加应力导致的应变和腐蚀联合作用而产生的材料破坏过程。应力腐蚀导致材料的断裂称为应力腐蚀断裂（stress corrosion cracking，SCC）。SCC 在失效涂层下产生，起初是浅小裂纹，以群落形式集中出现在管道某一区域，这种裂纹群的出现是管道遭受 SCC 的标志（图 3-2）。

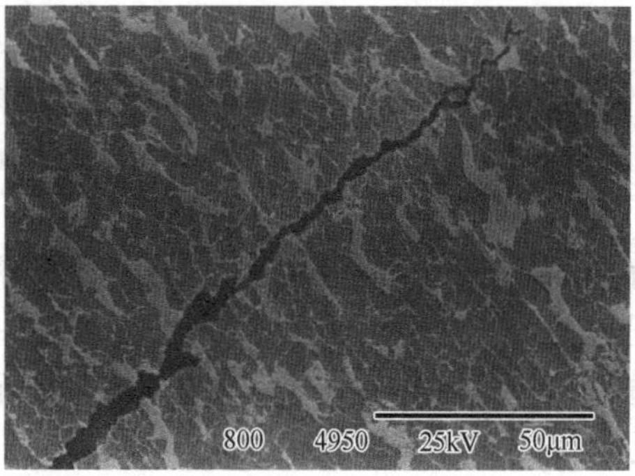

图 3-1 穿晶断裂

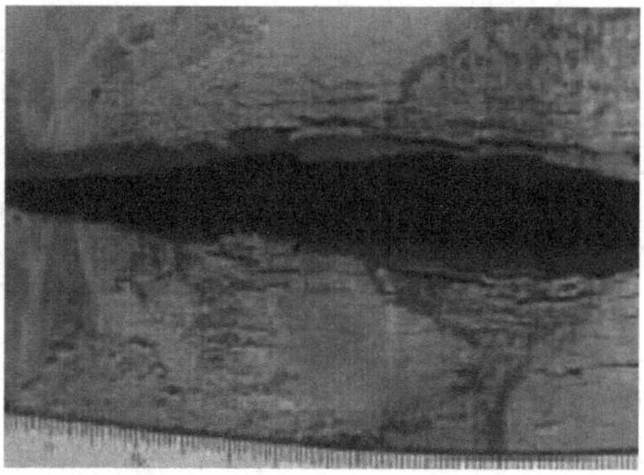

图 3-2 应力腐蚀开裂

高 pH 环境的 SCC 一般是晶间裂纹（IGSCC），裂纹细窄；近中性环境的 SCC 是穿晶型裂纹（TGSCC），开裂面存在腐蚀，故裂纹较宽，内部充满腐蚀产物。随温度升高，高 pH 增长速度呈指数规律增加，所以多发生在压气站下游 20km 内温度较高的管段；近中性环境的 SCC 与管道温度无明显关联。高 pH 环境的 SCC 由高浓度 HCO_3^-/CO_3^{2-} 溶液引发，该溶液环境由涂层缺陷处的阴极保护电流造成，其 pH 一般为 9～11；近中性环境的 SCC 没有特定溶液环境，多发生于低矿化度的近中性溶液环境中。高 pH 环境的 SCC 发生处管道表面一般覆盖有黑色薄膜；近中性环境的 SCC 发生处，涂层和管道表面存在一层较厚的碳酸亚铁白色沉积物，而且其裂纹生长需要一定的载荷条件。近中性环境的 SCC 的产生常与材料表面点蚀坑有关，而高 pH SCC 与点蚀坑无必然联系。点蚀可引起应力集中，特别是点蚀较深时；但对穿晶型 SCC，点蚀表面的电位显著低于无点蚀表面，可促使蚀坑内溶液成分和电位变化，更易析出氢。

SCC 的机理比较复杂，对高 pH 环境的 SCC 的普遍解释是保护膜破裂——阳极溶解机理。由于钢晶界碳化物偏析，晶界区原子能量较高、电位较负，相对晶粒内部为阳极，优先溶解，引起晶间腐蚀，在应力作用下，裂纹尖端金属局部塑性变形导致其附近表面的保护膜破裂，裸露的金属成为阳极，发生快速阳极溶解，导致裂纹不断发展。对近中性环境的 SCC 的机理至今了解很少。一般认为近中性环境的 SCC 是由阳极溶解及氢致开裂（HIC）交互作用引起的。裂纹在钢表面蚀坑处萌生，蚀坑内有足以产生氢原子的低 pH，地下水中 CO_2 有助于维持近中性水平。释放的部分氢原子进入钢材，使金属脆化，韧性下降，在溶解和氢脆交互作用下，裂纹产生并扩展。

氢致开裂是因腐蚀生成的氢原子进入钢中，富集在夹杂物周围，并沿着碳、锰和磷偏析的异常组织扩展或沿着带状组织相界扩展。当氢原子一旦结合成氢分子，可产生较大压力，于是形成平行于轧制面、沿轧制方向的裂纹。硫化物应力腐蚀开裂（SSCC）是在 H_2S 和 CO_2 腐蚀介质、土壤和地下水中各种酸离子的作用下，腐蚀生成的氢原子经钢材表面进入钢材内部，并逐步富集于应力集中区域，使钢材脆化并沿垂直于拉伸力方向扩展而开裂。因此要求管线钢具有较强的抵制氢原子进入，防止氢致裂纹产生和扩散的能力。

一般来说，HIC、SSCC 的产生及其严重程度主要取决于输送气体介质中 H_2S 分压的大小。当 $P(H_2S) > 300Pa$ 时，必须对管材提出抗 SSCC 和 HIC 的要求。目前，随着输送压力的提高，要满足 $P(H_2S) \leqslant 300Pa$ 的要求，必须使 H_2S 的含量降得非常低。例如，输送压力为 10MPa 时，需要将 H_2S 降至 0.003%以下，一般的输送介质很难达到。因此对抗 SSCC 和 HIC 管线钢的需求量较大。

3.2.3　杂散电流腐蚀[12, 13]

由杂散电流引起的腐蚀称为杂散电流腐蚀，其本质上是电化学腐蚀的电解作用。由于埋地钢质管道的导电性，杂散电流在管道中流动时形成电位差，从而建立腐蚀电池：流入电流的管道部位称为腐蚀电池的阴极区，流出电流的管道部位称为腐蚀电池的阳极区。杂散电流具有多源性的特征，按照造成的干扰源性质可分为交流干扰和直流干扰。

交流干扰往往是由于工业用电的传输、感应和馈地产生的，主要干扰源有交流电气化铁路、高压输变电系统和早期建设的两相一地电力线路。随着中国电气化铁路和高压输电线路里程的日益增加，其影响范围内埋地管道的交流干扰问题也日益严峻。当埋地管道与上述交流干扰源平行或靠近敷设时，管道上很容易产生交流电压，形成交流干扰。交流干扰对管道的危害主要有两方面：一是长期存在着的交流电压形成对管道的交流腐蚀影响；二是故障状态下瞬间感应电压的危害影响，造成瞬间高感应电压，可能会击穿管道的防护层和绝缘法兰，甚至击毁阴极保护设备，并对操作人员的人身安全造成威胁。尽管交流杂散电流对金属阳极有加速溶解作用，但对管体的腐蚀危害相对较小。研究表明，对于 60Hz 的交流电而言，其腐蚀作用仅为相同大小直流电流的 1%。

相比较而言，直流杂散电流的腐蚀作用更为强烈，它是由于大地中直流杂散电流的作用而引起的埋地金属管道表面产生的电解腐蚀，继而造成管道腐蚀穿孔和泄漏。直流干扰会导致管道剧烈腐蚀，这种腐蚀的速率往往是自然腐蚀的几十倍甚至上百倍。直流杂散电流只有在工作电路中的导体或一部分电力设备有多个接地点时才会产生，常见的能够产生直流杂散电流的设备主要包括：①直流电气化铁路，铁轨为电流的导体；②架空有轨电车线路，其中多根导线连接到接地电源的负极或由铁轨返回导体；③高压直流输电系统；④电解装置；⑤在内外港口，特别是在造船厂中的直流操作设备、直流焊接设备；⑥直流电话网和交通灯设备；⑦阴极保护装置（强制电流设备、杂散电流排流和强制排流）。

超高压直流输电系统是出现相对较晚的管道直流干扰源。近年来，各种等级超高压直流输电线路建设加快，直流电压等级不断提高，与管道相遇的机会大增，超高压直流输电线干扰影响成为国内外研究的新热点。2013 年 12 月，某管道公司某分输站气液联动球阀控制箱引压管绝缘卡套位置发生放电烧蚀，造成引压管绝缘卡套表面氧化，其内衬的绝缘套被炭化。位于绝缘卡套正上方的引压管也被高温氧化为黑色，同时引压管向左右传导热量熔化了固定于绝缘卡套附近的塑料管卡。其他长输管道在日常巡检中也已经发现多个阀室引压管间距过小，发生引压管之间放电现象，个别阀室甚至出现引压管烧穿、天然气泄漏事故，对安全生产造成影响。

高压直流输电系统运行过程中多采用的是双极运行方式，但在建设投运初期、年内检修及出现故障排查时，将采用单极大地返回运行方式，运行时间依具体情况而定，几小时、几天甚至一两个月的情况都可能存在。单极大地返回运行方式是利用导线和大地构成直流侧的单极回路。在该运行方式中，两端换流站均需接地，大地相当于直流输电线路的一根导线，通过接地极入地的电流即为直流输电工程的运行电流，可高达数千安培。此种情况下，强大的电流入地形成的大地电场，导致大地电位升高，跨步电压增大，邻近的金属结构在电场的作用下内部电子定向移动，引发金属结构的杂散电流腐蚀问题，同时对人员安全、设施安全带来严重的安全隐患。

另外，地电流也会引起杂散电流。地电流通常是由太阳等离子体与地球磁场之间的相互作用及电离层中的离子扰动所引起的地球脉动电流。

从干扰类型来看，杂散电流源可分为静态干扰电流和动态干扰电流。静态干扰电流通常是由于外加电流系统强制施加到管道上的，如阳极地床或其他的外部结构。动态干扰电流多来自电力传输系统，如地铁、火车、采矿作业等，通过邻近的防腐层状况良好的管道网络可以传送到几千米远的地方。如果不采取措施消除，杂散干扰电流会对邻近的地下金属管线或地下金属结构产生腐蚀作用。

杂散电流腐蚀干扰是造成管道腐蚀穿孔的主要原因。河西走廊管廊带内包括西一线、西二线、西三线、乌兰线等多条长输管道、“川气东送”部分管段均存在着较严重的杂散电流干扰；美国一条输气管线与 500kV 高压输电线临近敷设，新建仅 5 个月，便发现 4 处腐蚀穿孔、18 处明显腐蚀坑点，穿透率超过 50%，平均腐蚀速率高达 12mm/a。

3.3　油气长输管道存在的主要腐蚀问题

据美国运输安全管理局统计，美国 45%管道损坏是由外壁腐蚀引起的，而在美国输气干线和集气管线的泄漏事故中，有 74%是由腐蚀造成的[14-16]。

在我国，腐蚀也是管道失效的重要原因，腐蚀不仅缩短了管道的使用寿命，腐蚀情况严重时还可引发管道穿孔，造成油气的泄漏，带来停工停产的损失，并可能引起火灾、爆炸，严重威胁生态环境与生命财产安全。分析管道事故发生的原因，一方面是油气管道系统急剧扩张，管道施工过程中不可避免地会存在一些隐患；另一方面，20 世纪七八十年代建成的管线已步入事故频发期，21 世纪初建成的管线也已运行了十几年，管道内检测显示出的局部管体腐蚀问题已不容忽视。为了确保管道的完整性与可靠性，必须采用多种技术方法与管理手段。检测、控制与评估管体腐蚀是确保管道完整性的主要手段之一。针对腐蚀一般采取的控制技术包括对管道的合理设计、正确选用金属材料、改变腐蚀环境、采用耐腐蚀覆盖层、电化学保护及采用耐腐蚀非金属材料代替金属材料，其中最重要的是覆盖层的选择与电化学保护（即阴极保护）设计技术。而对于在役管道，要想知道其是否发生腐蚀、发生腐蚀后能否在现有压力下安全运行及运行多久，则必须对管道进行有效的检测和合理的适用性评估[17]。

3.3.1　油气长输管道防腐层质量控制问题

（1）不同防腐层材料存在的问题

1）聚乙烯防腐层（3PE/2PE）。聚乙烯防腐层是当前长输管道常用的防腐层类型。目前已在陕京管线、库鄯管线、涩宁兰管线、兰成渝管线、忠武管线、西气东输管线、陕京二线等一系列的重大管道建设项目中得到应用，并取得了很好的应用效果。报道的主要缺陷有漏点、剥离、阴极剥离、阴极保护屏蔽、剥离防腐层膜下腐蚀等，而且大部分有关缺陷的报道还停留在理论推测阶段[18]。

某长输管道工程中，在初期的运输过程中，由于包装保护不当，加上火车车厢超高装运，致使少量防腐管擦伤严重，有的在轴向存在近 1m 长的擦痕。在现场施工过程中还出现了局部的划痕损伤，导致最终造成管道腐蚀。

海南某输气工程管道的防腐采用了 3PE 包覆，钢管外径为 Φ324mm。施工现场对包覆管的防腐层厚度进行检测，检测结果表明：防腐层厚度大多数低于 2.0mm，最小的为 1.39mm，低于标准要求。对该批防腐管逐根进行外观检测，外观完好的仅占 39.5%；有几处局部损伤且电火花检漏有漏点的，占 40.7%；聚乙烯层严重损伤、难以修补使用的占 19.8%。这些防腐管在出厂时是经过检验无漏点的，上述漏点应是吊装、运输和堆放过程中产生的。这说明了该批防腐管的防腐层抗机械损伤性能低，主要是由于防腐层厚度太低，不足以抵抗外力冲击、穿透、摩擦等破坏，严重影响了防腐管的实际应用质量[19]。

从上述破损实例及国内几年来长输管线施工中的防腐层损伤情况看，由于我国长输管道施工及运行的工况条件较复杂，且防腐管运距长，公路、铁路运输条件较差，在没有充分的理论依据和实际经验的条件下，不能只从经济角度考虑，将防腐层厚度减薄。欧洲多年的实践也证明：增加聚乙烯厚度（＞1mm 部分）的费用是必要的，它可以大大减少以后的投资，例如，减少吊运过程的保护带等；减少修补费用，并避免由于现场修补引起的性能降低；减少阴极保护站费用和阴极保护维护费，提高阴极保护的经济性。

2）石油沥青。石油沥青防腐涂层在我国已有 50 多年的应用历史，是国内最早开发应用的埋地管道外防腐涂层材料。从 1958 年起，石油沥青多与玻璃布复合成管道绝缘防腐涂层。石油沥青防腐涂层在多年的应用中存在各种问题。例如，①机械强度低：由于机械强度低，在吊装、运输和施工的各个环节上稍有不慎，就造成防腐涂层的严重损伤，由于修补不及时，留下大量隐患，见图 3-3；②阴极保护电流大：由于涂层损伤及漏电多，加上石油沥青防腐涂层吸水率高，大大增加了阴极保护的电流密度；③不能抵抗植物根茎的生长：在许多管道上出现了植物根茎长入石油沥青防腐涂层中的现象，破坏了防腐涂层的完整性，见图 3-4；④施工劳动条件恶劣：施工温度较高，常发生烫伤事故，沥青熔化烟尘较大，环境污染严重；⑤涂层热老化速度快、耐土壤应力差和使用温度范围有限等。

3）聚乙烯胶带防腐层。聚乙烯胶带（冷缠带）具有绝缘性能好、吸水率和湿气渗透率低、无污染等优点，采用冷缠施工，简单易行，可采用机械缠绕或半机

图 3-3　管道沥青玻璃丝布防腐层破损情况

图 3-4　植物根茎对石油沥青防腐层的破坏

械化缠绕，特别适合于现场防腐涂装。国内早期曾用于新建管道外防腐，目前主要用于旧管道外防腐层修复，以及弯头、阀门等异型管件的外防腐。但是，聚乙烯胶带防腐层在土壤应力、地下水和温度等因素的综合作用下易发生脱黏、褶皱，形成很多进水通道。通过对近年来部分采用冷缠带修复的管段进行开挖检查，发现多数冷缠带黏结力下降较多，防腐效果降低甚至丧失。

4）环氧煤沥青。环氧煤沥青涂料是国内于 20 世纪 70 年代开始开发和应用的一种防腐材料，是油气管道外防腐涂层的常用材料之一。从应用效果来看，有非常成功的工程范例，但也有不少失败的教训。环氧煤沥青防腐涂层在工程应用中出现的失效现象主要表现在：附着力低；针孔和漏点多，耐击穿电压低；耐水性差和机械强度不足等。造成环氧煤沥青防腐层失效的原因既有材料质量的问题，也有施工过程的控制问题。从材料来说，一些厂商为了降低成本而降低涂料中环氧树脂的含量，采用纯度不够甚至假冒的溶剂，使涂料的质量得不到保证。在施工过程中，因操作不当、控制不严等原因，也同样会给涂层留下致命的隐患。由于现场施工环境、条件、工艺等因素的不同，主要存在表面处理不合格、涂敷间隔时间不够和涂料用量偏低、涂层厚度不够等问题。

使用环氧煤沥青时国内沿用了石油沥青的防腐结构，采用玻璃布加强，玻璃布虽然看起来增加了防腐层强度，但由于玻璃布经常含蜡量比较高，严重影响了涂料与玻璃布的浸润，也影响了层间附着力。做破坏性检查时，有时会出现白茬玻璃布，根本起不到防腐作用。

5）熔结环氧粉末涂层（FBE）。国内从 20 世纪 80 年代起就在石油行业开始研究和应用熔结环氧粉末防腐涂层技术，到 90 年代才得到大规模应用。管道熔结环氧粉末防腐涂层在工程应用中出现的主要问题有：①环氧粉末涂层与管道本体黏结强度低，在近两年对西二线、西三线管道防腐层质量飞检中发现，部分环氧粉末与管道本体无黏结力，主要是涂覆过程中固化温度不够和回收料掺量大等原因造成；②防腐管预制过程中产生的针孔漏点多，这既有技术标准规定和工艺控制问题，也有材料本身的问题，如静电场不稳定、回收粉的大量使用等；③环氧粉末涂层在储存、运输及安装施工过程中也会造成损伤缺陷多等问题；④激烈的市场价格竞争也可能导致生产厂家降低成本调整粉末涂料的配方技术或原材料质量。

（2）管道特殊部位外防腐存在的问题

弯头、补口处管段的外防腐层大多为现场施工，受条件所限，表面处理质量和防腐层施工质量都相对难以掌控，在管道运行过程中受土壤应力等因素的影响，补口处防腐层容易出现脱落等问题，造成腐蚀介质渗入，导致管体局部腐蚀。同时焊接造成的热影响区与管体结构不同，若无阴极保护，则容易产生电化学腐蚀。上述原因导致弯头和补口处管段成为站场容易发生严重腐蚀的典型区域。

1）补口位置。热收缩带补口在国内 3PE 管道中大量应用，技术比较成熟。但是在实际工程施工中，由于施工工序、工艺、施工环境和水平的不同，热收缩带补口质量存在一些问题，严重影响了管道的使用寿命。

（a）产品质量问题。在近几年的管道建设工程中发现的问题主要有尺寸不够、热老化指标不合格（包括国外品牌）、拉伸强度不合格、烘烤过程中出现热收缩带爆裂现象等。这些问题主要是生产管理上存在问题，严重降低了产品质量。

（b）施工质量问题。在对某管线防腐补口质量的调查中出现了一个现象（图 3-5），检查同一施工单位采用两家国外、一家国内厂商生产的热收缩带完成的防腐补口，结果发现：在抽查的三种产品各 2、3 和 5 个补口（每个补口检查对钢管和 3PE 防腐层各 2 处，共 4 处）的剥离强度中，分别有一处的剥离强度低于规范要求。这显然不是材料问题，而是施工问题。在工程质量检查中也发现了一些没有严格执行操作规程而造成的施工质量问题。

施工质量问题的出现主要是由于热收缩带产品的施工要求为手工操作，施工质量很大程度上受到操作人员的技术水平和责任心的影响，收缩带材料质量好，不等于安装后质量好。

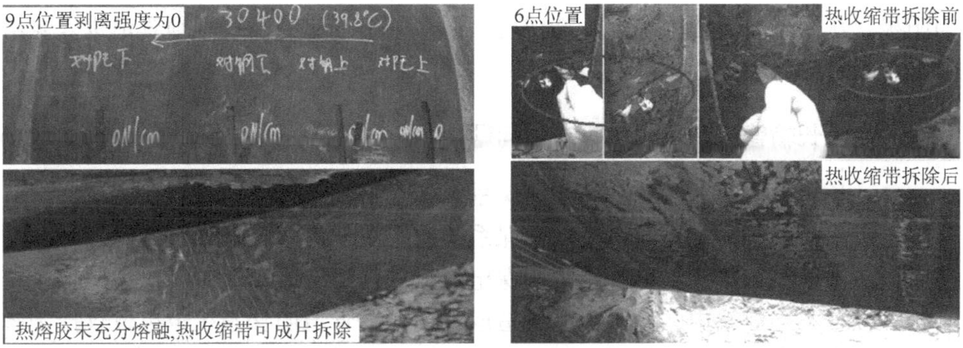

(a)　　(b)

图 3-5　施工原因导致的补口失效

（a）补口热收缩带无剥离强度（热收缩带可成片拆除）；（b）补口热收缩带内部未除掉原隔离纸层（热收缩带拆除后管体腐蚀严重）

（c）环境失效。热收缩带补口防腐层的基本组成为环氧底漆+热收缩带复合结构，两者通过热熔胶黏结成为一体，从而实现对管体补口部位的绝缘保护，因此热熔胶的性能是决定热收缩带补口有效性的关键。

在土壤沉降、管道蠕动剪切等土壤和管道运行工况条件的共同作用下，会发生热收缩带黏结性能的丧失。若环氧底漆同时失效，则会造成补口失效。图 3-6 为补口热收缩带在 10 点位置 PE 搭接处出现翘边情况，剥除热收缩带后，发现无溶剂环氧底漆脱落严重，热收缩带与无溶剂环氧底漆同时失效导致管体腐蚀严重。

图 3-6　补口热收缩带翘边及管体腐蚀情况

2）立管防腐。立管由下而上穿过不同的土层，接近地面管段土壤中氧的浓度大，而埋设较深的管段土壤中氧的浓度相对较小，氧浓度的不同使同一金属表面出现不同的电极电位，氧浓度大的区域电位高，为阴极，氧浓度小的区域电位低，为阳极，从而形成氧浓差电池，造成腐蚀。多个站场已经发现埋地管道进入泵房的立管处发生严重的腐蚀，甚至穿孔。

3.3.2 油气长输管道阴极保护存在的问题

（1）长输管道阴保系统与站场阴保系统相互干扰问题

管道阴保系统常常与站内区域阴保系统间产生干扰，发生干扰的主要原因有：①管道进出站绝缘接头漏电，站内阴保电流流入管道造成干扰；②管道阴保系统阳极井位置不当对站内区域阴保系统造成干扰；③管道阴保系统恒电位仪控制参比位置埋设不当受站内阴保系统影响造成干扰。

西部地区某长输管道经过输油站时，受到该站区域阴保系统的严重干扰，站内阴保系统一旦开启站外上下游上百千米的管段保护电位较正常值负移达 0.6～0.7V，管地电位值为–1.7～–1.9V（*vs.* CSE），导致受干扰管段处于过保护状态。经过详细检测后发现，长输管道阴保系统控制参比埋设在站内，处于区域阴保系统影响范围内。当区域阴保系统开启后，主管线站内管线、工艺管网、接地和构筑物等电位差增大，控制参比也受到干扰，导致主管线阴保系统恒电位仪输出增大，管道电位负移。将其控制参比位置调整至站内区域阴保系统保护范围之外后，干扰得到排除。

长输管道阴保系统与站场阴保系统相互干扰会降低其阴保有效保护度，应及时排查和消除干扰问题，常见的消除干扰的方法有改造站场进出站绝缘接头，保证其良好的电绝缘性能；调整管道或者区域阴保系统的阳极地床位置和类型；保证管道阴保系统控制参比所处位置不受站内阴保系统影响等，从而消除干扰。

（2）长输管道阴保系统有效性评价判据误区[20-22]

根据 GB/T 21448—2008《埋地钢质管道阴极保护技术规范》第 4.3 节的规定，管道阴极保护准则可采用以下数据作为判据：管道阴极保护电位应为–850～–1200mV（*vs.* CSE）或管道阴极极化值大于 100mV。

首先，以上判据中的阴极保护电位即管道的极化电位，为管道的瞬时断电电位值，即管道通电电位与 IR 降的差值。但是在管道阴保系统运维中，常误将通电电位作为其保护效果的判断依据，当通电电位负于–850mV 就认为已经满足要求，导致管道长期处于欠保护状态。其次，关于两个判据的使用条件也没有统一，有的运营和设计方认为两个判据分别适用于不同的环境，主要和埋地管道所在土壤电阻率有关，当土壤电阻率较大时，用 100mV 判据判定其阴保效果；也有认为–850mV 判据比 100mV 苛刻，应在任何条件下使用–850mV 判据来评判阴保效果。其实 GB/T 21448—2008 里的两个判据与 NACE ISP0169《埋地金属管道外腐蚀控制》基本一致，标准指出，在一般土壤环境中，将钢质管道极化到–850mV（*vs.* CSE）可满足其负于最活泼阳极点的电位，同时根据实验室和大量工程数据确定，钢制管道极化至少100mV能提供足够的阴极保护，因此两个判据并没有什么区别，在判定管道阴保系统有效性上是一致的。

在厌氧菌或硫酸盐还原菌（SRB）、其他有害菌土壤环境下，管道阴极保护电位应为–950mV或更负，100mV极化准则判据是不适用的。

在土壤电阻率为100～1000Ω·m环境中的管道，阴极保护电位负于–750mV即可；在土壤电阻率大于1000Ω·m的环境中的管道，阴极保护电位负于–650mV即可。

当前长输管道钢材使用的钢级越来越高，对于高强度钢（最小屈服强度大于550MPa），极限保护电位要根据实际析氢电位来确定。因此，其保护电位应比–850mV（*vs.* CSE）正，可在–750～–650mV的电位范围内。

当管道受到交直流干扰时，有的观点认为只要将管道阴极保护电位控制在有效范围内，就可以避免杂散电流的干扰。其实这种观点也是错误的，有许多现场腐蚀案例证明，在杂散电流干扰下，即使管道阴极保护电位满足条件时，仍然会引起管道发生腐蚀。

（3）长输管道阴保系统交直流干扰问题

随着我国经济的快速发展，长输管道的建设得到大力推进，同时交直流输电线路、电气化铁路建设也在快速发展，由于可用的公共走廊有限，长输管道与输电线路、电气化铁路平行与交叉的情况越来越多，埋地长输管道受到的各种干扰日益加剧，导致长输管道阴极保护电位波动严重，管线上出现欠保护及过保护区，不满足保护要求，大大增加了埋地管线腐蚀穿孔、氢脆及防腐层剥离损坏的风险，严重影响了管道阴极保护效果和安全运行。

导致管道产生交直流干扰的干扰源类型很多，常见的交流干扰源有电气化铁路、高压交流输电线等，常见的直流干扰源有矿山作业、地磁干扰、移动信号、高压直流输电线、并行或交叉管道的阴保系统等。

目前，在杂散电流干扰的检测评价技术领域，国内现行标准中对直流干扰判断指标只适于未施加阴极保护管道的杂散电流干扰程度的判断，适用范围具有很大的局限性。另外，在现有的标准体系下，对动态干扰电位波动情况下如何判断干扰程度尚缺乏相应的内容规定，这些问题一直制约着我国直流干扰检测评价和防护技术的进步。而对于交流干扰判定，虽然交流电流密度作为评价交流腐蚀的指标已形成共识，但是电流密度的限制却各不相同，其大小一直存在争议。

直流干扰造成的腐蚀危害比交流干扰严重得多，近年来对管道阴保系统影响较大的就是高压直流输电线和其他阴保系统引起的干扰。

随着高压/超高压直流输电系统的建设，其对长输管道及沿线阀室设备的危险和腐蚀的影响日渐突出。高压直流输电系统在建设投运初期、年内检修及出现故障排查时采用单极大地返回运行方式，在该运行方式中，两端换流站均需接地，大地相当于直流输电线路的一根导线，通过接地极入地的电流即为直流输电工程的运行电流，可高达数千安培。此种情况下，强大的电流入地形成的大地电场，导致大地电位升高，跨步电压增大，沿线几十千米埋地管道在电场的作用下都可能引发金属结构的杂散电流腐蚀问题，同时对人员安全、设施安全带来严重的安全隐患。

随着近年来我国管道建设的快速发展，出现了多条长输埋地管道在同一条狭长的管廊带内并行或交叉埋设，各自都有独立的阴保系统，造成不同阴保系统间相互干扰，存在过保护或欠保护风险，也给长输管道的安全运行带来了隐患。

（4）长输管道阴保系统屏蔽问题

1）防腐层脱黏引起的阴保系统屏蔽问题。一般情况下，管道外防腐层和阴极保护是控制长输管道外腐蚀最常用、最适宜的共同防护措施。目前常用的管道防腐层有 3PE、2PE、FBE、聚乙烯胶带、热收缩带（套）及冷缠带等数十种，在使用中逐渐发现，当施加阴极保护电流对管道进行保护时，管道外防腐层，特别是绝缘性能良好的 PE 防腐层脱黏剥离后，阴保电流不能很好地进入，管道可能会存在阴极保护屏蔽现象，脱黏部位得不到有效保护，最终导致管道腐蚀，引发安全事故。

2）套管引起的阴保系统屏蔽问题。埋地管道穿越公路、铁路及河流时，经常需要将输油管道放在金属套管中以对管道进行附加保护。当管道与套管完全绝缘且套管与输送管道之间的环型空间内没有电解液存在时，阴极保护电流会完全被屏蔽；当管道与套管没有电连接但套管内有电解液或者泥土时，阴极保护电流可以通过土壤经套管到达管道，在这种情况下，套管和管道外壁会得到阴极保护，但是套管内壁因排放电流会加速腐蚀；当管道与套管短路时，阴极保护电流沿套管通过接触点返回到管道，管道电流流出点将发生严重腐蚀。同时在施工过程中易造成套管内管道外防腐层机械损伤，加上套管内容易富集电解液，从而加速管道的腐蚀。

因此，在必须使用套管的情况下，应采取必要的密封措施，防止电解液进入，并保证套管与输送管的绝缘。

3)其他因素引起的阴保系统屏蔽问题。与套管引起阴保系统屏蔽的原理相似，当管道周围有绝缘体存在，而且绝缘体与管道间有电解液存在时，由于阴极保护电流无法通过绝缘体到达管道表面，管道便得不到阴极保护。因此，如果管道埋设位置附近有其他绝缘体或岩石存在，也会影响电流的流动，对管道的保护电流起到屏蔽作用。因此，当管道通过岩石地带时，阳极地床形式应采用柔性阳极或带状阳极，保证阴极保护电流顺利地到达管道表面。

（5）阴保系统设计与电力系统设计的矛盾问题

管线和阀室防雷接地技术的引入是为了防止石油管线设备等遭雷击而采取的保护性措施，目的是把雷电产生的雷击电流通过避雷针引入大地，从而起到保护作用。同时，当某种原因引起的相线（如电线绝缘不良、线路老化等）和金属设备外壳碰触时，设备的外壳就会有危险电压产生，由此生成的故障电流就会通过接地流到大地，从而起到保护作用。接地与阴极保护系统之间的相容性应该引起足够的重视，如果防雷接地材料和安装选择不当，大部分阴极保护电流将流入接地极，而不是流入需要保护的管道，使阴极保护失去作用，管道将得不到有效的保护。

对于接地材料，目前关注最多的就是接地材料的导电性和抗腐蚀性，并且接地设计所参照的标准也是电气化专业的标准，阴极保护与电气化分属不同的专业。因此，往往电气化专业制定标准时，只是注重接地导电性能和接地电阻要求，不会考虑接地与阴极保护相容性方面的要求。在选取接地材料时，往往选择那些导电性好的材料，如铜材质、石墨接地模块、铜材质电解离子接地棒等。这些材料的电位都正于碳钢材质，在与碳钢材质的储罐连接时储罐没有上阴极保护，储罐会发生电偶腐蚀；当储罐上阴极保护时，这些材料又会消耗大量的阴极保护电流。所以在现场应用过程中，往往会出现接地和阴极保护相矛盾的情况。

油气长输管道是国民经济动脉，一旦发生泄漏或爆裂将引起不可估量的损失，对其腐蚀的全面掌握，制订针对性强的预防与控制措施是保障油气长输管道安全运行的关键。

3.4　油气长输管道典型腐蚀案例

3.4.1　隧道穿越管道外防腐层及补口防腐失效

2009 年 3 月，有关人员对某长输天然气管线的隧道穿越管道外防腐层及补口防腐状况进行了调查，发现均存在防腐失效问题。隧道内管道 3PE 防腐层外观检查，发现可视缺陷 1 处，为划伤；15kV 电火花检漏发现针孔漏点 3 处（图 3-7），其中 2 处为硌伤，1 处为原有补伤处。

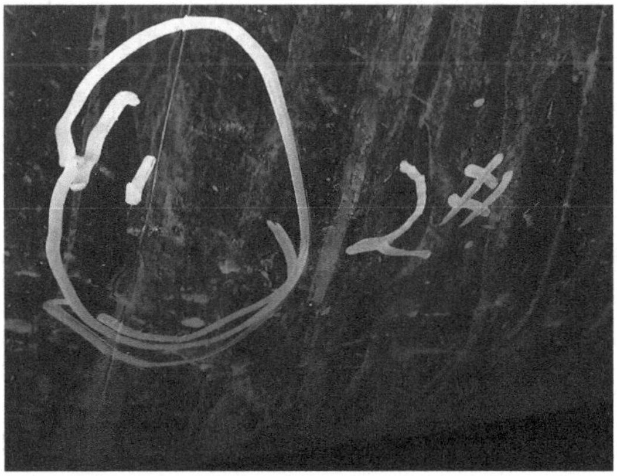

图 3-7　$2^{\#}$电火花检漏缺陷外观状况

对隧道内管道选取了5个截面进行管体3PE防腐层的厚度测试，发现管体3PE防腐层厚度不均匀，最薄点3.3mm，未达到GB/T 23257—2009标准所规定的加强级防腐层3.7mm的要求。

对热收缩带补口进行的检查发现，直管段环焊缝处热收缩带补口的主要缺陷形式为翘边、剥离、固定片下热收缩带翘边且与管体3PE层剥离（图3-8～图3-10）、热收缩带边缘有漏点、热收缩带破损及热收缩带原有补伤片失效等。其中以固定片下热收缩带翘边且与管体3PE层剥离的现象较普遍，占直管段补口总数的57%，分析其原因是安装时热收缩带与固定片三层搭接烘烤温度难以达到，热熔胶未熔化、熔化不足或局部熔化，黏结力下降较快所致。

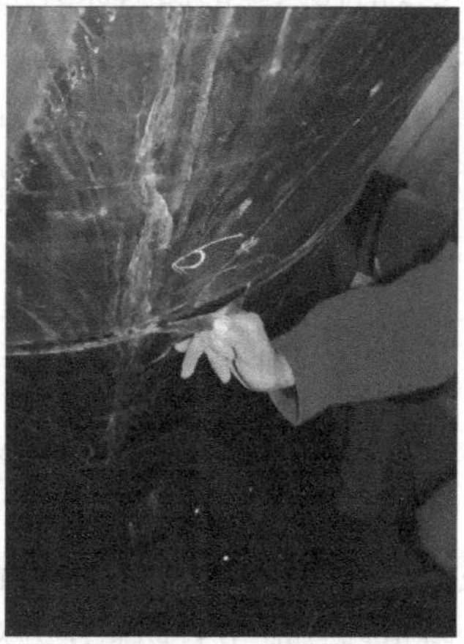

图3-8　6#补口带6点翘边且剥离现象

图3-9　11#补口带5点翘边且剥离现象

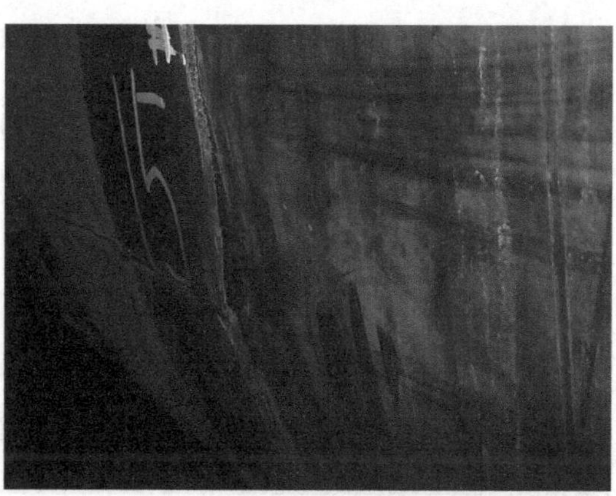

图3-10　15#补口带固定片翘边且剥离现象

根据检测方案的要求和现场外观和漏点检测的实际情况，选取 4 个直管段环焊缝补口热收缩带进行了剖开检查，检查结果见表 3-2。

表 3-2　热收缩带剖开检查数据统计表

项目	缺陷热收缩带数量/处	缺陷热收缩带/检测总数/%
热收缩带下水浸入情况（图 3-11）	3	75
带/PE 剥离	4	100
带/底漆钢剥离	4	100
底漆完全失效（图 3-12）	1	25
底漆部分剥离	2	50
管体大面积锈蚀	1	25
管体局部轻微浮锈	2	50

图 3-11　补口热收缩带下水浸入状况

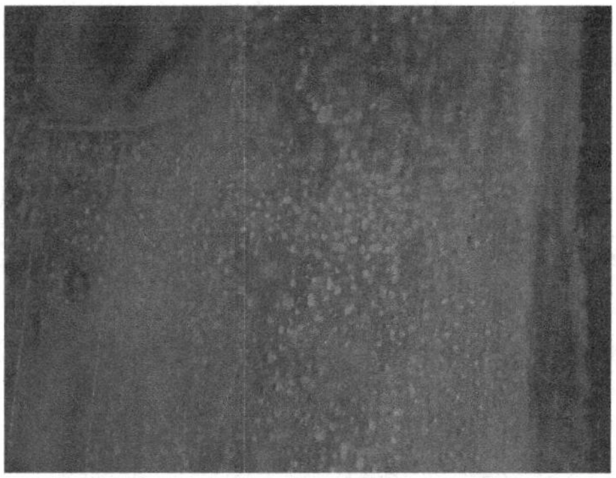

图 3-12　补口底漆全面起泡状况

鉴于发现的问题，采用了防水密封性能优异、黏结力好、现场操作简单方便的黏弹体防腐材料对防腐失效部位进行了修复。

3.4.2　管道补口防腐失效

1998 年投产的东部某长输管道，全长 157km，设计输送能力为 1800×10t/a。管道采用外加电流阴极保护与石油沥青玻璃布防腐层进行防腐保护，环焊缝补口材料为热烤带。2008 年 3 月底，在进站管道在距站口 1.5km 处发生了爆管。

通过对爆管现场实地勘察发现，爆管区域腐蚀面积为 300mm×300mm，管体腐蚀减薄严重，管道壁厚由 7mm 减至 3～4mm，爆裂口呈喇叭状，管壁边缘开裂处的厚度仅为 2.5mm，裂口附近黏附有大量明显剥落的黑色腐蚀物，腐蚀区与未腐蚀区的过渡比较明显。通过对附近管道保护电位的现场测试结果可以看出，爆管现场阴极保护站的恒电位仪工作正常，阴极保护未发生异常情况。

为消除管道腐蚀隐患，保障原油输送安全，对爆管区域内4km长的管段实施开挖检测，发现管道埋深最浅处仅为0.2m，管道上覆土平均厚度为0.5m，均未达到中华人民共和国石油天然气行业标准 SY/T 0420—1997《埋地钢质管道石油沥青防腐层技术标准》规定的相关技术要求。

结合现场管道环焊缝补口剥离检验结果可以看出，原补口防腐材料与沥青玻璃布防腐层及管体均已经发生局部剥离，80%的补口存在大面积腐蚀，腐蚀深度在1～3.5mm。由于补口材料与沥青玻璃布黏结力差且其热膨胀系数不同，受昼夜温差的影响，引起了防腐层的局部剥离，并进而产生管体腐蚀。另外，检测发现腐蚀区域均位于管段向阳一侧，而背阳一侧均未发生腐蚀现象。上述分析结果表明，进站管道的防腐层材料存在黏结性差等质量问题，加之管道埋深过浅，受昼夜温差的影响，致使向阳区域的管体出现严重腐蚀，在突遭站内输油泵因意外停运，管道产生瞬时水击超压（5.8MPa），就引发了爆管事故。

3.4.3　长输管道 3PE 防腐层剥离失效[23]

2015年，在对某长输管道沿线管体3PE防腐层抽检中发现4处管道壁上的环氧粉末层与管道体表面完全分离无黏结力（图 3-13），粉末层失去保护作用。若PE层有破损，土壤中的腐蚀介质将直接腐蚀管体，威胁管道安全运行。

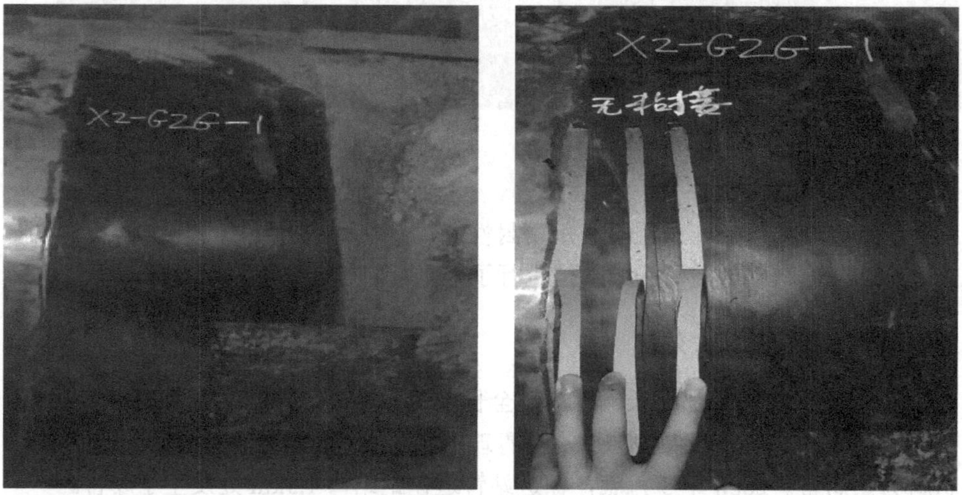

图 3-13　完全剥离的 3PE 防腐层照片

环氧粉末层与管体黏结不佳是造成3PE防腐层失效的主要原因。环氧粉末原材料品质及工厂预制这些环节都可能造成环氧粉末涂层黏结力不佳。

（1）原材料的质量

环氧粉末的配方非常重要，直接影响 3PE 底层与管道金属的黏结性能。对环氧粉末原材料及成品涂层的检测，国外限制含水量，国内是限制挥发分含量，对 3PE 用环氧粉末涂装试片，国内只要求附着力和阴极剥离两项指标，国外还要求断面孔隙率、界面孔隙率、抗 2.5°弯曲，而且国内外阴极剥离实验条件与指标要求各不相同，基本不具备可比性。由于缺乏严格的检测要求及指标，如果加入过多填料的环氧粉末进入涂敷车间，可能使成品管道涂层性能降低。

（2）防腐厂预制环节

防腐厂涂层预制的过程中，涂装工艺的控制影响环氧粉末涂层的质量。

1）表面处理。涂装前管道表面处理是提高涂层性能的关键，除表面喷砂处理等级、锚纹深度等方面影响涂层性能外，表面可溶盐含量、表面灰尘级别也会极大地影响涂层质量。

2）涂装温度。①温度过高的影响。3PE 在涂装前，需要把钢管的温度加热到 200℃以上，但温度过高，环氧粉末固化反应太快，粉末熔化不充分，成膜流平不良，与钢表面的结合能力降低，在胶黏剂包覆前，环氧树脂官能团过度消耗，部分、甚至完全失去与胶黏剂的化学键结合能力。如果温度太高，熔结环氧层甚至可能发生轻度焦化，表现为粉末层颜色变深、发黄。这将导致涂层剥离检验或弯曲检验不合格。

②温度偏低的影响。温度偏低，环氧粉末来不及固化，底层未完全固化将导致涂层阴极剥离检验等不合格。严重时，粉末层没有或基本没有固化，整根管子一段或全部都丧失黏结力。

3.5　油气长输管道的腐蚀控制措施

3.5.1　外涂层技术

国内外对埋地油气钢质管道进行腐蚀控制的普遍方法是采用防腐层和阴极保护的联合保护措施。其中，防腐层是油气管道腐蚀控制的第一步措施，从理论上讲，如果管道金属与周围土壤环境的接触被隔离，则几乎不会发生外腐蚀。因此，合适地选择和使用防腐层能够对大多数钢质管道表面提供必要的保护，在一般的完好涂敷的管道上的保护将超过 99%，再加上阴极保护则可以实现完全保护。要达成完全有效的腐蚀控制措施，油气管道防腐层必须符合以下基本要求：①涂层材料是有效的绝缘体；②涂层没有任何破损，而且在回填后保持无破损；③涂层完好，而且长期保持完好。

另外，美国 NACE 标准 RP0169-2002 也明确提出了管道防腐层所需的理想特性，具体包括：①有效的电绝缘体；②有效的湿气屏障；③可施工性，能以不影响钢管性能的方法涂敷到管道上，并具有最少的缺陷；④与管道表面良好的附着力；⑤抵抗针孔随时间发展的能力；⑥抵抗加工、储存和安装过程中破坏的能力；⑦随着时间推移，保持电阻率基本恒定的能力；⑧耐剥离性；⑨耐化学破坏性；⑩容易修补；⑪物理特性的保持力；⑫对环境无毒害作用；⑬地上储存和长距离运输期间抗变化和老化性。

以上对防腐层的性能要求虽然从理论上来说是可能实现的，但是考虑到使用环境和成本，在实际应用过程中也会或多或少地出现一些问题，需要在后期维护和管理过程中加以重视和进行维修，才能保障油气长输管道的长期安全运行。

1. 我国管道防腐层的发展历程和现状

尽管在 20 世纪 40 年代以前，在我国一些城市的外国租界区内的煤气管道已经采用煤焦油沥青加麻布的外防腐层，但是，国内的管道防腐层材料与技术的研究和应用还是始于 20 世纪 50 年代。

国内的管道防腐层是从石油沥青的应用开始的，始建于 1958 年的我国第一条油气长输管道——克拉玛依至独山子输油管道就采用了石油沥青马蹄脂作外防腐层，直到 20 世纪 70 年代建设的东北输油管道也还是采用石油沥青作外防腐层。这期间，石油沥青防腐层是国内的主要管道防腐层技术，从单一的石油沥青结构逐步发展到与玻璃布复合的多层结构。

从 20 世纪 70 年代开始，国内借鉴国外的管道防腐层技术，先后开展了环氧煤沥青涂料、聚乙烯胶黏带和煤焦油瓷漆等管道防腐材料的研究开发和应用工作，打破了石油沥青防腐一统天下的局面。

20 世纪 80 年代初期，国内开始研制开发和应用了挤压聚乙烯防腐层（2PE）技术及聚氨酯泡沫聚乙烯外护的防腐保温层技术；之后又研制开发和引进了熔结环氧粉末（FBE）及新一代的煤焦油瓷漆等管道防腐材料与技术。

20 世纪 90 年代中期，随着大规模的油气长输管道建设需要，国内引进采用了国际上先进的三层结构聚乙烯（3PE）防腐层技术，目前已成为油气管道外防腐的主要技术之一；90 年代末期，国内又引进了双层熔结环氧粉末防腐层技术和三层结构聚丙烯（3PP）防腐层技术，并得到了工业应用。

为了进一步满足管道防腐层应用的需要，越来越多的新材料和新技术正在不断地被开发和应用，如 100%固体含量的聚氨酯涂料、聚脲弹性体、无溶剂液体环氧涂料等，这些防腐技术将进一步丰富油气管道外防腐层技术的选择范围。

在标准制定方面，美国 NACE 标准 RP0169-2002 中列出的管道外防腐层体系有煤焦油类（coal tar）、石蜡类（wax）、预制薄膜（冷缠胶带）类（prefabricated films）、熔结环氧涂层（fusion-bonded epoxy coatings）、聚烯烃涂层（polyolefin coatings）等。这些管道防腐层技术国外都有配套的技术标准，如 NACE 标准、AWWA 标准、API 标准、德国或加拿大国家标准。NACE 标准 RP0169-2002 中列出的这些管道外防腐层技术，除了石蜡以外，在我国都得到了开发和应用，并实现了防腐材料的国产化。

目前，国内（主要是石油天然气行业）针对油气管道外防腐层技术已经制定了一系列的行业技术标准，涉及的防腐层技术包括石油沥青、环氧煤沥青、煤焦油瓷漆、聚乙烯胶黏带、熔结环氧粉末（FBE）、聚乙烯防腐层（2PE、3PE）等；已经制定 CNPC 企业标准的有双层熔结环氧粉末涂层技术；正在制定行业技术标准的有 100%固体含量聚氨酯防腐涂料。这些标准的制定和实施，促进了相应防腐层技术的应用，但有必要针对实际应用效果和存在的问题不断加以研究完善，进一步确保管道外防腐的长期质量和使用寿命。

2. 管体外防腐层材料

（1）石油沥青

作为国内最早开发应用的埋地管道外防腐层材料，石油沥青防腐层在我国已经有了将近 70 年的应用历史，国内 20 世纪 80 年代中期以前建设的油气管道大部分采用了石油沥青防腐层。该技术为我国油气管道建设和发展发挥了重要作用。

石油沥青具有与钢管良好的黏结力、较好的耐腐蚀性能，而且价格低廉、原材料来源广泛，对施工工艺要求不是很高，配套的管道涂敷工艺技术较为成熟，容易补口补伤，从而成为国内多年来一统天下的埋地管道外防腐层的传统材料。

用作管道外防腐层的石油沥青材料的选用应符合如下规定：当管道输送介质温度低于 51℃时，可采用 10 号建筑石油沥青；当管道输送介质温度为 51～80℃时，应采用管道防腐石油沥青。石油沥青不应夹有泥土、杂草及其他杂物。当管道输送介质温度高于 80℃时，不能采用石油沥青作埋地管道外防腐层材料。

从 1958 年起，参照苏联的技术标准，石油沥青多与玻璃布复合构成管道防腐层体系。根据管道防腐等级的不同，目前行业标准 SY/T 0420—1997《埋地钢质管道石油沥青防腐层技术标准》规定的防腐层结构有三个等级：普通级（三油三布）、加强级（四油四布）和特加强级（五油五布）。一般在涂刷一遍底漆后，交叉涂敷石油沥青、缠绕玻璃布，再涂敷石油沥青。在石油沥青防腐层结构中，石油沥青层主要起防腐蚀作用；而玻璃布则为增强骨架材料，它可以固定防腐层中的沥青，使其受热后能保持固定的形状，并增强抵抗外力破坏的机械性能。

管道石油沥青防腐层的涂装工艺采用手工涂装、半机械化涂装或机械化涂装工艺，根据管道直径、生产批量和施工条件加以选用，各有其优缺点。

石油沥青防腐层虽然有比较成功的应用实例，如克拉玛依至独山子输油管道运行几十年没有发生严重的腐蚀事故；但在多年的应用中，石油沥青防腐层也出现了一些问题，主要包括机械强度低、涂层热老化速度快、耐土壤应力差和使用温度范围有限等，同时施工劳动条件也比较恶劣，环境污染严重。

这些问题的存在使得石油沥青防腐层的应用已经受到较大程度的限制，在目前的管道外防腐蚀工程设计中一般不再推荐使用石油沥青防腐层，如在城镇建设行业标准 CJJ 95—2013《城镇燃气埋地钢质管道腐蚀控制技术规程》中推荐应用的管道外防腐层技术就不包括石油沥青防腐层。

（2）煤焦油瓷漆

煤焦油瓷漆（coal tar enamel）是由高温煤焦油分馏得到的重质馏分和煤沥青，添加煤粉和填料，经加热熬制所得的。它具有黏结力强、绝缘性能好、抗土壤应力、耐阴极剥离及寿命长等优点，有些方面的性能优于石油沥青，如低吸水率、抗微生物侵蚀性、抗植物根茎穿透性、耐老化性能等，在国外用作管道外防腐层有近百年的使用历史。在 20 世纪 80 年代中期以前，煤焦油瓷漆长期占据了国外管道外防腐层材料应用量的首位，随着人类对环境保护要求的日益提高，目前很少得到应用。

埋地钢质管道煤焦油瓷漆防腐层一般由底漆、煤焦油瓷漆、内缠带、外缠带和热烤缠带复合组成。管道煤焦油瓷漆防腐层的涂敷工艺与石油沥青防腐层类似，采用专用涂敷作业线进行热浇涂施工。

煤焦油瓷漆防腐层在国内油气管道上的应用主要是在 20 世纪 90 年代，先后应用于海底管道、沙漠输油管道、靖西输气管道、涩宁兰输气管道（部分）等工程。目前国外的煤焦油瓷漆防腐层一般只用于海底管道、沙漠和沼泽地区的管道建设。

煤焦油瓷漆防腐层的缺点主要包括高温软化、低温发脆、不耐土壤应力、施工劳动条件恶劣、污染环境等，其最大问题在于其对环境的污染和对人员的危害。由于煤焦油瓷漆在材料生产、加热熬制和涂敷过程中挥发出的烟尘含有致癌物质，且气味难闻，影响范围达数千米甚至更远。为此，国内外先后开发和应用了焦油烟气处理系统，降低了有害物质的排放污染，但仍然不能根本解决其环境污染问题，目前应用越来越少。

（3）环氧煤沥青

环氧煤沥青涂料是国外 20 世纪 60 年代发展起来的，国内于 20 世纪 70 年代开始开发和应用。它将环氧树脂优良的物理化学性能与煤沥青的耐水、抗微生物等性能有机地结合起来，具有良好的耐水和耐碱性能，对金属具有较好的黏结性；而且施工简便，特别适用于不便于作业线涂敷的异型管件和阀门等构件的防腐蚀，成为 2000 年前油气管道及市政管网外防腐层的常用防腐材料之一。

按照不同的防腐蚀要求，我国石油天然气行业标准 SY/T 0447—2014《埋地钢质管道环氧煤沥青防腐层技术标准》规定的环氧煤沥青防腐层分为普通级、加强级和特加强级三个等级，分别由一层底漆、数层面漆和（或）丙纶布/玻璃丝布组成。

底漆的作用是牢固地附着在经处理的钢管表面，并与面漆有很好的黏结力，同时具有较好的防锈功能；面漆的主要功能是抵御各种腐蚀介质，起到绝缘和密封作用，同时应满足施工所要求的机械强度和耐环境条件等性能；丙纶布只用于加强级和特加强级防腐层，起增强作用，这种防腐层结构国外没有，是国内移植石油沥青防腐层结构而形成的，以前使用的玻璃布由于实际使用效果不佳，已被丙纶布所替代。

管道环氧煤沥青防腐层在我国的应用已有20多年历史，从应用效果来看，有非常成功的工程范例，也有不少失败的教训。环氧煤沥青防腐层在工程应用中出现的失效现象主要包括：①涂层附着力（包括涂料与基材的附着力和层间附着力）低；②涂层针孔和漏点多，耐击穿电压低；③涂层耐水性差；④涂层的机械强度不足。

造成环氧煤沥青防腐层失效的原因是多方面的，既有材料质量问题，也有施工过程的控制问题。

环氧煤沥青涂料由于生产工艺较简单，成本较低，因此生产厂家较多，竞争非常激烈。市场竞争的最后形成了价格竞争，导致一些厂商为了降低成本而降低涂料中环氧树脂的含量；在溶剂的选择上也要求不严，溶剂纯度不够甚至是采用假冒溶剂。这样生产出来的涂料没有质量保证，无法满足标准要求；前期96版行标中规定使用玻璃布的要求是“宜选用经纬密度为（10×10）根/cm^2、厚度为0.10～0.12mm、中碱（含碱量不超过12%）、无捻、平纹、两边封边、带芯轴的玻璃布卷。”而实际上的市售玻璃布往往存在经纬线较稀、过薄、烂边、含蜡量高等缺点，这样的玻璃布用到防腐层上，很难达到技术标准所希望的目的。

在施工过程中，因操作不当、控制不严等原因，也同样会给涂层留下致命的隐患，分析主要存在以下问题。

1）表面处理不合格。钢管的表面处理质量应至少达到Sa 2级以上，它既可保证较彻底地除去钢管表面的锈蚀及氧化层，又能使涂料与钢管有足够的黏结界面，可保证涂料具有较好的附着力。但在实际施工过程中，有的承包商为了加快进度、降低成本，采取的办法是只对钢管进行简单喷扫，或者只做到管端达标，或者采用不洁河砂处理，这就使得实际表面处理质量达不到标准要求。

2）涂敷间隔时间不够。按照标准要求，前一道漆实干后、固化前才能涂后一道漆，也就是前一道漆的溶剂挥发完后才涂下一道漆，这样有利于减少涂层针孔。但这样一根防腐管的预制需要2天以上才能完成，施工单位为了加快施工进度，缩短各道漆涂敷的时间间隔，使得防腐层的连续致密性不够。

3）涂料用量偏低、涂层厚度不够。对于一些采用环氧煤沥青涂料防腐的管道，由于腐蚀穿孔，在开挖时，除发现存在防腐层破损、剥离现象外，还发现有相当一部分涂层厚度不够，玻璃布网眼清晰可见。涂层过薄、用料量过低，不论在抗介质渗透方面还是在抗机械损伤方面，都不能满足要求。

为了保证环氧煤沥青防腐层的使用质量，除了严格执行现行技术标准、选用合格的防腐涂料、控制施工条件、加强涂敷过程的质量监控外，还应该从环氧煤沥青涂料的改进研制和涂层结构等方面下工夫，从而进一步修订和完善有关的技术标准。

（4）熔结环氧粉末防腐层（FBE）

熔结环氧粉末涂料是由固态环氧树脂、固化剂、颜填料及多种助剂经混炼、粉碎加工而成的热固性粉末状防腐材料。通过静电喷涂、加热熔融黏结到钢管的表面并固化成熔结环氧粉末防腐层（FBE）。

FBE 防腐层最早于 1961 年由美国研究开发成功并应用于管道防腐工程，之后在许多国家得到进一步的开发和应用。由于 FBE 防腐层具有优良的黏结性、抗腐蚀性、耐阴极剥离性、耐老化性、耐土壤应力等，使用温度范围宽（普通熔结环氧粉末为–30～100℃；有的新产品可达 120℃；目前正在研究耐 150℃甚至更高温度的 FBE 防腐层新技术），因此成为国内外管道内外防腐层技术的主要体系之一。尤其在北美地区，FBE 防腐层是管道外防腐的首选技术，据美国 *Pipeline Digest* 1997 年报道的统计调查结果表明，在 14 次管道防腐层用量年度调查中，FBE 防腐层的用量 10 次居首位。

国内从 20 世纪 80 年代在石油行业开始研究和应用 FBE 防腐层技术，到 90 年代才得到大规模应用。1997 年首次颁布了管道 FBE 防腐层的石油天然气行业技术标准（SY/T 0315—1997），2005 年和 2013 年又分别对该技术标准进行了两次修订改版，进一步做到与相关国际标准接轨，并提高工程应用质量。

FBE 防腐层为一次成膜防腐结构，按照技术标准 SY/T 0315 的规定，防腐层分普通级（涂层厚度：300～400μm）和加强级（涂层厚度：400～500μm）。FBE 采用静电喷涂工艺，涂敷工艺流程包括钢管预热、抛丸除锈、中频加热、粉末静电喷涂与固化、水冷却及质量检验等。

20 世纪 90 年代以来，FBE 涂层已在鄯乌管线、库鄯线（部分）、沧淄线、甬沪宁成品油管线、西南成品油管线（部分）、忠武线（部分）及北京和上海等城市的天然气输送管道工程、航空煤油管线工程，还有油气田的集输管线、城市管网建设中得到了大量的应用，取得了较好的应用效果，但也暴露出了一些问题，主要包括：防腐管预制过程中产生的针孔漏点多；储存、运输及安装施工过程中造成的涂层损伤缺陷多等。究其原因，一方面是环氧粉末防腐涂料及施工的控制不严格造成的；另一方面也与后期的吊装、运输、安装过程保护不当有关，应该进一步调研了解和学习北美地区使用 FBE 防腐管的相关技术措施和做法，改善技术标准的具体要求，促使熔结环氧粉末涂料和涂敷工艺控制的质量得到提高；同时加强防腐管出厂后的吊装、运输和安装等过程中对防腐层的保护措施，来确保油气管道环氧粉末防腐涂料及涂层的应用质量。

（5）聚乙烯防腐层（3PE/2PE）

管道聚乙烯防腐层技术是指通过挤压包覆或缠绕聚乙烯获得管道外防腐层的技术。目前，这种防腐层技术包括 2PE、3PE 及三层聚丙烯防腐层（3PP），是目前国内管道外防腐的主要技术体系之一，尤其是 3PE 技术得到十分广泛的应用。

最早的管道聚乙烯防腐层技术是 20 世纪 50 年代由美国公司研制成功，之后逐渐在世界上许多国家得到发展和成功应用。我国是在 20 世纪 80 年代开始应用 2PE，俗称“夹克防腐层”，其底层为胶黏剂，主要起黏结作用；面层为挤压聚乙烯，主要起机械保护与防腐蚀作用。过去采用的胶黏剂通常为丁基胶或 EVA 型热熔胶，经过加热熔融后涂敷到钢管上，与钢管黏结，并在热熔胶的熔融状态包覆聚乙烯面层。这种防腐层的剥离强度较低，尤其是热熔胶对温度变化十分敏感，高温融化、低温脆化，而失去黏结力，使用效果不十分理想。随着黏结材料技术的进步，从 20 世纪 90 年代末开始，在两层结构聚乙烯防腐层中也采用硬质共聚物胶黏剂，通过熔融挤出缠绕或包覆到钢管上，同时涂敷聚乙烯面层。不仅提高了聚乙烯防腐层的剥离强度，而且较好地解决了耐温变性能差的问题，在较高和较低温度下都有很高的剥离强度，扩大了 2PE 的应用范围。在重新修订的石油天然气行业标准 SY/T 0413—2002《埋地钢质管道聚乙烯防腐层技术标准》中，已经将 2PE 的胶黏剂规定为共聚物胶黏剂，并已在工程中得到应用。

3PE 是在 2PE 的基础上，由欧洲国家于 20 世纪 80 年代研究开发并成功应用的，是当今世界上先进的管道防腐层技术之一。我国从 1995 年开始引进 3PE 防腐层涂敷技术，已在陕京管线、库鄯管线、涩宁兰管线、兰成渝管线、忠武管线、西气东输管线和陕京二线等一系列重大管道建设项目中得到应用，并取得了很好的应用效果。随着三种防腐层原材料的全部国产化，以及管道防腐业的快速发展，国内相继建成了数十条 3PE 防腐作业线，3PE 的价格也较最初下降了 30%以上，使得 3PE 已经成为国内大型或重要管道工程首选的外防腐层技术，在城市管网和油气田内部集输等工程中也得到了普遍应用。

3PE 由以下三层组成：底层为熔结环氧涂层；中间层为胶黏剂；面层为挤塑聚乙烯，按照国标 GB/T 23257—2009 的规定，防腐层等级及厚度见表 3-3。

表 3-3　3PE 防腐层的等级和厚度

钢管公称直径 DN	环氧涂层/μm	胶黏剂层/μm	防腐层最小厚度/μm	
			普通级	加强级
DN≤100	≥120	≥170	1.8	2.5
100＜DN≤250			2.0	2.7
250＜DN＜500			2.2	2.9
500≤DN＜800			2.5	3.2
DN≥800			3.0	3.7

在三层结构中，环氧底漆的主要作用是：形成连续的涂膜，与钢管表面直接黏结，具有很好的耐化学腐蚀性和抗阴极剥离性能；与中间层胶黏剂的活性基团反应形成化学黏结，保证整体防腐层在较高温度下具有良好的黏结性。中间层通常为共聚物黏结剂，其主要成分是聚烯烃，目前广泛采用的是乙烯基共聚物胶黏剂。共聚物胶黏剂的极性部分官能团与环氧底漆的环氧基团可以反应生成氢键或化学键，使中间层与底层形成良好的黏结；而非极性的乙烯部分与面层聚乙烯具有很好的亲和作用，所以中间层与面层也具有很好的黏结性能。聚乙烯面层的主要作用是起机械保护与防腐作用，与传统的二层结构聚乙烯防腐层具有同样的作用。3PE 综合了环氧涂层和挤压聚乙烯两种防腐层的优良性质，将环氧涂层的界面特性和耐化学特性，与挤压聚乙烯防腐层的机械保护特性等优点结合起来，从而显著改善了各自的性能。

3PE 必须在生产作业线上进行连续的涂敷生产完成，主要的工艺步骤包括钢管预热、抛丸除锈、中频加热、环氧粉末喷涂、胶黏剂挤压缠绕或包覆、聚乙烯面层的挤压缠绕或包覆、防腐层辊压、水冷却和管段切割打磨等。

3PP 防腐层的结构原理和涂敷工艺与 3PE 是一致的，两者的主要差别在防腐层的使用温度：3PE 防腐层只能适用于 80℃以下的管道外防腐；而 3PP 防腐层可以适用于 120℃以下的管道外防腐。中石油在苏丹承建的输油管道就采用了 3PP 防腐层，来抵御当地的高温环境条件。

（6）聚乙烯胶带防腐层

聚乙烯胶带是以聚乙烯薄膜为基材，复合一层丁基胶或 EVA 等胶黏剂而成。目前石油天然气行业标准 SY/T 0414—2007 中规定的聚乙烯胶带防腐层由底漆、防腐胶黏带（内带）和保护胶黏带（外带）构成。根据管道防腐的需要，通过缠绕不同层数的胶黏带可以组成不同等级的聚乙烯胶带防腐层，包括普通级、加强级和特加强级。

聚乙烯胶带具有绝缘性能好、吸水率和湿气渗透率低、无污染等优点，采用冷缠施工，简单易行，可采用机械缠绕或半机械化缠绕，特别适合于现场防腐涂装。国内外极少用聚乙烯胶带作新建管道的外防腐。国内早期曾用于新建管道外防腐，目前主要用于旧管道外防腐层修复，以及弯头、阀门等异性件的外防腐蚀。

在施工要求方面，为保证质量，石油天然气行业标准 SY/T 0414—2007 对施工进行了具体规定，主要包括：①宜使用专用缠绕机或手动缠绕机进行缠绕施工；②在缠绕胶黏带时，如焊缝两侧可能产生空隙，应采用胶黏带制造商配套供应的填充材料填充焊缝两侧；③螺旋焊缝管缠绕胶黏带时，胶黏带缠绕方向应与焊缝方向一致；④按照预先选定的工艺，在涂好底漆的钢管上按照搭接要求缠绕胶黏带，胶黏带始末端搭接长度应不小于 1/4 管子周长，且不少于 100mm，两次缠绕搭接缝应相互错开；⑤搭接宽度遵照设计规定，但不应低于 25mm；⑥缠绕时胶黏带搭接缝应平行，不得扭曲皱褶，带端应压贴，使其不翘起。

国内外的应用表明聚乙烯胶带防腐层的主要缺陷为耐土壤应力差、易起皱变形，而且起皱变形的速率与管径和土壤条件有关。其最大的缺陷在于老一代的聚乙烯胶带的黏结性能较差，尤其是对聚乙烯背材的剥离强度低，搭接部位容易进水，同时由于聚乙烯胶带防腐层的阴极保护屏蔽效果，导致防腐层下的严重腐蚀甚至是应力腐蚀开裂。

近几年，国内外的聚乙烯胶带有了以下主要的较大改进和提高。

1）通过改善聚乙烯内带的机械强度，多数厂家推荐的聚乙烯胶带防腐层不再加保护外带，通过增加聚乙烯胶带的搭接层数来调整防腐层等级，简化了现场的施工管理和质量控制。

2）改进和提高了胶黏剂层的质量，特别是与聚乙烯背材黏结力低的问题得到了大幅度的改善，采用的厚胶层具有较好的自愈性，可以弥补局部损伤的漏点，克服了胶带防腐层容易进水的缺点。

3）研制采用了带有增强纤维的聚丙烯防腐胶带，可用于要求抗冲击强度较大的场合，扩大了胶带防腐层的应用范围。

（7）新型管道防腐层技术

由于油气长输管道面临的环境千差万别，尚无一种“万能材料”可以满足所有管道的防腐需求。针对不同的建设需要，研究人员还在不断探索和研究各种新型的管道防腐层技术，既有对已有技术的改进提高，也有完全创新的新技术，主要包括以下几种。

1）双层熔结环氧粉末防腐层。针对管道单层熔结环氧粉末防腐层在工程应用中存在抗冲击强度不足和耐划伤性能比较差的问题，美国的杜邦公司于1992年推出了管道双层熔结环氧粉末防腐层系统（DPS），并逐步应用于美国、英国和沙特阿拉伯等国家的管道工程中，至1998年双层熔结环氧粉末防腐层体系涂敷长度已达700km，包括美国定向钻穿越阿拉斯加河流管道。近年来，国内也有多家单位研究开发了双层环氧粉末材料及其工程应用技术，并在管道工程中进行了实际应用，包括甬沪宁管道工程长江穿越段、西气东输管道和忠武管线的弯头防腐等都采用了双层环氧粉末防腐层。

双层环氧粉末防腐层（DPS）同样属于熔结环氧粉末涂层，它是由两种不同特性的热固性环氧粉末在喷涂过程中一次连续涂敷成膜而成，其中底层采用普通环氧粉末涂料，主要是提供防腐层的防腐特性；面层采用增塑型环氧粉末涂料，主要提供优异的抗机械损伤性能，从而在保持单层环氧粉末防腐层优良特性的基础上，增强了防腐层的抗冲击、耐划伤能力、耐高温能力（最高使用温度达115℃）及抗渗透性。这种防腐层的涂敷工艺与单层熔结环氧粉末涂层相似，只是需要增加一套环氧粉末喷涂系统，两套静电喷涂系统连续进行喷涂，中间存在一个交叉过渡区，以确保两层环氧粉末完全融合为一体。

对于管道双层环氧粉末防腐层，目前尚未有国家标准或行业标准出台，只是有一些公司编制了企业标准。国内现行的标准为中国石油天然气集团公司企业标准《埋地钢质管道双层熔结环氧粉末外涂层技术标准》（Q/CNPC 38—2002）。

从国内目前采用进口材料的应用情况来看，双层环氧粉末防腐层整体应用性能较好，但由于是厚涂层（普通级涂层厚度≥600μm、加强级涂层厚度≥800μm），成本相对较高，因此目前主要用于弯管等特殊部位，需要在后续的研究应用中进一步进行改善。

2）无溶剂喷涂聚氨酯/聚脲防腐层。喷涂聚氨酯和聚脲都属于 ASTM D16 标准定义的第五类聚氨酯涂料，国外自 20 世纪 70 年代开始研究，并逐步得到推广应用，国内于 20 世纪 80 年代初开始引进和开发研究相关材料技术，并逐步推广到管道外防腐工程的应用。例如，在港沧输气管线大修工程和陕京二线热煨弯头的外防腐工程中就采用了无溶剂喷涂聚氨酯防腐层；大庆油田建立了管道外防腐聚脲涂层涂敷作业线，涂敷的聚脲外防腐层管在大庆油田采油厂进行了应用。

无溶剂喷涂聚氨酯涂料和聚脲涂料通常都包括多异氰酸酯溶液和多元醇溶液两个组分，当两种组分混合时，反应形成聚氨酯涂层，其反应过程是快速的、放热的化学聚合反应过程，即在很低的环境温度及湿度很高的条件下，涂层仍能快速固化。由于涂料的两种组分在反应中可全部转换成涂层，不含有挥发成分，因此具有很好的环保性能。聚氨酯或聚脲防腐层属于厚涂层，通常要求在 800μm 甚至 1mm 以上才能获得良好的防腐性能。根据不同的实际需要，可以配制成刚性的硬质涂层，也可以做成柔性的弹性体涂层。这两种涂料都需采用专用机具喷涂施工，目前这种喷涂机具主要依靠进口。由于喷涂作业方便，更加适合于管道补口及管件，如弯头、异形件的喷涂防腐。从应用情况来看，这类涂层用于管道外防腐的某些性能还有待进一步提高，如黏结性能等。

3）聚乙烯粉末防腐层。管道聚乙烯粉末防腐层是将改性的聚乙烯粉末材料通过喷淋方式涂敷在加热旋转的钢管表面，使其加热融化，利用熔融流体的自然流淌性能，均匀地附着在钢管表面，经过冷凝后形成致密的防腐层。

从 20 世纪 80 年代开始，这项技术主要在日本得到了应用和推广，包括川崎制铁株式会社、三菱公司和久保田铁工株式会社，它们分别研发了聚乙烯粉末的淋涂技术和内衬涂敷技术，主要用于长输管道和城市管网集输管道的腐蚀防护。1993 年河北宣化防腐钢管总厂从日本引进了第一条聚乙烯粉末热涂生产线，具备了生产聚乙烯防腐管 100 万 m^2/a 的能力。

与熔结环氧粉末防腐层相比，聚乙烯粉末属于热塑性材料，其涂敷不是采用静电喷涂工艺，而是靠粉末的重量由上而下的淋涂，形成“瀑布”状涂敷方式完成。与 3PE 防腐层相比，聚乙烯粉末的涂敷不需要挤出设备，也不需要辅以底层的环氧涂层和胶黏剂层，而是靠其自身与钢管直接黏结，形成完整的防腐层，可以较好地保证焊缝等突出部位的防腐层厚度。但是由于涂敷技术目前尚不完善，没有形成连续的作业流程，特别是空气冷却床占用较大空间，且需要较长时间，成为制约该技术应用推广的瓶颈。因此目前国内的聚乙烯粉末防腐层只在小口径管道和异形件上得到了少量应用，需要进一步进行研究扩大其应用范围。

目前，管道外防腐层技术种类较多，各种外防腐层都有其优良的技术特性和适用范围，也有其特定的不足和问题，没有适用于所有环境条件的万能管道外防腐层技术。对于具体管道工程的外防腐来说，应根据管道的运行条件、土壤状况、施工环境、输送工艺和管道设计寿命等，再结合具体的施工方法、经济性及环境保护要求等因素综合考虑。

3.5.2 补口防腐材料

与管体防腐材料的发展历程相匹配，我国长输管道补口防腐材料先后经历了石油沥青补口、环氧煤沥青补口、聚乙烯胶黏带补口、熔结环氧粉末涂料补口等阶段，目前已经发展到以聚乙烯热收缩带为主的补口施工方式。

聚乙烯热收缩带主要应用于埋地及架空钢质管道的防腐保温层补口，由辐射交联聚烯烃基材和特种密封热熔胶复合而成。基材是聚乙烯原料经挤出、辐射交联、拉伸而形成的塑料片材。热熔胶是一种特种胶黏剂，在常温下呈固态，加热呈熔融态可以流动，能够涂布在基材上，对金属和塑料均有良好的黏结力。除了热收缩带主体，还配有胶条和固定片。

聚乙烯热收缩带在加热安装时，基材在径向收缩的同时，内部复合胶层熔化，紧紧地包覆在补口处，与基材一起在管道外形成了一个牢固的防腐体，具有机械强度高、抗老化能力强、耐环境应力性能好、黏结性能优异、使用方便等特点，施工也较为方便。

聚乙烯热收缩带的相关技术标准主要包国家标准 GB/T 23257—2009《埋地钢质管道聚乙烯防腐层》和 SY/T 0415—1996《埋地钢质管道硬质聚氨酯泡沫塑料防腐保温层技术标准》等。

自 20 世纪 90 年代国内第一条长输天然气管道——陕京输气管道建成以来，国内主要的油气长输管道几乎全部采用了三层聚乙烯外防腐层，其补口材料主要采用聚乙烯热收缩带，热收缩带已成为目前国内埋地钢质管道外防腐层补口的首选材料。虽然整体防腐效果较好，但在近年来对在役管线的开挖检测中发现了一些由于热收缩带补口失效导致的管体腐蚀现象，特别是处于干湿交替且土壤腐蚀性较强环境中的管线，其补口失效率较高，需要进一步开展热收缩带补口施工机具、材料及配套技术研究，实现管线补口作业的机械化流水作业，以保证管道防腐层补口的施工质量，提高管线施工的整体质量和新建管线的完整性。

除热收缩带补口技术外，无溶剂喷涂聚氨酯及聚脲补口技术、黏弹体等补口技术也是可选的补口技术之一，但由于技术自身的限制，尚未得到大规模工业应用，需要进一步探索研究相关技术的适用性。

3.5.3 阴极保护技术[24, 25]

阴极保护就是将被保护金属作为阴极，施加外部电流进行阴极极化以减少或防止其腐蚀的一种方法。长输油气管道阴极保护技术可分为外加电流和牺牲阳极两种。长输管道保护距离长，保护对象单一，近年来主要采用外加电流阴极保护方法，在地质条件恶劣的情况下，如穿跨越段、穿越冻土层，会采用牺牲阳极保护方法。站场被保护体包括埋地管道、接地和各类金属构筑物，所需电流量大，通常也采用外加电流阴极保护方法，在局部复杂区域会采用牺牲阳极对保护电位进行补充修正。

（1）站场区域阴保系统阳极地床类型概述

站区内阴保系统按照牺牲阳极方式和外加电流方式分类，阳极地床类型主要有四种，分别是牺牲阳极、深井阳极、浅埋阳极和柔性阳极。

牺牲阳极是将一种比被保护金属电位更负的金属或合金与被保护的金属电连接。在介质中，牺牲阳极因较活泼而优先溶解，释放出电流供被保护金属阴极极化，实现保护。

深井阳极通常是指阳极埋深大于 15m 以下的竖直阳极，主要适用于地表空间狭小或地表土壤电阻率高的站场，其特点是保护距离范围广，地床引起的地表电位梯度小。当阳极地床周围空间受到限制时，使用深井阳极地床，可获得浅埋式阳极地床所不能得到的保护效果。其缺点是施工复杂、技术要求高、单井造价较高。

浅埋阳极地床是指一支或多支阳极垂直（或水平）安装于地下 1m 或更深的土壤中，以提供阴极保护的阳极地床，常用于土壤电阻率较低的地区。浅埋阳极地床的优点是保护范围较大、经济、保护装置寿命长、施工简单；缺点是受地形限制。

柔性阳极也称聚合物阳极，它是在铜芯上包覆导电聚合物而构成的连续性阳极，铜芯起导电作用，而导电聚合物则参与电化学反应，由于铜芯具有优良的电导性，因此一套阴极保护系统中柔性阳极可以沿着管道铺设数千米。聚合物阳极在土壤中使用时，需在其周围填充焦炭粉末而构成阳极地床。与其他阳极相比，其工作电流密度很低，因此可以提供均匀有效的保护。柔性阳极特别适合应用于涂层严重破坏、受屏蔽的复杂埋地钢结构的保护及高电阻率的土壤中。但其填料袋在运输和施工过程中很容易受到破坏，导致填料漏失，漏出导电橡胶，导电橡胶如果开裂，将直接导致铜芯电缆的迅速腐蚀，致使系统过早失效。

从站场区域阴保系统采用不同阳极地床类型的测试数据来看，采用柔性阳极方式被保护体（包括埋地管网和其他金属构筑物）电位分布最均匀，电流流失最小，但柔性阳极地床施工最复杂，特别是要防止柔性阳极与埋地管线及接地系统形成搭接；浅埋阳极方式阴极保护电流漏失率较低，保护电位分布较均匀；使用深井阳极地床阴极保护电流漏失率比较严重。

（2）牺牲阳极地床形式优缺点和使用条件

牺牲阳极法是由一种比被保护金属电位更负的金属或合金与被保护的金属电连接所构成的。在介质中，牺牲阳极因较活泼而优先溶解，释放出电流供被保护金属阴极极化，实现保护。

（3）常用牺牲阳极材料

1）镁阳极。镁具有较高的化学活性，其标准电极电位为–2.37V（E_H）。镁的特点是密度小、电位负、极化率低、单位质量发生电量大，是牺牲阳极的理想材料，不足之处是电流效率低，一般只有 50%左右。

2）锌阳极。锌是使用最早的牺牲阳极，其标准电极电位为–0.76V（E_H）。锌的腐蚀与介质的 pH 有关。当 pH＜6 时和 pH＞12 时，锌的腐蚀率较大；而在 pH 为 6～12 范围内，锌的腐蚀率较小。在腐蚀介质中，锌阳极与铁的有效电位差不大，但是锌阳极具有高的电流效率。

3）铝阳极。铝阳极有很高的电化学当量，单位质量的铝阳极可以产生更多的电流。铝的标准电极电位为–1.66V（E_H）。理论上来说，铝是一种很好的牺牲阳极材料。但是，铝表面极易钝化，在表面形成一层保护性很好的氧化膜。因此，一般需在铝阳极中添加合金，促使表面活化，使铝合金阳极具有较高的电位和较高的电流效率。

（4）阳极种类选择

通常根据环境的电阻选择牺牲阳极的种类，再根据保护电流的大小来选取阳极的规格。土壤中牺牲阳极的选择原则见表 3-4。

表 3-4　土壤中牺牲阳极种类的选择原则

可选阳极种类	土壤电阻率/（Ω·m）
带状镁阳极	100～150
高电位镁（–1.7V）	60～100
镁	40～60
镁（–1.5V）	＜40
镁（–1.5V），锌	＜15
锌或 Al-Zn-In-Si	＜5（含 Cl^-）

注：表中电位均相对于 Cu/饱和 $CuSO_4$。

土壤介质中一般不使用铝阳极，多用镁阳极。使用中，对阳极形状的选择依据保护对象、环境而变化。土壤环境中多用棒状阳极，截面有梯形和D形。

当土壤电阻率大于60Ω·m时，应选用高电位镁阳极；大于100Ω·m时应采用带状镁阳极，以保证埋地管道能充分得到保护。当土壤电阻率大于150Ω·m时不宜采用牺牲阳极地床形式。

（5）阳极安装方式

1）阳极地床构造。为保证牺牲阳极在土壤中性能稳定，阳极四周要填充适当的化学填包料，其作用有：变阳极与土壤接触为阳极与填料接触，改善阳极的工作环境；降低阳极接地电阻，增加阳极输出电流；填料的化学成分有利阳极产物的溶解，不结痂，减少不必要的阳极极化；维持阳极地床长期湿润。

2）阳极地床布置。牺牲阳极的分布可采用单支或集中成组两种方式，阳极埋设分为立式、水平式两种，埋设方向有轴向和径向。阳极埋设位置一般距离管道（金属构筑物）外壁3～5m，最小不宜小于0.3m，埋设深度以阳极顶部距离地面不小于1m为宜（对于北方地区，必须在冻土层以下）。成组埋设时，阳极间距以2～3m为宜。

牺牲阳极组在管道上的间距，对于长输管道为1～2组/km，对于站内管网以200～300m一组为宜。

（6）牺牲阳极地床形式优缺点和使用条件

牺牲阳极地床施工方便、维护简单、占地少，但是存在电流效率低、输出电流不可调、使用寿命短、保护范围有限的缺点，且不适用于电阻率高的区域。

根据SY/T 6964—2013《石油天然气站场阴极保护技术规范》条款，当被保护的地下短管不存在与绝缘性能差的构筑物电连接、管道6m范围内也没有屏蔽性的金属构筑物、塑料、木头、混凝土时，可以采用牺牲阳极进行保护。因此，在对较小的分输站、清管站、阀改站进行阴保系统新建或改造施工时，若站内无合适可利用电源且土壤电阻率较低时，可选用牺牲阳极地床形式。

（7）深井阳极地床形式优缺点和使用条件

深井阳极可有效地均衡保护电流分布、避免屏蔽和最大限度地消除干扰，尤其当地表空间小或地表土壤电阻率高时，深井阳极因其接地电阻小、占地少的优势是一个很好的选择，但是必须要有合适的地质结构和地层条件，阳极应尽量放置在低土壤电阻率的土壤层中，被保护结构体与阳极之间不能有高电阻率岩石层。为使阴极保护电流较为均匀地流至保护体，阳极井距保护体位置要适中，其深度应在20m以下。需要注意的是深井阳极的应用并非越深越好，除了地质结构和地层条件的限制外，无疑还应考虑经济性和施工难度，因此深井阳极的设计存在最佳的埋深范围，目前多根据经验确定。

深井阳极对地质条件有要求，施工较复杂，维修更换困难，费用高；易对站内其他阴保系统和站外管线阴保系统造成干扰，对结构密集区域作用有限。

（8）浅埋阳极地床形式优缺点和使用条件

浅埋阳极地床可根据设计分布调整站内电流分布，使各个位置的埋地管道和金属构筑物都能受到良好保护，该地床形式对环境条件要求较低，施工也较深井阳极简单，开挖量较小，可以采用水平分布，也可以采用立式分布。其造价较深井阳极地床和柔性阳极地床的造价低。浅埋阳极地床的辅助阳极一般选用预包装好的高硅铸铁阳极，可直接埋设，不用再铺设焦炭。浅埋阳极埋设深度一般应与管道埋深相同或接近。

浅埋阳极设计较为复杂，尤其针对站内埋地管网数量多、分布复杂的压气站，往往需要设计多组阳极地床，因此容易对临近的金属构筑物造成干扰，阴极保护电流也易通过站内接地流失，造成部分埋地管道欠保护。

在进行浅埋阳极地床设计时，应充分考虑到埋地管道的分布情况和所需电流大小，必要时可以开展馈电实验，阳极埋设位置宜远离接地极，而且每组阳极宜配置电流调节设施。

（9）柔性阳极地床形式优缺点和使用条件

当前，柔性阳极地床通常选用贵金属氧化物（MMO）系列阳极，它是基于 MMO 阳极芯的柔性阳极产品，其适用于站场区域性阴极保及储罐底板外侧的阴极保护，并可应用于石方段等特殊区段的埋地管道阴极保护。MMO 系列柔性阳极与基于导电聚合物的柔性阳极相比具有抗初始化大电流冲击能力强，以及使用寿命长和电流输出能力更强的优点。在设计使用 20 年的前提下，MMO 柔性阳极可提供最高达 $1500mA/m^2$ 的电流输出，以保证更为广泛范围内的阴极保护。

柔性阳极地床与传统的分布式浅埋阳极地床相比，具有电位电流分布均匀、对其他埋地非保护对象干扰小和对较大涂层漏点保护电流供给能力更强的优点，并且可以有效抑制干扰和屏蔽问题。但是其造价高，对施工要求高，接头处易断开。因此，柔性阳极地床适用于站场管道同期建设，对于在运行中的站场阴保改造，采用柔性阳极工程量较大。

3.5.4　防腐修复技术

1. 管体防腐修复技术

为保证在役油气管道的长期安全运行，在管道遭受腐蚀、损伤，管壁剩余强度低于可接受剩余强度之前，应根据管道缺陷的类型和损伤程度，及时采取合理的管道补强修复措施，以消除安全隐患，保证管道的安全运行。

目前，在发现管道腐蚀后对管道的处理通常采用降压运行、补强修复、更换管道和废弃四种方法。

其中，补强修复是对腐蚀管道进行补强修复，是最常见的现场工程处理方法。

由于对外部腐蚀管道进行补强修复具有的良好的经济、社会效益，外腐蚀管道的补强修复技术在近年来已经成为国内输油气公司研究的重要内容。目前国内对管体缺陷，通常采用补焊、补板、管卡、环氧套筒和复合材料等方法进行补强修复。

更换管道法是指将管道缺陷部分整体割下并换上另一段新管道，新换上这段管道的材质等级应不低于原管道。更换管道法修复管道最大的优点是可以彻底解决被更换段管道的所有缺陷；但施工时须进行管道开挖，同时须停止输送、放空，影响生产。更换管道法适用于管道长距离严重腐蚀、焊缝开裂及管道断裂等无法使用其他方法进行修复的管段。

以上方法中，目前大量采用的是补强修复技术，针对存在机械损伤或腐蚀缺陷而尚未泄漏的管道，主要的修复技术包括堆焊、打补丁、打套袖、夹具、环氧填充套筒法、复合材料修复等几类。其中，传统管体缺陷修复技术（如焊接、补丁等），常常难以完全满足大面积、程度严重、数量庞大的管体缺陷修复任务。环氧填充套筒法、复合材料修复技术（主要包括预成型法和湿缠绕法），具有补强效果好、无需停产修复等优点，目前已成为管道修补技术的重点发展方向。

（1）补焊

补焊是国内使用较多的管壁腐蚀修复方法，采用该方法修复对腐蚀的深度有一定要求。对于深度大于 2.5mm 的点蚀和深度大于 2mm 的大面积腐蚀，为防止焊穿管壁，不能采用补焊进行修复。当腐蚀面积较大时，也不宜进行补焊。

对输油管道管体补焊时，要求修复时压力降至工作压力的 0.5 倍以下；对输气管道，需将压力降至工作压力的 0.4 倍以下。

（2）补板

补板为国内常用的管道修复方法，适用于修复面积不大的腐蚀或直径小于 8mm 的腐蚀孔、长度小于管道周长 1/6 的裂纹及其他不宜进行换管的管体缺陷。补板虽然在国内应用普遍，但存在一定的安全隐患。其原因是补板的角焊缝的焊接强度达不到要求。

（3）管卡修复

对于直径小于 8mm 的腐蚀穿孔、油压较低和不停输或不允许长时间停输的管道可进行管卡修复。安装管卡前，先用熔断丝或削成圆锥形的木塞堵住泄漏孔，然后将一块硬质橡胶垫粘在泄漏孔上，最后安装管卡，并用螺栓拧紧。

（4）复合材料修复

20 世纪 80 年代由美国开始研究，90 年代投入实际工业应用，在 1998 年开始全面推广，其设计和检验均采用 ASME B31.8-1999 的标准。对于修复用复合材料，美国天然气研究协会（GRI，现称美国天然气技术协会）要求用于高压天然气管道的复合补强材料的抗拉伸强度不得小于 310MPa，弹性模量不得小于 3.4×10^4MPa，还必须满足施工简单、安装质量一致性好的要求。美国交通运输部（DOT）要求用于高压天然气管道的复合补强材料，必须经过权威部门长期可靠的工程测试和分析（使用寿命大于50年）恢复缺陷部位管道的强度。与传统的焊接、补板等管道修复方法相比，复合材料修复技术具有作业简便、快速，不需要大型专用设备，且无需焊接等优点，日前已在陕京线、西南油气田公司部分管道及管道分公司部分管道上使用。

（5）环氧套筒修复

在管道的缺陷位置，现场将两个直径比待修复管道略大的钢壳连接在一起，将两端用特殊材料密封后注入环氧树脂，充满管道与套筒之间的空隙。待环氧树脂完全固化后，打磨掉套筒表面的螺栓和通风管即可。对于较长的缺陷特别是焊缝缺陷，环氧套筒是一种有效的修复选择。环氧套筒的施工需要动用大型的机具，修复后等待固化的时间也比较长。

当管道出现缺陷时，管道运行及维护人员需要对发现的缺陷进行正确的判断，确定是否需要进行修复或换管。面对众多具有各自优缺点的修复技术进行选择时，对每一种修复技术在使用时存在的风险及修复效果，应该有一个清晰的认识。在进行修复方法选择时，修复的有效性、安全性、可否直接应用及经济性是依次应该考虑的因素。

1）修复的有效性：修复的有效性是指采用修复技术进行管道缺陷修复，对恢复管道强度、保障管道安全运行的能力。

2）修复的安全性：换管的风险与新管道施工存在的风险是一样的；全封闭焊接钢质套筒和补焊存在的风险包括焊穿、裂纹和明火作业具有的风险；相比而言，复合材料和环氧套筒是最安全的修复选择。

3）可否直接应用：在进行修复方法选择时，修复技术可否直接使用是很重要的衡量目标。焊接钢质套筒的制造和安装都比较费时，在需要紧急修复时，螺栓紧固夹具和环氧套筒比焊接套筒有优势；在某些情况下，补焊可能也是一种快速和有效的修复方法。

4）修复的经济性：由于修复后管道的使用年限一般不会很长，因此，修复的经济性也是应该考虑的一个重要因素，应结合管道的运行环境和使用年限要求选择最为经济的修复方法。

2. 补口修复防腐材料

为解决埋地管道补口防腐层的失效问题，国内外管道外防腐层补口技术已经向多样化方向发展，黏弹体胶带、热缩压敏带、无溶剂环氧涂层、机械化喷涂聚氨酯等材料也开始用于管道失效补口修复施工过程中。

（1）黏弹体胶带+外护

黏弹体和黏弹体胶带如图 3-14 所示。黏弹体是荷兰 STOPAQ 公司与德国

BASF 合作研发的聚烯烃类单分子聚合物，它永不固化，属于黏弹性聚合物；而黏弹体胶带是将黏弹体复合在聚乙烯薄膜上制成的冷缠胶带，分为常温型和高温型，长期使用温度分别为 70℃和 90℃。

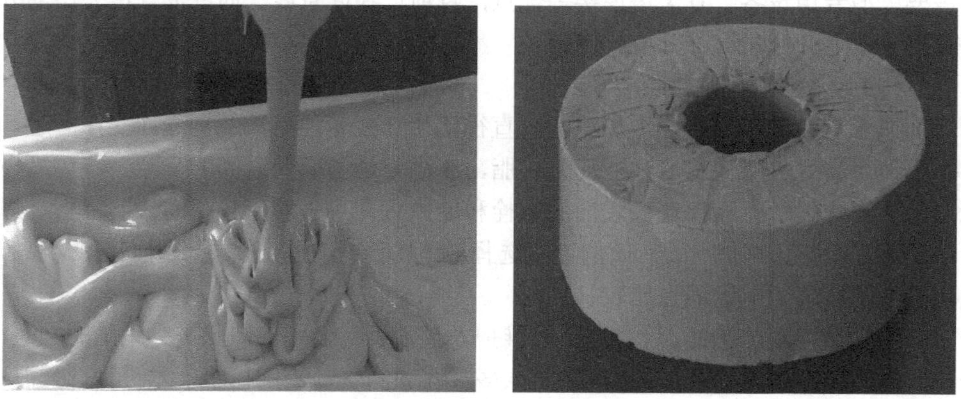

图 3-14　黏弹体和黏弹体胶带

由于黏弹体胶带自身的机械强度低，所以必须采用配套的外防护带来提高防腐层的整体机械强度，外护可采用热缩压敏带、环氧玻璃钢等，在戈壁、砾石段等土壤剪切力较大的地区应使用强度较高的玻璃钢外护，它具有以下特点。

1）冷流性及自修复功能：黏弹体是一种永不固化的黏弹性聚合物，具有独特的冷流特性，在使用过程中具有自修复功能，从而可以达到长期保护的效果。

2）长效性：可以很好地杜绝水分渗入，具有良好的耐化学性，且无阴极保护剥离现象，因此具有独特的长效性。

3）优异的黏结性能：具有很好的黏结力，无需涂刷底漆，在使用过程中不脱落、不开裂、不硬化。

4）施工简便：采取手工缠绕工艺，施工简易，且对表面处理的要求不高，手工除锈至 St 2 级即可满足使用效果，施工质量容易控制。

5）环保：不含挥发性有毒有害物质，安全环保性能好。

目前国外只有荷兰 STOPAQ 公司及少数几个公司生产，1998 年起在国外多个工程中用于阀门、法兰、弯头等异型件防腐及局部管道补口，2008 年建设的连接英国与荷兰的管道部分采用了 STOPAQ 的产品作为管道补口材料，由于其施工便捷，黏结良好，也常用于管道外防腐层缺陷的修复。国内西气东输管道自 2008 年起在管道外检测、补口检测及延水关隧道内补口检测中采用了 STOPAQ 黏弹体胶带+PE/PVC/PP 冷缠带进行了补口和缺陷修复。2009 年起国内所有隧道穿越段管道的补口主要设计采用了黏弹体胶带防腐结构。为满足市场需求，近年来国内也陆续开展了该材料的研究，中国石油天然气股份有限公司天然气与管道分公司于 2013 年 12 月颁布实施了《埋地钢质管道黏弹体胶带防腐补口技术规定》（CDP-G-OGP-AC-011-2013-1），目前已有深圳长园长通新材料股份有限公司、江苏达胜材料热缩材料有限公司等单位开始生产黏弹体胶带并在唐山 LNG、西气东输二线场站等管道防腐工程中得到工业应用。

（2）热缩压敏带

热缩压敏带是德国 Vogelsang 公司 2003 年开发成功并用于埋地 3PE 管线的一种新型补口材料，是将丁基橡胶压敏胶复合在辐射交联聚乙烯基材上制成的带状材料，胶层为自黏胶，对本身的涂层缺陷具有自弥合性，对基体表面处理要求相对较低，施工便捷，无需喷砂，手工除锈达 St 3 级即可，无需预热，烘烤要求基材收缩而无需胶熔融，可单独使用，也可与液体涂料配合为复合结构使用。近年国内部分单位也开展了该材料的研究和生产，产品性能已达到国外同类产品指标。不仅可用于石油天然气管道补口防腐材料的修复，也可直接用于管道的补口防腐。

热缩压敏带主要具有如下特点。

1）表面处理要求低：在使用前只需除去钢管表面水汽，无需预热；而且不需要配合底漆使用，在使用时仅需要用钢丝刷或砂纸对钢管表面进行清洁即可。

2）丁基橡胶具有高黏度，使用过程中不会熔化，在基材收缩力的作用下变软，避免在内部形成气泡。机械稳定性高，耐水蒸气和氧气渗透性极好，防腐可靠性高，使用寿命长。

3）基于新型丁基橡胶的性能特点，材料具有特殊的自修复功能，可自动闭合直径小于 5mm 的破损处（一周之内自动修复）。

（3）无溶剂聚氨酯防腐层

无溶剂聚氨酯涂料用于 3PE 管线的补口在国外已经有近 15 年的应用历史，补口管道里程达 25000km。无溶剂聚氨酯涂料低温下可以施工、固化时间短、可配成弹性体或刚性体，一次涂敷厚度可达 1.2mm，易补伤、有韧性、耐磨、抗冲击、化学稳定性好。管体 PE 搭接部位如进行表面极化处理可提高聚氨酯补口涂层的黏结性能。其现场施工方式一般为手工喷涂或机械自动喷涂，自动喷涂需要专用设备。以聚氯酯为成膜物质而配成的聚氨酯防腐涂料具有优良的耐化学腐蚀性、抗渗透性、耐磨性、坚韧性及强的附着力等特性。液体聚氨酯是一种无溶剂双组分液体涂料，A 组分含多元醇，B 组分为异氰酸酯单体或异氰酸酯预聚物。补口用液体聚氨酯涂料按照涂敷作业方式不同，分为喷涂型和刷涂型。喷涂型涂料可采用由作业工人手持配有喷枪和加热装置的双组分高压无气喷涂机进行喷涂的作业方式，或采用配有喷涂旋转支架和加热装置的双组分高压无气喷涂机进行喷涂的机械自动喷涂补口作业方式。无溶剂聚氨酯涂料及涂层性能应分别满足表 3-5 和表 3-6 的要求。

表 3-5 无溶剂聚氨酯涂料性能要求

序号	项目			指标	测试方法
1	细度/μm			≤100	GB/T 1724—1979
2	固体含量/%			≥98	SY/T 0457—2010 附录 A
3	干燥时间	喷涂型	表干/min	≤30	GB/T 1728—1979
			实干/h	≤2	
		刷涂型	表干/h	≤1.5	
			实干/h	≤6	

表 3-6 无溶剂聚氨酯涂层性能要求[a,b]（SY/T 4106—2016）

序号	项目			指标
1	外观			平整、光滑、无漏涂、无流挂、无气泡、无色斑
2	抗冲击	（23±2）℃（J/mm）		≥5
		（−5±3）℃（J/mm）		≥3
3	压痕	（23±2）℃（mm）		≤0.2
		设计最高温度（%）[c]		≤30
4	硬度（邵氏 D）			≥70 且符合生产厂要求
5	附着力	（20±2）℃ MPa	对钢管	≥10
			对管体聚烯烃涂层	≥3.5
			对管体环氧类涂层	≥5
6	附着力（设计最高温度热水浸泡 28 天后）	（20±2）℃ MPa	对钢管	≥7
			对管体聚烯烃涂层	≥2
			对管体环氧类涂层	≥3.5
7	抗弯曲	（0±2）℃，抗 1°弯曲		无裂纹、无漏点
8	阴极剥离	48h，设计最高温度±2℃（mm）		≤10
		28d，（23±2）℃（mm）		≤10
		28d，设计最高温度±2℃（mm）		≤20
9	绝缘电阻	（23±2）℃，Rs100（$\Omega\cdot m^2$）		普通级≥10^6
		设计最高温度±2℃，Rs30（$\Omega\cdot m^2$）		≥10^4

a. 试件防腐层的厚度为设计防腐层等级最小厚度±200μm，其中，柔韧性试件的防腐层厚度为（600±100）μm。
b. 涂层在常温条件至少放置 7 天，达到完全固化后方可进行性能测试。
c. 压痕深度和试件涂层原始厚度的比值。

（4）无溶剂环氧

无溶剂环氧涂料主要以改性环氧树脂为成膜物，可利用活性稀释增韧剂实现无溶剂化，具有良好的黏结力、化学稳定性和机械性能。无溶剂环氧涂料用于埋地管道补口修复在国外已经有 10 多年的应用历史，加拿大 SPC 公司是国外该领域的典型代表。近年来在国内油气管道工程项目中也已得到应用。

3.5.5　外防腐检测技术

油气长输管线外防腐检测主要是对防腐层及阴极保护有效性进行检测[21, 22, 24, 25]，主要内容包括：①检测和评价外防腐层的完整性和质量；②评价阴极保护系统的应用效果；③检测缺陷的大小和数量，为后期管道修复计划提供指导性依据；④指明已经发生和可能发生腐蚀的位置；⑤指明管道中由于外部机械作用造成的损伤的位置；⑥正确评价防护腐蚀的环境条件。

定期对在役管道实施检测，已成为管道行业的强制措施。石油行业管道外防腐检测常使用的标准主要有[20, 26-29]：

SY/T 0087.1—2006《钢制管道及储罐腐蚀评价标准——埋地钢质管道外腐蚀直接评价》；

SY/T 5919—2009《埋地钢质管道阴极保护技术管理规程》；

GB/T 21447—2008《钢质管道外腐蚀控制规范》；

GB/T 21246—2007《埋地钢质管道阴极保护参数测量方法》；

GB/T 21448—2008《埋地钢质管道阴极保护技术规范》。

（1）检测方法

在实际工作中应用较为广泛的外防腐检测技术主要包括标准管地电位法、皮尔逊（Pearson）法、密间距电位法（close interval potential survey，CIPS）、直流电位梯度法（direct current voltage gradient，DCVG）和多频管中电流法（pipeline current mapper，PCM）、瞬变电磁法（transient electromagnetic methods，TEM）等。

1）标准管地电位法。管道阴极保护电位及其分布与多种因素有关，其中，与涂层质量有着密切的关系，保护电位是判断管道保护是否成功的依据之一，通过电位距离曲线可以了解电位分布情况，区别当前电位与以往电位的差别。标准管地电位检测方法是采用万用表测试接地 $Cu/CuSO_4$ 电极与管道金属表面上某一点之间的电位，可判断涂层状况及阴极保护效果的有效性。由于该方法快速、简单，广泛应用于管道涂层及阴极保护日常管理及监测。

标准管地电位测试技术应用在现场易取得数据，无需开挖管道，可直接在每个测试桩上方便地测得电位以判断保护效果，检测速度快。但该方法的测试数据受许多因素制约，检测结果会产生一定偏差，且阴极保护屏蔽时检测不出准确结果，而被屏蔽的管道又易产生局部腐蚀或坑蚀；不能确定防腐层缺陷大小及精确位置，且不能对防腐层状况做连续的检验评价。

2）皮尔逊法。该方法是一种用于检测埋地管道涂层缺陷和涂层损坏区域的方法，属于一种传导检测方法。检测中不需要阴极保护电流，只需将发射机的交流信号（1000Hz）加载在管道上，采用相应的滤波接收器确定该种交变电流信号泄漏到地表的位置。这些信号的泄漏与涂层上已破坏的点相对应。该技术专门用来评价涂层状况，检测不受阴极保护系统的影响。检测内容为涂层破损点检测，检测进度为 3～6km/d，最低人员要求为 2 人，所检缺陷位置精度为±0.5m。

皮尔逊法检测过程需要沿全线步行检测，不能指示缺陷的严重程度，不能指示阴极保护效率，不能指示涂层剥离，易受外界电流的干扰，不同的土壤和涂层电阻都能引起信号的改变，对检测人员的经验依赖过多，易产生漏检和误检。

3）密间距电位法。该方法是目前比较先进的管道检测方法之一，类似于标准管地电位法，但它以较小的距离（约 1m）测取数据。应用该方法检测之前，需要将电流中断器安装在阴极保护电流的输出回路中，以预先设置好的通/断比中断阴极保护电流，间隔地测取阴保电流通断时的电位值，也就是所谓的“ON”“OFF”电位值。检测到的通断电位是两条相邻的曲线，有缺陷时，“ON”电位向正向偏移，“ON”“OFF”电位曲线互相接近，说明涂层电阻减少，从而可以根据电位差的大小及向正向偏移的程度来判断腐蚀的程度。当“OFF”电位向正向偏移高于规定的–850mV（相对于 Cu/饱和 $CuSO_4$ 参比电极）时，说明阴极保护系统未起到保护作用。

CIPS 检测法以较小的间隔记录管道全线的管/地电位，并对管道防腐蚀情况做出分析，可大致用于缺陷定位（准确定位需要与 DCVG 配合使用），具有较高的检测效率，但杂散电流、土壤变化等因素给检测数据带来较大误差，对涂层缺陷的分析需要检测人员具有丰富的经验。

4）直流电位梯度法。该方法也是目前比较先进的管道检测方法之一，其对管道防腐层缺陷定位精度高于其他任何一种检测技术。该方法将直流信号（由中断器间隔中断阴保电流而获得）施加到管道上，如果管道防腐层有破损，破损处会在地表形成电压梯度。在接近破损裸露点部位，电流密度和电压梯度都增大。

检测过程中，操作人员在地面上沿管道以 1～2m 间隔用毫伏表测量两个参比电极之间的电位差。当接近防腐层破损点时，毫伏表会沿地下的电流方向出现相应变化。当检测人员继续前进而远离破损点时，指针将因电流反向而出现反偏，强度也会逐渐减小。返回复测，仔细选择检测位置直到毫伏表指针不偏为零时，就是在破损点正上方的情况。为了确保破损点定位准确，往往需要将两电极沿管道纵向和垂直方向都检测一下，将两电极连线的交叉点定为破损点。

DCVG 检测定位准确度高，不受交流电干扰，不需拖拉电缆，受地貌影响小，操作简单，但是该技术不能指示管道阴极保护效果，不能指示涂层剥离，需沿线步行检测，且地表土壤的电阻率等环境因素也会引起一定的测量误差。

5）多频管中电流法。又称电流衰减法、电流梯度法，用以对管道防腐层的状况进行评估，目前在国内外应用都比较广泛。该方法是通过检测由管内电流引起的地面磁场的变化，从而判断防腐层的状况。应用该方法之前，需在管道上的一点（如管道的测试桩）加入固定频率的电流信号，此电流信号沿管道流动并随距离的增加呈指数衰减。当管道防腐层有缺陷存在时，电流将从防腐层破损点处漏失到土壤中，电流衰减系数增大。

该方法可长距离检测管道防腐层状况，也可缩短距离对管道防腐层缺陷点进行定位。由于它本身就具有很强的管道定位功能，所以管道走向不清楚或管网情况比较复杂时，它都可以进行管道定位测量和管道防腐层测量，特别适合于管道铺设环境复杂的地区。对于一些有局部牺牲阳极保护的管道，或者为限制阴极保护范围而设有绝缘法兰的管段及有支线的管段，此方法不再适用。

6）瞬变电磁法。该方法是基于瞬变电磁原理，用不接地回线向金属管道发送一次脉冲磁场，用接收回线测量二次涡流磁场，根据不同规格、材质的管道在瞬变衰减特征的区别来检测平均管壁减薄率的一种地面检测手段。

该检测方法适用于单根埋地金属管道或者水平间距大于其 2 倍埋深的平行管道。电磁干扰会影响检测结果的可信度。该方法检测的是平均管壁的减薄率，不适用于点蚀的检测。

各种涂层缺陷检测技术几乎都是通过在管道上加载直流或交流信号来实现的，不同之处是原理、性能、功用上的差异，有的可以实现多种检测，有的只能达到单项目的。一些检测手段还需要在特定环境条件，并配合其他设备才能完成。

除上述管道防腐层检测技术外，用于管体腐蚀检测的超声导波检测越来越受到人们的关注与应用。超声导波技术是一种新型的管道腐蚀无损检测技术，利用脉冲回波，提供有关反射体位置和近似尺寸的信息，测得的量值为管道横截面积的百分数，由探头列阵接收到的回波信号，可确定管道腐蚀的轴向和周向位置。目前，设备的检测范围在管道情况良好并且特征结构（如弯头、排污、放空、阀门、焊缝等）密度较低的情况下，可以达到传感器两侧 100m 范围内的管道，当管道出现大面积腐蚀的情况时，检测范围可能减小到 20～30m。系统能够探测到管道横截面大约 5%的缺陷，在情况良好的管道上出现的个别缺陷，即使小于 5%（如 1%～2%）也能够被识别出来。

（2）检测案例

西部某管道，管径 Φ1219mm，采用三层 PE 防腐层材料，全长 64km，沿线地形地貌主要是沙地、草地和农田，于 2013 年 7 月投产。

有关人员于 2015 年 9 月对该管道开展了一次完整性检测评价工作，包括现场间接检测、直接检测与评价，基本掌握了管道的腐蚀与防护现状。

此次检测采用 PCM 方法进行防腐层有效性、管道路由、埋深检测，ACVG

方法进行防腐层破损点定位，DCVG验证防腐层破损点并进行腐蚀活性检测，CIPS方法测试阴保状况。对于穿越深埋段，采用 PCM 对整个穿越段防腐层的整体状况进行评价。

检测结果（图 3-15）显示：管道平均埋深 3.06m，穿越 112 次，其中穿河沟 31 次，穿路 81 次，发现管道浅埋 7 处，共计 110m。

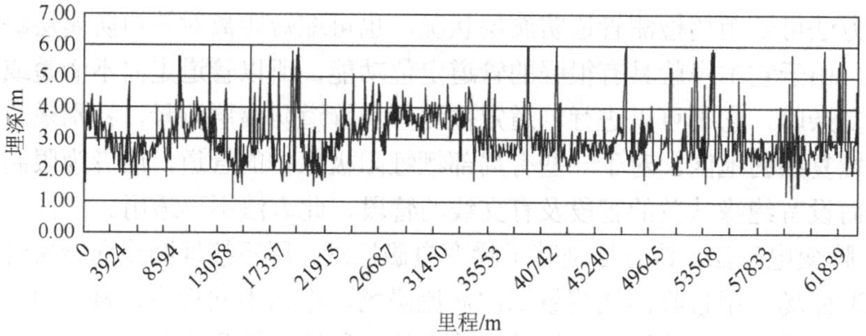

图 3-15　管道埋深分布图

管道外防腐层质量等级分布如图 3-16 所示，其中管道防腐层质量为一级的管线长度为 62654m，占总长度的 99.10%，质量为二级的管道长度为 232m，占 0.37%，质量为三级的管道长度为 109m，占 0.17%，质量为四级的管道长度为 227m，占 0.36%，质量为五级的管道长度为 0m，质量评价为四级的防腐层是管道与其他管线交叉干扰所致，或者是靠近进出站绝缘接头的原因，不能真实反映防腐层状况，全线管道外防腐层整体质量良好。

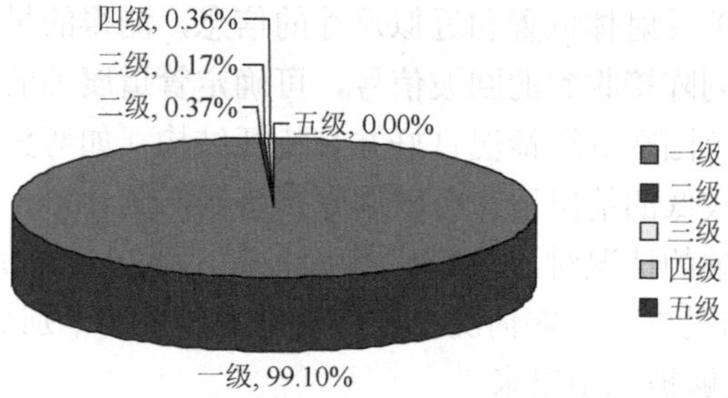

图 3-16　管道外防腐层质量等级分布图

共检出防腐层破损点 103 处，等级分布图如图 3-17 所示，其中轻度等级的 35 处，中度等级的 48 处，严重等级的 20 处，腐蚀活性评价为阴极/阴极（C/C）的有 59 处，阴极/阳极（C/A）的有 2 处，阳极/阳极（A/A）的有 40 处，2 处阀室未评价腐蚀活性。

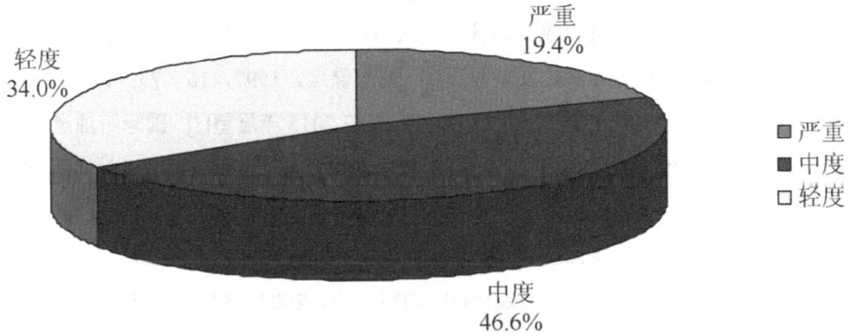

图 3-17　管道防腐层破损点等级分布图

该管道采用外加电流阴极保护，恒电位仪工作正常，管线进出站绝缘接头性能良好，管道处于阴保有效保护范围内。

管道全线直流杂散电流干扰程度为“弱”的有 60 处，干扰程度为“中”的有 3 处；干扰程度为“强”的有 2 处，全线测试桩处的断电电位正常。管道全线交流干扰程度为“弱”。

开挖的 6 处防腐层破损点，5 处均存在破损（图 3-18），1 处是测试线将管道与测试桩导通，造成漏电所致，也是该测试桩电位异常的原因，防腐层出现破损的原因均为前期施工导致的划伤、磕碰。防腐层破损处的金属管体未发生明显的腐蚀现象。管道沿线的土壤腐蚀性大部分为“中”或“弱”等级。

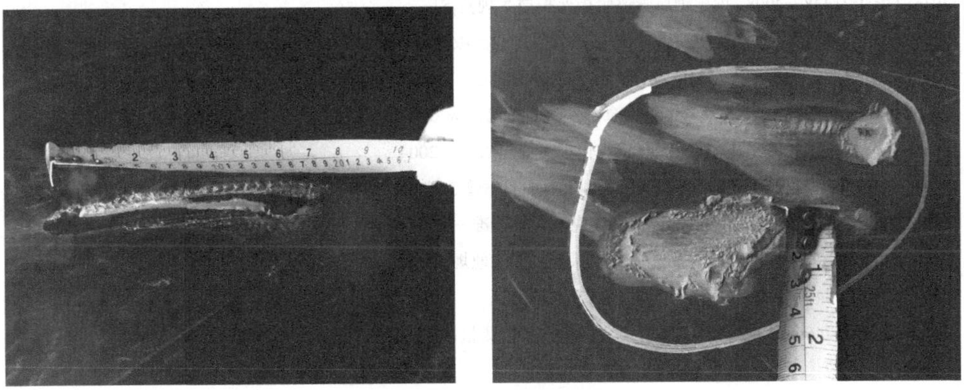

图 3-18　管道防腐层破损照片

参 考 文 献

[1]　高鹏，王培鸿，王海英，等. 2014 年中国油气管道建设新进展[J]. 国际石油经济，2015，3：68-74.

[2]　王红菊，祝悫智，张延萍. 全球油气管道建设概况[J]. 油气储运，2015，34（1）：15-18.

[3]　王珂，罗金恒，董保胜，等. 我国在役油气老管道运行现状[J]. 焊管，2009，32（12）：61-65.

[4] 王保群，林燕红，代运锋，等. 我国成品油管道现状与展望[J]. 石油规划设计，2010，21（5）：7-9.

[5] 臧铁军，臧天红. 我国油气管道运输的发展概况[J]. 油气储运，1997，16（7）：1-3.

[6] 王占黎，单蕾，孙慧，等. 中国天然气行业 2014 年发展与 2015 年展望[J]. 国际石油经济，2015，6：37-43.

[7] 张其滨，刘金霞，赫连建峰，等. 管道 3LPE 防腐层技术的研究与应用进展[J]. 石油工程建设，2010，36（3）：1-5.

[8] 刘玲莉. 科学地进行埋地管道的腐蚀控制[J]. 油气储运，1997，16（1）：36-39.

[9] 李远利，雍歧卫，刘志. 管道防腐涂层新发展[J]. 涂料工业，2007，37（2）：55-57.

[10] 吴巍巍，马廷霞，柯行，等. 埋地油气管道腐蚀研究[J]. 重庆科技学院学报，2013，15（3）：83-87.

[11] 黄瑾，侯雯雯，陈君. 管道的腐蚀与防护[J]. 辽宁化工，2013，42（11）：1328-1330.

[12] 贾双英，孙东晓. 城市油气管道工程防腐[J]. 山西建筑，2010，36（3）：158-160.

[13] 韩文礼，唐燕青，张其滨. 环氧煤沥青涂层防腐蚀失效的原因分析与改进措施[J]. 石油工程建设，2004，30（6）：49-51.

[14] Norsworthy R. Rating underground pipeline tape and shrink sleeve coating systems[J]. Materials Performance，1999，11：40-46.

[15] Norsworthy R. Coatings used in conjunction with cathodic protection-“Fail/Safe”pipeline coating systems[J]. Materials Performance，2004，6：34-38.

[16] Ruschau G R，Chen Y. Determining the CP shielding behavior of pipeline coatings in the laboratory[C]. Houston：NACE International，2006，Paper No. 06043.

[17] 张光辉. 油气管道的腐蚀与防护[J]. 中国科技纵横，2011，（17）：270.

[18] 干志强，张其滨. 库鄯线、陕京线防腐质量控制[J]. 天然气工业，1999，19（4）：73-78.

[19] 廖宇平，李志勇. 长输管道外防腐层的应用与存在的问题[J]. 油气储运，2005，24（4）：36-39.

[20] GB/T 21448—2008. 埋地钢质管道阴极保护技术规范[S].

[21] 胡士信. 阴极保护工程手册[M]. 北京：化学工业出版社，1998.

[22] 贝克曼. 阴极保护手册[M]. 北京：化学工业出版社，2005.

[23] 张贻刚，韩文礼，张彦军，等.长输管道 3PE 防腐层失效分析[J]. 腐蚀与防护，2006，（37）：246-249.

[24] Sam A W. 管线腐蚀控制[M]. 北京：化学工业出版社，2004.

[25] 张明奇. 埋地输油管道外防腐层的检测与评估[J]. 管道技术与设备，2003，（6）：26-28.

[26] SY/T 0087. 1—2006. 钢制管道及储罐腐蚀评价标准——埋地钢质管道外腐蚀直接评价[S].

[27] SY/T 5919—2009. 埋地钢质管道阴极保护技术管理规程[S].

[28] GB/T 21447—2008. 钢质管道外腐蚀控制规范[S].

[29] GB/T 21246—2007. 埋地钢质管道阴极保护参数测量方法[S].

第 4 章　炼化管道及装置腐蚀与控制

石油作为一种不可再生的资源，随着人类的不断开采，埋藏较浅的低硫、低酸、低含盐、低密度的优质原油（稀油）越来越少，而地形结构复杂、埋藏较深的高硫、高酸、高含盐、高密度的劣质原油（稠油）越来越多[1]。据统计，目前国际市场上供应的原油，其平均 API° 已由 2000 年的 32.50 减小到 2015 年的 32.30；硫含量已由 1.14%上升到 1.25%（表 4-1），75%以上是含硫或高硫原油，其中 30%是硫含量大于 2%的超高含硫原油；世界上含酸原油产量约占全球原油总产量的 5%，并以每年 0.3%的速度增长。

表 4-1　世界原油质量趋势[2]

地区	2000 年		2010 年		2015 年	
	API°	S 含量/%	API°	S 含量/%	API°	S 含量/%
西半球	28.10	1.33	27.60	1.42	27.30	1.43
东半球	34.00	1.08	34.00	1.12	33.80	1.19
世界平均	32.50	1.14	32.40	1.19	32.30	1.25

在我国，老油田进入稳产、衰减阶段，为了提高产油量，在三次、四次采油的过程中，加入一定数量的增油剂在所难免，这样采得的原油，不但原油本身质量较差（密度较大，含硫、含酸、含盐相对增加），而且加入的增油剂（含氯、氮的有机物）会给原油带入一些氯、氮等杂质。新开采的油田大部分为含硫、含酸、含盐较高的重质原油，如辽河原油 2/3 以上为稠油或超稠油，酸值高达 5～6mg KOH/g；渤海海域有储量最丰富的高酸值原油；南疆塔河原油是高硫、高酸、高重金属的稠油。

由此可见，随着石油劣质化的趋势，石油中的硫、氯、氮等杂质含量不断增加，给原油的加工带来了很大的影响，造成了设备、管道的严重腐蚀。这是所有炼化企业必须认真面对的现实，也是国内外炼化企业共同面临的又一课题。

国内炼化企业以加工国内原油为主，与加工国外的进口原油相比，原油质量较好，尤其是大庆原油和长庆原油是低硫、低酸的石蜡基原油，设备腐蚀的问题相对较少；但近几年来，随着加工原油的多样化和劣质化日趋严重，炼油化工设备的腐蚀问题越来越突出，因设备、管道腐蚀泄漏造成的事故和未遂事故明显上升，对装置的安全、长周期运行造成了严重影响，设备、管道的腐蚀已成为威胁安全、影响生产任务完成的主要因素。

4.1 炼化管道及装置腐蚀类型

原油中除存在碳、氢元素外，还存在硫、氮、氧、氯及重金属和杂质等，正是原油中存在的非碳氢元素在石油加工过程中的高温、高压、催化剂作用下转化为各种各样的腐蚀性介质，并与石油加工过程中加入的化学物质一起形成复杂多变的腐蚀环境。含硫化合物包括活性硫和非活性硫，在原油加工过程中，非活性硫可向活性硫转变。炼油装置的硫腐蚀贯穿一次和二次加工装置，对装置产生严重的腐蚀，腐蚀类型包括低温湿硫化氢腐蚀、高温硫腐蚀、连多硫酸腐蚀、烟气硫酸露点腐蚀等。部分含氧化合物以环烷酸的形式存在，在原油加工过程中，对常减压装置产生严重的腐蚀，使得加工高酸原油的常减压装置全面材料升级以应对环烷酸的腐蚀问题。含氮化合物经过二次加工装置高温、高压和催化剂的作用后可转化为氨和氰根，在催化裂化、加氢裂化分馏塔的塔顶轻油部位形成氨盐结晶，严重可堵塞设备和管线，而且会引起垢下腐蚀。无机氯和有机氯经过水解或分解作用，在一次和二次加工装置的低温部位形成盐酸复合腐蚀环境，造成低温部位的严重腐蚀。腐蚀类型包括均匀腐蚀和氯离子应力腐蚀开裂。重金属化合物在原油加工过程中残存于重油组分中，进入二次加工装置，引起催化剂的失效，严重影响装置的正常运转。原油中的重金属V 在原油加工过程中的加热炉中，形成低熔点化合物，造成炉管外壁的熔灰腐蚀。

4.1.1 低温电化学腐蚀[3-6]

原油中存在的 H_2S 及有机硫化物在不同条件下逐步分解生成的 H_2S，与原油加工过程中生成的腐蚀性介质（如 HCl、NH_3 等）和人为加入的腐蚀性介质（如乙醇胺、糠醛、水等）共同形成腐蚀性环境，在装置的低温部位（特别是气液相变部位）造成严重的腐蚀。典型的有蒸馏装置常、减压塔顶的 $HCl+H_2S+H_2O$ 腐蚀环境；催化裂化装置分馏塔顶的 $HCN+H_2S+H_2O$ 腐蚀环境；加氢裂化和加氢精致装置流出物空冷器的 $H_2S+NH_3+H_2+H_2O$ 腐蚀环境；干气脱硫装置再生塔、气体吸收塔的 RNH_2（乙醇胺）$+CO_2+H_2S+H_2O$ 腐蚀环境等。

（1）$HCl+H_2S+H_2O$ 型腐蚀

这种腐蚀环境主要存在于常减压蒸馏装置塔顶循环系统、温度低于 150℃的部位，如常压塔、初馏塔、减压塔顶部塔体、塔盘或填料、塔顶冷凝冷却系统，见图 4-1。一般气相部位腐蚀较轻，液相部位腐蚀较重，气液相变部位即露点部位最为严重。

图 4-1　某企业常压塔壁腐蚀穿孔

腐蚀环境中的 HCl 主要来自两方面，一方面是原油中的无机盐（主要是氯化镁和氯化钙）在一定温度下水解生成。一般认为，氯化镁、氯化钙被加热到 120℃以上遇水可以分解，生成 HCl 气体。另一方面原油加工过程中人为加入的一些药剂（如清蜡剂）中含有有机氯化物，这些氯化物在一定温度下分解生成 HCl。

$$MgCl_2+2H_2O \longrightarrow Mg(OH)_2+2HCl$$

$$CaCl_2+2H_2O \longrightarrow Ca(OH)_2+2HCl$$

腐蚀环境中的 H_2S 主要来自原油中的硫、硫化氢和硫化物及原油中硫化物分解出来的硫化氢。腐蚀环境中的水主要来自两方面，一方面，原油中含有的水及电脱盐注水加热后汽化，随油气上升，在塔顶低温部位冷凝，形成液态水；另一方面，塔顶三注工艺防腐时注入一部分液态水。

氯化氢和硫化氢的沸点都非常低，其标准沸点分别为−84.95℃和−60.2℃，因此，在石油的加工过程中形成的氯化氢和硫化氢均伴随着常压塔中的油气集聚在常压塔顶。在 110℃以下遇到蒸汽冷凝水会形成 pH 达 1～1.3 的强酸性腐蚀介质。对于碳钢为均匀腐蚀，对于 0Cr13 钢为点蚀，对于奥氏体不锈钢则为氯化物应力腐蚀开裂，见图 4-2。

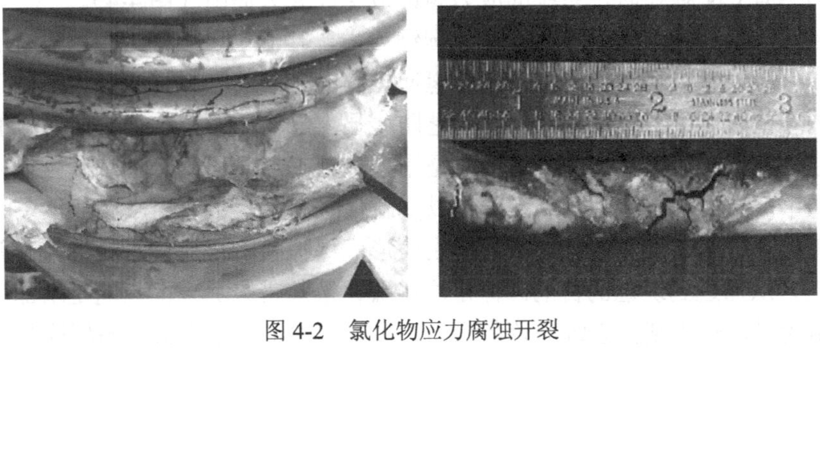

图 4-2　氯化物应力腐蚀开裂

常减压装置塔顶冷凝冷却系统的选材，经验教训颇多，20 世纪 80 年代和 90 年代国内不断有炼油厂在塔顶冷凝冷却系统尝试使用奥氏体不锈钢和铝镁合金，结果都以设备很快腐蚀穿孔、开裂而告终。也有的炼油厂尝试使用钛合金换热器，但由于价格昂贵，很难广泛应用。对于塔顶冷凝冷却系统国内目前比较一致的看法是：设备采用碳钢材质，加强涂料的施工管理，严格控制“一脱三注”，基本可以控制塔顶冷凝冷却系统的腐蚀。

（2）$HCN+H_2S+H_2O$ 型腐蚀

催化原料油中的硫和硫化物在催化裂化反应条件下反应生成 H_2S，造成催化富气中 H_2S 的浓度很高。原料油中的氮化物在催化裂化反应条件下有 10%～15% 转化成 NH_4^+，有 1%～2%转化成 HCN。在吸收稳定系统的温度和水存在条件下，从而形成了 $HCN+H_2S+H_2O$ 型腐蚀环境。

低合金钢在湿硫化氢腐蚀环境中会发生均匀腐蚀、氢鼓泡、硫化物应力腐蚀开裂等。由于 $HCN+H_2S+H_2O$ 型腐蚀环境中 HCN 的存在使湿硫化氢腐蚀环境变得复杂。对于均匀腐蚀，一般来说，H_2S 和铁生成 FeS 在 pH＞6 时能覆盖在钢表面形成致密的保护膜，但是由于 CN^-能使 FeS 保护膜溶解生成络合离子$[Fe(CN)_6]^{4-}$，加速了腐蚀反应的进行。

$$FeS+6CN^- \longrightarrow [Fe(CN)_6]^{4-}+S^{2-}$$

$[Fe(CN)_6]^{4-}$与铁继续反应生成亚铁氰化亚铁，

$$2Fe^{2+}+[Fe(CN)_6]^{4-} \longrightarrow Fe_2[Fe(CN)_6]$$

亚铁氰化亚铁在停工时被氧化为亚铁氰化铁 $Fe_4[Fe(CN)_6]_3$。对于氢鼓泡（图 4-3），由于低合金钢在$[Fe(CN)_6]^{4-}$存在条件下，可以大大加剧原子氢的渗透，它阻碍原子氢结合成分子氢，使溶液中保持较高的原子氢浓度，使氢鼓泡的发生率大大提高。对于硫化物应力腐蚀开裂，当介质的 pH＞7 呈碱性时，开裂较难发生，但当有 CN^-存在时，系统的应力腐蚀敏感性大大提高（图 4-4）。

目前吸收稳定系统的冷换设备以碳钢为主，容器也以碳钢为主，也有的使用 16MnR，吸收解吸塔可选用耐湿硫化氢应力腐蚀开裂的 12Cr2AlMoV。由于湿硫化氢的存在限制了材料升级，因此工艺防腐显得异常重要。在工艺防腐方面一般采用注水和缓蚀剂，注水的目的主要是用来降低 H_2S 和 HCN 的浓度，以降低氢的渗透率，从而减缓腐蚀。注缓蚀剂以多硫化胺为主，主要用来保证体系的 pH，降低氢的渗透率，同时缓蚀剂在钢的表面形成保护膜阻止原子氢的渗透，并且捕捉 CN^-，从而达到缓蚀的目的。但是注多硫化铵会带来另外的问题是增加了系统中的硫含量，注水则使系统的负荷增加，多硫化铵加入量太大又不好控制，而且

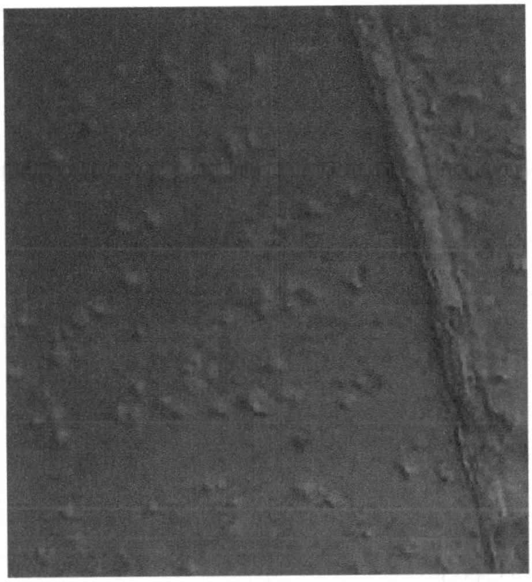

图 4-3　氢鼓泡（HB）

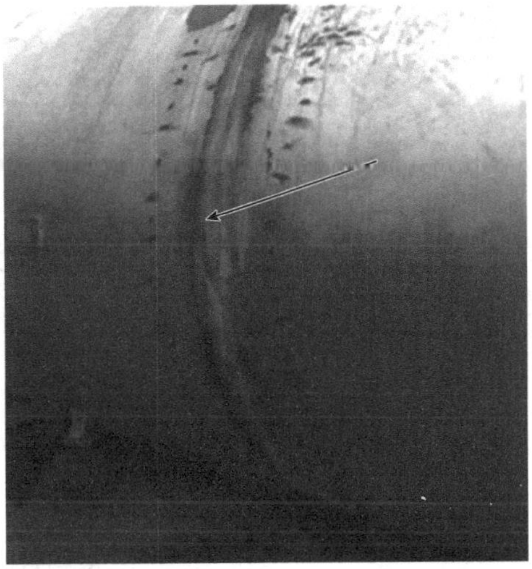

图 4-4　催化装置分离器湿硫化氢应力腐蚀开裂

容易造成堵塞。目前有的炼油厂在催化裂化吸收稳定系统的加注一定量的咪唑啉类缓蚀剂，取得了较好的效果。

（3）RNH_2（乙醇胺）$+CO_2+H_2S+H_2O$ 型腐蚀

腐蚀部位发生在干气及液化石油气脱硫的再生塔底部系统及富液管线系统（温度高于 90℃，压力约 0.2MPa）。

腐蚀形态为在碱性介质下（pH≥8），由 CO_2 及胺引起的应力腐蚀开裂和均匀减薄。均匀腐蚀主要是 CO_2 引起的，应力腐蚀开裂是由胺、二氧化碳、硫化氢和设备所受的应力引起的。

对操作温度高于 90℃的碳钢设备及管线，进行焊后消除应力热处理，防止碱性条件下由碳酸盐引起的应力腐蚀开裂。

（4）NH_4Cl+NH_4HS 结垢腐蚀

加氢装置高压空冷器 NH_4Cl+NH_4HS 腐蚀环境主要存在于加氢精制加氢裂化装置中反应流出物空冷器中，由于 NH_4Cl 在加氢装置高压空冷器中的结晶温度约为 210℃，而 NH_4HS 在加氢装置高压空冷器中的结晶温度约为 121℃，在一般加氢装置高压空冷器的进口温度和出口温度的范围内，因此在加氢装置高压空冷器中极易形成由于 NH_4Cl 和 NH_4HS 结晶析出而结垢［图 4-5（a）］，在空冷器流速低的部位由于 NH_4Cl 和 NH_4HS 结垢浓缩，造成电化学垢下腐蚀，形成蚀坑，最终形成穿孔［图 4-5（b）］。

(a)

(b)

图 4-5　加氢装置换热器铵盐结晶及穿孔

目前工程设计空冷器管子选材的准则是依据 K_p 值的大小进行的。

$$K_p=[H_2S]\times[NH_3]$$

式中，K_p 为物流的腐蚀系数；$[H_2S]$为物流中硫化氢的浓度，mol%（表示物质的量浓度）；$[NH_3]$为物流中 NH_3 的浓度，mol%；$K_p<0.07\%$，材料为碳钢，最高流速控制在 9.3m/s；$K_p=0.1\%\sim0.5\%$，材料为碳钢，流速适应范围为 4.6～6.09m/s；$K_p>0.5\%$，当流速低于 1.5～3.05m/s 或流速高于 7.62m/s 时，选用 3RE60 Monel 或 Incoloy800 高合金材料。

在加氢装置运行期应加强监测高压空冷器物料中$[H_2S]$、$[NH_3]$和流速，通过 K_p 预测高压空冷器的结垢和腐蚀情况。由于 NH_4Cl 和 NH_4HS 均易溶于水，因此增加注水量能有效地抑制 NH_4Cl 和 NH_4HS 结垢，在注水的过程中应注意注入水在加氢装置高压空冷器中的分配，避免造成流速滞缓的区域。在加氢装置高压空冷器注水点处加入水溶性缓蚀剂，缓蚀剂能有效吸附到金属表面，形成防护膜，从而起到较好的防护作用。再者可以考虑加入部分 NH_4HS 结垢抑制剂，能优先与氯化物和硫化物生成盐类，这种盐结晶温度高于 200℃，并且极易溶于水，能有效抑制 NH_4Cl 和 NH_4HS 结垢，从而达到减缓腐蚀的作用。

4.1.2　高温硫腐蚀[7, 8]

高温硫化物的腐蚀环境是指温度 240℃以上的重油部位硫、硫化氢和硫醇形成的腐蚀环境。典型的高温硫化物腐蚀环境存在于蒸馏装置常减压塔的下部及塔底管线、常压重油和减压渣油换热器等，流化催化裂化装置主分馏塔的下部、延迟焦化装置主分馏塔的下部等。在这些高温硫化物的腐蚀环境部位，碳钢的腐蚀速率都在 1.1mm/a 以上。在加氢裂化和加氢精制等临氢装置中由于氢气的存在加速 H_2S 的腐蚀，在 240℃以上形成高温 H_2S+H_2 腐蚀环境，腐蚀原理见图 4-6。典型案例是加氢裂化装置的反应器、加氢脱硫装置的反应器及催化重整装置原料精制部分的石脑油加氢精制反应器等。

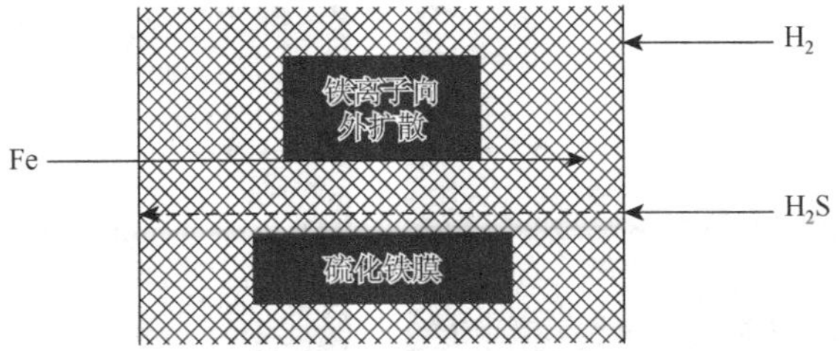

图 4-6　高温 H_2S+H_2 腐蚀原理图

在高温条件下，活性硫与金属直接反应，它出现在与物流接触的各个部位，表现为均匀腐蚀，其中以硫化氢的腐蚀性最强。高温硫腐蚀速率的大小取决于原油中活性硫的多少，但是与总硫量也有关系。当温度升高时，一方面促进活性硫化物与金属的化学反应，同时又促进非活性硫的分解。温度高于 240℃时，随温度的升高，硫腐蚀逐渐加剧，特别是硫化氢在 350～400℃时，能分解出 S 和 H_2，分解出来的元素 S 比 H_2S 的腐蚀更剧烈，到 430℃时腐蚀达到最高值，到 480℃时分解接近完全，腐蚀开始下降。

高温硫腐蚀，开始时速率很快，一定时间后腐蚀速率会恒定下来，这是因为生成了硫化铁保护膜。而介质的流速越高，保护膜就越容易脱落，腐蚀将重新开始。

4.1.3　高温环烷酸腐蚀[9, 10]

环烷酸是一种存在于石油中的含饱和环状结构的有机酸，其通式为 RCH_2COOH，石油中的酸性化合物包括环烷酸、脂肪酸、芳香酸及酚类，而以环烷酸含量最多，故一般称石油中的酸为环烷酸。其含量一般借助非水滴定测定的酸度（mg KOH/100 mL 油，适用于轻质油品）或酸值（mg KOH/g 油，适用于重质油品）来间接表示。石油中的环烷酸是非常复杂的混合物，其相对分子质量差别很大，可在 180～700 之间，尤以 300～400 之间居多，其沸点范围在 177～343℃之间。低相对分子质量的环烷酸在水中的溶解度很小，高相对分子质量的环烷酸不溶于水。

（1）环烷酸腐蚀机理

环烷酸在石油炼制过程中，随原油一起被加热、蒸馏，并随与之沸点相同的油品冷凝，且溶于其中，从而造成该馏分对设备材料的腐蚀。目前，大多数学者认为，环烷酸腐蚀的反应机理如下

$$2RCOOH+Fe \longrightarrow Fe(RCOO)_2+H_2$$

环烷酸腐蚀形成的环烷酸铁是油溶性的，再加上介质的流动，故环烷酸腐蚀的金属表面清洁、光滑无垢。在原油的高温高流速区域，环烷酸腐蚀呈顺流向产生的锐缘的流线沟槽，在低流速区域，则呈边缘锐利的凹坑状，见图 4-7。

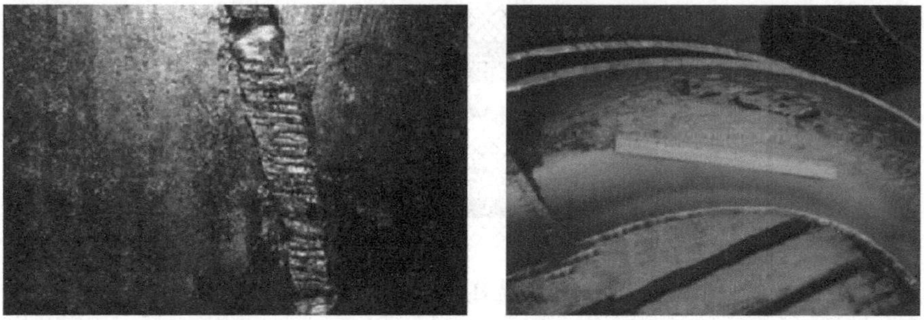

(a)　　(b)

图 4-7　高温环烷酸腐蚀案例

(a) 减压转油线焊缝；(b) 减压炉出口弯头

(2) 影响环烷酸腐蚀的因素

1）酸值影响。原油和馏分油的酸值是衡量环烷酸腐蚀的重要因素。经验表明，在一定温度范围内，腐蚀速率和酸值的关系中存在一临界酸值，高于此值，腐蚀速率明显加快。一般认为原油的酸值达到 0.5mg/g 油时，即可引起环烷酸腐蚀。由于在原油蒸馏过程中，酸的组分是和它相同的沸点的油类共存的，因此，只有馏分油的酸值才真正决定环烷酸腐蚀速率。在常压条件下，馏分油的最高酸值浓度在 371～426℃（700～800℉）的 TBP 范围内。在减压条件下，原油沸点降低了 111～166℃（232～331℉）。所以，减压塔中馏分油的最高酸值应出现在 260℃（500℉）左右。酸值升高，腐蚀速率增加。在235℃时，酸值提高一倍，碳钢、7Cr-1/2Mo 钢、9Cr-1Mo 钢的腐蚀速率约增加 2.5 倍，而 410 不锈钢的腐蚀速率提高近 4.6 倍。表明对不同的材料，环烷酸腐蚀反应方程式不同。

2）活性的影响。现场经验表明，随着馏分沸点的增加，酸含量增加，但酸度下降，说明低相对分子质量的环烷酸活性较高。但是，原油中的低相对分子质量环烷酸含量较少，而且它们主要集中在塔顶部位。故原油蒸馏系统中的环烷酸问题主要是大相对分子质量的环烷酸所引起的。Craig 提出了 CAN（corrosion acid number）的概念。CAN 是将实验过程中试样的失重换算为相当于消耗了多少酸值（mg KOH/g）的环烷酸来表示。他认为在试油中的环烷酸在实验温度下不是全部都能与金属反应，而是相当于占所得出的 CAN 部分才能在实验中与金属作用。CAN 与 TAN 有相同的单位（mg KOH/g）。求出每次实验后 CAN/TAN 的比值，就可以得出该试油的腐蚀性强弱。

3）温度的影响。环烷酸腐蚀的温度范围为 230～400℃。有些文献认为：环烷酸腐蚀有两个峰值，第一个高峰出现在 270～280℃，当温度高于 280℃时，腐蚀速率开始下降，但当温度达到 350～400℃时，出现第二个高峰。此外，也有报道说在低至 177℃的地方发生了环烷酸腐蚀，但这种环烷酸腐蚀不具有高温、高浓度环烷酸条件下的腐蚀特征，其表面光滑。

4）汽化和冷凝的影响。当油液发生汽化和冷凝时，油液酸值会发生变化，油液腐蚀性也会发生变化，气相中的腐蚀是由环烷酸的冷凝引起的。Guzeit 第一次证实了环烷酸可以优先汽化和冷凝，使得冷凝液的酸值明显增大。气相腐蚀是金属表面的冷凝膜（不含环烷酸的蒸气）引起的。如果能够阻止形成冷凝液，则气相腐蚀是不明显的。气相中的冷凝液液滴高速流动，冲击金属表面，形成的环烷酸亚铁完全又迅速地被冲掉，在光洁的表面上形成了有尖锐边角的孔洞和流线形沟槽。同样，如果出于馏分蒸发而使得母液酸值增加，也会增加母液的腐蚀性。

5）流速、流态的影响。流速在环烷酸腐蚀中是一个很关键的因素。在高流速条件下、甚至酸值低至 3mg KOH/g 的油液也比低流速条件下、酸值高达 1.5～1.8mg KOH/g 的油液具有更高的腐蚀性，图 4-8 为流速对碳钢腐蚀速率的影响。

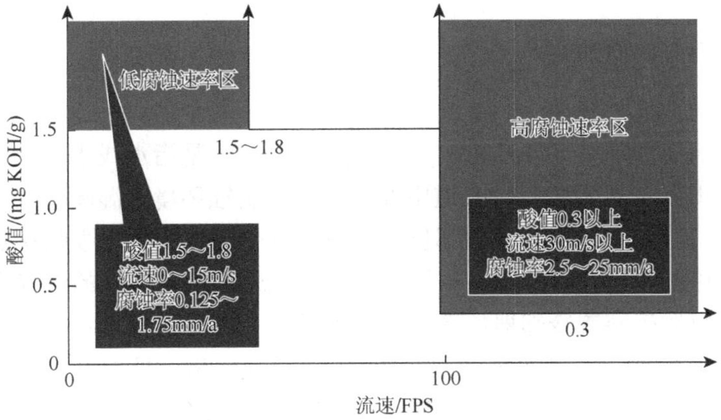

图 4-8　流速对碳钢腐蚀速率的影响

现场经验中，凡是有阻碍液体流动从而引起流态变化的地方，如弯头、泵壳、热电偶套管插入处等，环烷酸腐蚀特别严重。

Craig 在高压釜的搅拌器上悬挂试样进行的环烷酸腐蚀实验，结果表明：腐蚀速率与流速的 0.7 次方成正比，扩散是腐蚀反应速率的控制因素。控制因素可能是环烷酸扩散到金属表面的速度，也可能是环烷酸亚铁扩散到油中的速度。

6）硫含量的影响。油气中硫含量也影响环烷酸腐蚀，硫化物在高温下会释放出 H_2S，H_2S 与钢铁反应生成硫化亚铁，覆盖在金属表面形成保护膜，这层保护膜不能完全阻止环烷酸的作用，但它的存在显然减缓了环烷酸的腐蚀。国外报道低硫的美国海湾原油需要高 Mo 含量合金，而高硫的加利福尼亚原油在同样温度及酸值条件下却不需要高 Mo 含量合金，证明高硫含量能抑制环烷酸腐蚀。所以，硫含量增加可能使环烷酸的临界酸值有所提高。

7）冶金因素的影响。经过固溶处理的不锈钢材，腐蚀速率总是十分低（小于0.036mm/a）；敏化处理对304、316和317不锈钢腐蚀速率的影响各不相同，随酸值和温度的提高，敏化后304不锈钢的腐蚀率明显变大，而敏化的316和317不锈钢的腐蚀速率低于0.066mm/a；稳定化处理对304、316和317不锈钢的腐蚀速率影响也各不相同。316和317不锈钢稳定化后腐蚀速率与固溶处理或敏化处理后的腐蚀速率相比也比较高。

在204℃时，410不锈钢表面钝化膜被破坏的情况下，其腐蚀速率急剧上升，由0.005mm/a上升到0.27mm/a；但在249℃时，相应的变化只是从2.8mm/a上升到3.2mm/a。这些数据说明，在高温和高酸值条件下，纯铁的丧失是使410不锈钢腐蚀速率急剧上升的主要原因。在249℃时，将304和304L预活化，其腐蚀速率增加，但增加幅度不大，说明304较410有较好的钝化和再钝化能力。随钢中Cr、Mo含量增加，耐蚀性提高。

4.1.4 与氢有关的腐蚀[11-14]

（1）湿硫化氢的腐蚀

湿硫化氢腐蚀环境，即H_2S+H_2O型的腐蚀环境，是指水或水物流在露点以下与H_2S共存时，在压力容器与管道中发生的开裂腐蚀环境。湿硫化氢环境广泛存在于炼油厂二次加工装置的轻油部位，如流化催化裂化装置的吸收稳定部分、产品精制装置中的干气及液化石油气脱硫部分、酸性水汽提装置的汽提塔、加氢裂化装置和加氢脱硫装置冷却器、高压分离器及其下游的过程设备。湿硫化氢对碳钢设备可以形成两方面的腐蚀：均匀腐蚀和湿硫化氢应力腐蚀开裂。湿硫化氢应力腐蚀开裂的形式包括氢鼓泡（HB）、氢致开裂（HIC）、硫化物应力腐蚀开裂（SSCC）和应力导向氢致开裂（SOHIC）。

国内的腐蚀调查报告称：湿硫化氢对碳钢设备的均匀腐蚀，随温度的升高而加剧。在80℃时腐蚀速率最高，在110～120℃时腐蚀速率最低。另外，在开工的最初几天腐蚀速率可达10mm/a以上，随着时间的增长而迅速下降，到1500～2000h后，其腐蚀速率趋于0.3mm/a。最近的研究还发现，从酸性介质（pH=3～7）到碱性介质（pH=7～12），湿硫化氢应力腐蚀开裂均能发生。湿硫化氢不至于引起压力容器开裂的上限浓度目前尚未建立，但工业上的经验值为50mg/L。Exxon公司将湿硫化氢腐蚀环境下的压力容器分为两类：H_2S浓度大于50mg/L；氰化物浓度大于20mg/L和H_2S浓度大于50mg/L。

（2）高温氢腐蚀

高温氢腐蚀是在高温高压条件下扩散侵入钢中的氢与不稳定的碳化物发生化学反应，生成甲烷气泡（它包含甲烷的成核过程和成长），即$Fe_3C+2H_2 \longrightarrow CH_4+3Fe$，并在晶间空穴和非金属夹杂部位聚集，引起钢的强度、延性和韧性下降与劣化，同时发生晶间断裂。由于这种脆化现象是发生化学反应的结果，所以它具有不可逆的性质，也称永久脆化现象。

高温氢腐蚀有两种形式：一是表面脱碳；二是内部脱碳。表面脱碳不产生裂纹，在这点上与钢材暴露在空气、氧气或二氧化碳等一些气体中所产生的脱碳相似，表面脱碳的影响一般很轻，其钢材的强度和硬度局部有所下降而延性提高。内部脱碳是由于氢扩散侵入钢中发生反应生成了甲烷，而甲烷又不能扩散出钢外，就聚集于晶界空穴和夹杂物附近，形成了很高的局部应力，使钢产生龟裂、裂纹或鼓泡，其力学性能发生显著的劣化，如图 4-9 所示。

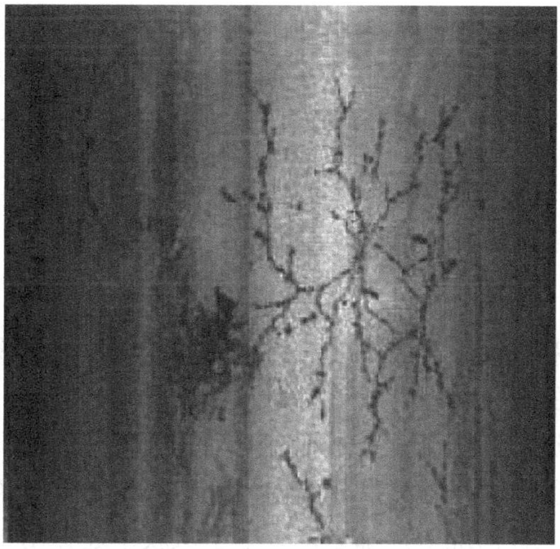

图 4-9　高温氢腐蚀产生的裂纹

高温高压氢引起钢的损伤要经过一段时间。在此段时间内，材料的力学性能没有明显的变化；经过此段时间后，钢材强度、延性和韧性都遭到严重的损伤。在发生高温氢腐蚀之前的此段时间称为“孕育期”（或称潜伏期）。“孕育期”的概念对于工程上的应用是非常重要的，它可被用来确定设备所采用钢材的大致安全使用时间。“孕育期”的长短取决于许多因素，包括钢种、冷作程度、杂质元素含量、作用应力、氢压和温度等。

影响高温氢腐蚀的主要因素如下。

1）温度、压力和暴露时间的影响。温度和压力对氢腐蚀的影响很大，温度越高或者压力越大，发生高温腐蚀的起始时间就越早。

2）合金元素和杂质元素的影响。在钢中凡是添加能形成很稳定碳化物的元素（如铬、钼、钒、钛、钨等），就可使碳的活性降低，从而提高钢材抗高温氢腐蚀的能力。

在合金元素对抗氢腐蚀性能的影响中，元素的复合添加和各自添加的效果不同。例如，铬、钼的复合添加比两种元素单独添加时可使抗氢腐蚀性能进一步提高。在加氢高压设备中广泛地使用着铬-钼钢系，其原因之一也在于此。

3）热处理的影响。钢的抗氢腐蚀性能，与钢的显微组织也有密切关系。对于淬火状态，只经很短时间加热就出现了氢腐蚀。但是一施行回火，且回火温度越高，由于可形成稳定的碳化物，抗氢腐蚀性能就得到改善。另外，对于在氢环境下使用的铬-钼钢设备，施行焊后热处理同样具有提高抗氢腐蚀能力的效果。

4）应力的影响。在高温氢腐蚀中，应力的存在肯定会产生不利的影响。在高温氢气中蠕变强度会下降。特别是由于二次应力（如热应力或由冷作加工所引起的应力）的存在会加速高温氢腐蚀。当没有变形时，氢腐蚀具有较长的“孕育期”；随着冷变形量的增大，“孕育期”逐渐缩短，当变形量达一定程度时，则无论在任何实验温度下都无“孕育期”，只要暴露在此条件的氢气中，裂纹就立刻发生。

4.1.5 高温氧化、高温硫化、渗碳与脱碳[15, 16]

（1）高温氧化

金属在高温下和其周围环境中的氧作用，生成金属氧化物的过程称为金属的高温氧化。氧化膜的成长机理：氧化物通常由离子晶体组成，氧化层生长过程中通常要发生物质的迁移。这个生长过程有下列几种可能的情况：①金属离子通过氧化膜向外迁移；②氧离子通过氧化膜向内迁移；③在一定条件下，上述两种情况同时进行。以上三种情况中，都必定有电子从膜中迁移出来，这样才能保持电中性。除氧气外，CO_2、H_2O、SO_2和H_2S也会引起高温氧化，其中水蒸气具有特别强的作用。

（2）高温硫化

金属在高温下与含硫介质（如H_2S、SO_2、Na_2SO_4、有机硫化物等）作用，生成硫化物的过程，称为金属的高温硫化。硫化也是广义上的氧化，但它比氧化更显著。这是因为硫化速度一般比氧化速率高1～2个数量级；生成的硫化物具有特殊的性质，如不稳定、容积比大、膜易剥离、晶格缺陷多、熔点和沸点低，易生成不定价的各种硫化物。此类硫化物与氧化物、硫酸盐及金属等易生成低熔点共晶。因此耐高温硫化材料不多。一般钢铁和低合金钢在300℃以上、不锈钢在600℃以上就会发生硫化腐蚀。

（3）渗碳和脱碳

钢的渗碳是由于高温下某些碳化物（如 CO、烃类）与钢铁接触时发生分解而生成游离碳，破坏氧化膜，渗入钢内生成碳化物的结果。在气体中有少量氧存在时，由于渗碳而生成蚀坑。腐蚀生成物是丝状的细片或粉末状的氧化物、碳化物和石墨等。在气体流速大的地方，腐蚀生成物易被冲刷掉而形成强烈腐蚀。渗碳会造成金属出现裂纹、蠕变断裂、热疲劳等现象。

钢的脱碳是由于钢中的渗碳体在高温下与气体介质作用所产生的结果，表面脱碳会造成钢铁表面硬度和疲劳极限的降低。反应方程式为：

$$Fe_3C+O_2 \longrightarrow 3Fe+CO_2$$

$$Fe_3C+H_2O \longrightarrow 3Fe+CO+H_2$$

$$Fe_3C+4H \longrightarrow 3Fe+CH_4$$

4.1.6　停工期间的连多硫酸腐蚀[17, 18]

连多硫酸最易发生在石化系统中由不锈钢或高合金材料制造的设备上，一般是高温、高压含氢环境下的反应塔器及其衬里和内构件、储罐、换热器、管线、加热炉炉管，特别易发生在加氢脱硫、加氢裂化、催化重整等系统中用奥氏体钢制成的设备上。这些设备在高温、高压、缺氧、缺水的干燥条件下运行时一般不会形成连多硫酸，但当装置运行期间遭受硫的腐蚀，在设备表面生成硫化物，装置停工期间有氧（空气）和水进入时，与设备表面生成的硫化物反应生成连多硫酸($H_2S_xO_6$)，即使在设备停工时通常也存在拉伸应力(包括残余应力和外加应力)，在连多硫酸和这种拉伸应力的共同作用下，奥氏体不锈钢和其他高合金产生了敏化条件，就有可能发生连多硫酸应力腐蚀开裂（SCC），见图 4-10。

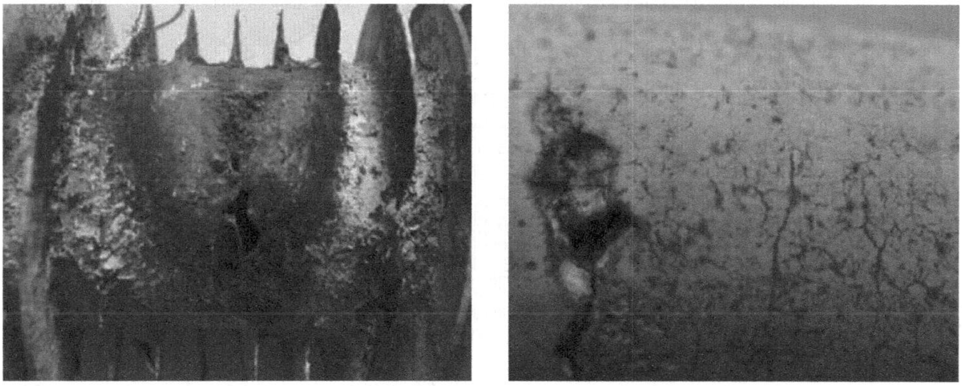

图 4-10　硫黄装置蒸汽过热器开裂（304H）

不锈钢或高合金材料制造的设备表面在操作运行中与环境中的硫化氢和活性硫发生反应生成 FeS。

$$Fe+H_2S \longrightarrow FeS+H_2 \quad Fe+S \longrightarrow FeS\text{（高温条件下）}$$

当设备停车或检修时，系统中的温度降低，外界大气就会进入，设备表面与大气中的氧和水充分接触，发生反应生成连多硫酸。

$$3FeS+5O_2 \longrightarrow Fe_2O_3{\cdot}H_2O+3SO_2$$

$$SO_2+H_2O \longrightarrow H_2SO_3$$

$$H_2SO_3+1/2O_2 \longrightarrow H_2SO_4$$

$$H_2SO_4+FeS \longrightarrow FeSO_4+H_2S$$

$$H_2SO_3+H_2S \longrightarrow H_2S_xO_6$$（其中 x=3，4，5）

在生成的连多硫酸中，生成 $H_2S_4O_6$ 的可能性最大。不锈钢和高合金材料中，特别是经过焊接或者在 370～815℃区域服役的材料最易发生 SCC，这些材料即使经过热稳定化处理以后在区域内停留较长时间也会发生 SCC，图 4-11 为典型不锈钢的连多硫酸温度-时间敏化图。连多硫酸应力腐蚀开裂往往与奥氏体钢的晶间腐蚀密切相关，往往是首先引起连多硫酸晶间腐蚀，接着引起连多硫酸应力腐蚀开裂。这主要是由于奥氏体钢在使用过程中在晶间附近产生铬的碳化物沉淀，随着铬的碳化物在晶间附近析出，会造成晶间附近的严重贫铬，所以这些区域首先发生连多硫酸的晶间腐蚀，由于材料中拉应力的存在，在设备的一些薄弱区域会发生连多硫酸应力腐蚀开裂。

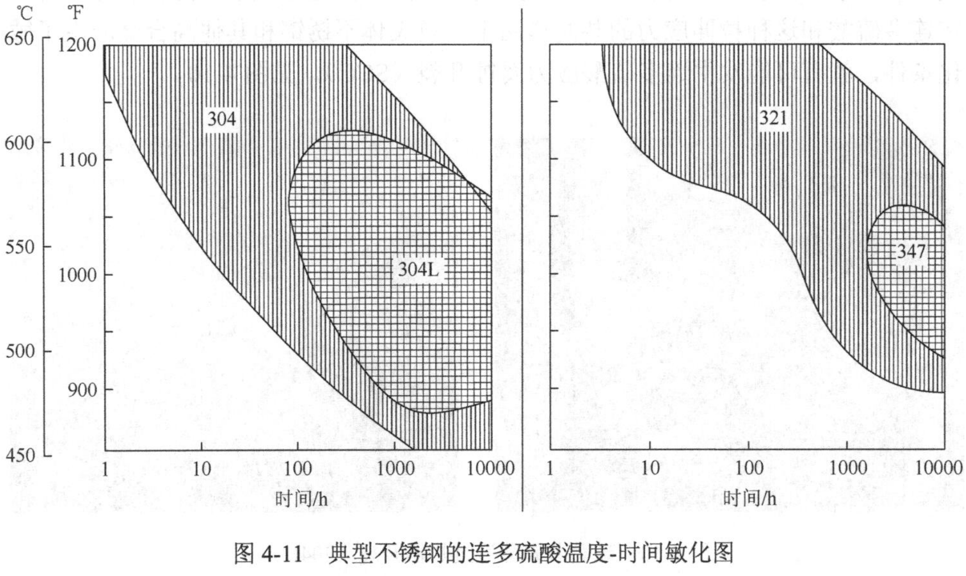

图 4-11　典型不锈钢的连多硫酸温度-时间敏化图

4.1.7　高温烟气硫酸露点腐蚀[19]

加热炉中燃料油在燃烧过程中生成高温烟气，高温烟气中含有一定量的 SO_2 和 SO_3，在加热炉的低温部位，SO_3 与空气中的水分共同在露点部位冷凝，生成硫酸，产生硫酸露点腐蚀，严重腐蚀设备。在炼油厂多发生在加热炉的低温部位，如空气预热器和烟道（图 4-12）、废热锅炉的省煤器及管道等。

图 4-12 空气预热器烟气露点腐蚀

燃料重油中通常含有 2%～3%的硫及硫化物，在燃烧中大部分转化为 SO_2，其中 1%～5%在一定条件下与氧反应生成 SO_3。干式 SO_3 对设备几乎不发生腐蚀，但当它与烟气中的水蒸气结合形成硫酸蒸气时，却大大提高了烟气的露点，在装置的露点部位发生凝结，严重腐蚀设备。

$$S+O_2 \longrightarrow SO_2$$

$$SO_2+1/2O_2 \longrightarrow SO_3$$

$$SO_3+H_2O \longrightarrow H_2SO_4$$

研究表明：高温烟气硫酸露点腐蚀与普通的硫酸腐蚀有本质的区别，普通的硫酸腐蚀为硫酸与金属表面的铁反应生成 $FeSO_4$。而高温烟气硫酸露点腐蚀首先也生成 $FeSO_4$，$FeSO_4$ 在烟灰沉积物的催化作用下与烟气中的 SO_2 和 O_2 进一步反应生成 $Fe_2(SO_4)_3$，而 $Fe_2(SO_4)_3$ 对 SO_2 向 SO_3 的转化过程有催化作用，当 $pH<3$ 时，$Fe_2(SO_4)_3$ 本身也将对金属腐蚀生成 $FeSO_4$，形成 $FeSO_4$、$Fe_2(SO_4)_3$、$FeSO_4$ 的腐蚀循环，大大加快了腐蚀速率，据报道：用普通碳钢制成的设备，国内腐蚀穿孔的最短时间为 12 天。

4.2 国内炼油企业的腐蚀与防护现状

4.2.1 国内炼油企业腐蚀现状[20-26]

国外对含硫及高含硫原油，特别是针对含硫和高含硫原油加工对装置造成的腐蚀问题，对其硫分布和活性硫分布、硫腐蚀机理及工程上的防护对策已有较为深入的研究和应用，如应用比较成熟的工程经验曲线 McConomy 曲线、Copper 曲线等；API 571 对炼油企业出现的硫腐蚀（低温硫腐蚀及应力腐蚀开裂、高温硫腐蚀）的腐蚀损伤机理、形态、影响因素、发生的装置和设备及检验、监检测、预防和减缓措施做了较为详细的介绍；美国腐蚀工程师协会颁布了很多关于炼厂硫腐蚀防护方面的标准和实践指南。同国外相比，我国加工劣质原油的历史相对短一些，但是在生产实践和科研中也积累了一些宝贵的经验，如寻找新的工艺路线，以此解决劣质原油加工过程出现的严重腐蚀问题；同时，中石化制定了一些行业标准和管理规定来指导企业设备防腐管理，如《高硫原油加工装置设备和管道设计选材导则》（SH/T 3096—2012）、《高酸原油加工装置设备和管道设计选材导则》（SH/T 3129—2012）、“一脱三注工艺防腐蚀管理规定”等。

在高酸原油加工方面，中石油在过去掺炼含酸原油的基础上，尝试了高酸原油单独加工，中石化沿江和沿海部分企业为了降低炼油成本，也通过掺炼形式陆续加工过一些高酸原油。同时也要看到，国内大部分炼油装置设备老化、超期服役严重，原设计大部分加工低硫低酸原油，不具备加工劣质原油的条件，装置处理能力偏低，这种现状缩短了装置的运行周期，也限制了企业对不同品质原油的加工应变能力，增加了企业的运行成本，直接影响其经济效益。材质升级在应对劣质原油加工中的腐蚀中起至关重要的作用，已越来越受到大家的重视。国内在消化吸收国外选材系统研究和开发方面取得不少成果的同时，积极总结了多年来加工劣质原油主要设备和管道材料使用成功的经验，重新修订了两个设计选材导则，在修订过程中，参考近年来国内加工劣质原油企业主要设备和管道材料使用成功的经验和教训，以及国外石油公司的大型炼油厂加工劣质原油工艺装置选材的相关案例，借鉴和部分采用了 API 和 NACE 在劣质原油加工过程中对材料腐蚀的最新研究成果及出版的最新标准，有力提升了材料防腐水平。虽然我国装置的设备、管线材质大幅提高，但不可否认的是，监督工作还远未结束，材质升级不到位、不及时等问题依然存在。

从中石油、中石化、中海油调研的情况看，近年来由于加工原油性质不断劣质化，设备、管线材质不到位等多方面的原因，导致炼油装置的腐蚀问题频频出现。炼化企业在加工劣质原油后，对炼油装置的腐蚀风险进行分析，主要表现在以下几个方面。

1）腐蚀泄漏、非计划停工次数增多。中石油为了全面了解、掌握炼化装置的设备腐蚀与防护情况，开展了炼化分公司全系统腐蚀与防护调研。调研的结果是：加工高（含）硫的进口原油（如俄罗斯原油、哈萨克斯坦原油、中东原油）及高酸值稠油（如辽河原油、克拉玛依稠油）的炼油装置设备腐蚀比加工其他原油的腐蚀严重得多。中石油 2011 年以来，加工劣质原油的炼厂腐蚀呈上升态势，腐蚀泄漏引发了多起安全事故。

2）腐蚀分布范围广。通过调研发现，发生腐蚀的部分分布范围很广，各类生产装置均出现了不同程度的腐蚀。一方面，原油不断变稠、变重、含盐量增加，加重了脱盐难度；另一方面，原油开采过程中加入的各种助剂，使得原油与水的乳化程度增加，原油破乳脱水困难，如部分胜利原油和塔河原油；同时，硫含量和酸值的增加，势必对装置的正常运行造成冲击，不仅一次加工装置腐蚀加重，也引起二次加工装置的腐蚀。

3）长期超设防值造成严重腐蚀。近年来，国内炼油装置加工原油劣质化程度加重，炼油装置对腐蚀介质设防不足非常突出，一方面表现为常减压装置加工原油超设防值的情况较多，而且常减压装置设防值的制定没有统一的规范标准；另一方面，大部分企业二次加工装置没有制定控制标准。这使得加工劣质原油后，常减压蒸馏装置和主要二次加工装置产生了严重的腐蚀。装置长周期安全运行，是反应操作水平的重要指标，而且具有巨大的经济效益。但是，装置的长周期运行，使得腐蚀风险加大，一些短期内不会出现的腐蚀问题会变得更加敏感，进而给装置的安全运行带来较大的风险。

4）高温硫腐蚀加重。高温硫腐蚀一般发生在 230℃以上的含有硫化合物的部位，大部分情况下表现为全面腐蚀，在一定环境中也可发生局部腐蚀。图 4-13 是高温硫腐蚀宏观形貌。原油中硫含量的增加，会造成高温部位的高温硫腐蚀更加突出，一旦出现高温硫腐蚀导致的腐蚀减薄、腐蚀泄漏等问题，往往会造成较为严重的后果。

图 4-13　常压塔塔盘高温硫腐蚀

5）环烷酸腐蚀严重。原油酸值的增加，特别是高酸原油的加工，使得环烷酸引起的设备和管线的腐蚀尤为严重。图 4-14 是减压塔填料的高温环烷酸腐蚀。环烷酸可能因为原油的产地不同而导致腐蚀性差异很大，同一种原油中的环烷酸也可能因为相对分子质量或者分子结构的不同而腐蚀性各异。目前对环烷酸在工业实际中各馏分的分布及其相对分子质量大小了解不多，更缺乏对不同馏分中环烷酸腐蚀性的研究。环烷酸引起的腐蚀主要发生在常减压装置，尤其是减压塔高温部位及附属管线环烷酸腐蚀严重。由于环烷酸腐蚀形成的环烷酸铁是油溶性的，在原油的高温高流速区域，环烷酸腐蚀呈顺流向的流线沟槽，在低流速区域，则呈边缘锐利的凹坑状。

图 4-14　减压塔与填料的高温环烷酸腐蚀

6）有机氯引起腐蚀。原油中有机氯增加，使蒸馏装置塔顶的氯离子明显偏高，甚至在一些相对较重的馏分油中也发现了氯离子。同时，二次加工装置的原料中也发现有氯离子，如催化、加氢精制、渣油加氢等。由于二次加工装置的关键部位大量使用奥氏体不锈钢，对氯离子很敏感。因此，应加快开展有机氯的脱除和转化研究，找出对策解决有机氯的问题。

7）多相流腐蚀。多相流腐蚀可以说广泛存在于石油炼制过程中，它受到温度、压力、介质、流速、流态等因素的影响，影响因素多，腐蚀形态多样，给炼油装置的安全运行造成了巨大威胁。在炼油装置中，发现多相流腐蚀较多的部位有：加氢反应流出物换热器、空冷器及其管道系统；常减压塔顶回流系统换热器和空冷器及管道系统；分馏塔顶回流线空冷器、水冷器、管束、管道系统及塔底循环系统；脱硫系统；焦化系统等。在多相流状态下，腐蚀往往表现为腐蚀减薄、冲蚀、磨蚀、垢下腐蚀等。

8）腐蚀监检测效果不佳。原油劣质化之后，为了及时发现腐蚀部位进而及时解决腐蚀隐患，对腐蚀监检测手段提出了更高的要求。从国内腐蚀监检测技术来看，现有监检测措施较为单一，而且由于腐蚀受到多种因素的影响，企业在进行监检测时，只能进行大而全的监检测，造成人力物力的极大浪费，不仅不科学而且监检测效果并不理想。目前，炼油装置设备的局部腐蚀、应力腐蚀和氢腐蚀等一直没有很好的监测方法。

9）其他原因引起的腐蚀。其他原因引起的炼油装置腐蚀存在于建造过程及之后的检维修过程中。由于设计不当、选材不合适等人为原因也会引入新的腐蚀风险，这些腐蚀风险往往是在出现问题之后查找原因时才会被发现。

4.2.2　国内炼油企业腐蚀控制技术[20, 24, 27-32]

石油炼制企业是发生设备腐蚀的重灾区，特别是加工劣质原油后，腐蚀问题更为突出。随着我国加工劣质原油总量的增加，以及国家对安全问责和环境保护要求越来越严，今后对腐蚀防护技术要求将更高。为此，必须克服腐蚀与防护在认识定位上的滞后性，企业管理者必须充分认识到：腐蚀是环境引起的材料退化，其导致的直接后果就是缩短工程材料的使用寿命和发生灾难性的事故；国民生产总值高速增长，经济结构和管理模式巨变，各行业的腐蚀事故明显增加；腐蚀还威胁着环境安全，腐蚀产物或由腐蚀引发的化学物质的泄漏可能产生重污染；腐蚀造成的设备使用寿命的缩短，将造成装备生产力的损失、基础设施的恶化、炼化装备与设施服役能力的降低。因此，应加大对腐蚀防护领域的科研投入，开发新工艺、新设备，推广新技术、新成果。从劣质原油加工角度，首先应控制好原油酸值和硫含量，实施原油管理，并做好装置设防工作，以保证加工原油不超设防值；其次，深化对高温硫腐蚀、环烷酸腐蚀、有机氯及多相流腐蚀的研究，找到针对性的防腐措施；最后，还应开展在役装置加工劣质原油的腐蚀评估技术和腐蚀监检测技术的研究，为预测和及时发现腐蚀风险提供技术支持。

对于低温部位的腐蚀，重点针对以下腐蚀类型进行控制：①HCl 腐蚀。原油电脱盐效果差，将导致原油中的无机和有机氯化物带入蒸馏系统，经水解形成 HCl，以气相形式进入“三顶”，在露点附近形成盐酸，造成金属材料严重的露点腐蚀。②H_2S 腐蚀。加工含硫原油时，原油中存在有 H_2S 及硫化物裂解产生的 H_2S 气相。H_2S 在塔上部一般不具有腐蚀性，但当 H_2S 溶于水中，在低于 75℃时，腐蚀最为严重。H_2S 与金属反应形成金属硫化物如 FeS，腐蚀程度取决于水中 H_2S 的浓度。③有机酸腐蚀。加工含酸原油时，环烷酸裂解形成各种低分子挥发性有机酸，从甲酸到庚酸等，在塔顶易溶于冷凝物造成露点腐蚀。④铵盐腐蚀。随着塔顶氨和氯浓度的增加，在一定温度下，形成铵盐，造成塔盘堵塞、换热设备垢下腐蚀。传统的“一脱三注”仍是控制塔顶低温部位腐蚀的最有效措施：①选用高效的药剂，提高脱盐效果，不单是脱盐率，最主要的是使脱后原油的含盐量降到 3mg/L 以下，可减少因水解产生的 HCl 带入塔顶而造成的露点腐蚀。②选用高效有机胺中和剂减少氨水的注入量并最终取代传统的氨水，按露点和 pH 确定注入量，与 HCl 中和形成有机氯化铵盐。③注入高效油溶性成膜缓蚀剂，降低金属腐蚀速率。当采用水溶性缓蚀剂时，必须注入适量的水，稀释 NH_4Cl，防止铵盐垢下腐蚀。④采用自动注药设施，减少人为因素影响，提高“一脱三注”效果。

⑤按照中石化颁发的“炼油工艺防腐蚀操作细则”，加强管理。

对于高温部位的腐蚀，重点针对以下腐蚀类型进行控制。①硫腐蚀。含硫原油中的 H_2S、硫醇及元素硫等活性硫化物能与金属直接产生反应，造成腐蚀。非活性硫化物，如硫醚、多硫化物、噻吩等，在高温下也会发生分解，生成 H_2S 和元素硫。因此，加工含硫原油高温部位腐蚀主要来自 H_2S 和元素硫。当原油中硫含量为 0.2%时，在 230～455℃高温下就会对碳钢产生很强的腐蚀，随着钢材中 Cr 含量的增加，腐蚀率明显降低。可见，材质防腐是治硫腐蚀的重要手段。②环烷酸腐蚀。由于在 240～400℃高温下，环烷酸与金属铁反应生成油溶性的环烷酸铁，腐蚀产物脱落或溶解，或受冲刷产生的剪切力剥落，露出的新鲜金属表面会产生新一轮的腐蚀，多次循环，设备壁厚不断减薄，直至失去强度破裂或穿孔破坏；由于涡流和紊流对设备和工艺流程管道上管件的冲刷，加剧了腐蚀。以酸值为 1.5mg KOH/g 的原油为例，当原油的流速从 8m/s 增加至 22m/s 时，碳钢的腐蚀速率从 6mm/a 提高到 12mm/a，提高了 1 倍。各种材料的腐蚀速率有很大差异。例如，原油酸值为 3mg KOH/g 时，316 钢在 377℃高温下的腐蚀速率仅为 0.06mm/a，而 410 钢腐蚀速率则是其 360 倍，碳钢则达到 800 倍。高酸原油的腐蚀防护主要靠材质，但是，在减压塔内的规整填料是靠不住的，原因是填料的比表面积大，环烷酸腐蚀表现出来的是化学腐蚀，腐蚀介质与金属材料反应接触面大，腐蚀反应将更加充分；填料为了增大比表面积，往往做得越薄越好，导致金属材料的腐蚀裕量很小；减压塔需抽真空操作，形成了一个负压环境导致塔内介质的线速度大，更易产生冲刷腐蚀，而环烷酸的腐蚀恰恰又是冲刷型的腐蚀。基于以上分析，对加工高酸原油且使用规整填料的全填料减压塔的腐蚀防护问题目前还没有得到解决。③酸/硫相互作用的腐蚀。不论是高酸高硫原油，还是含酸高硫原油或高酸低硫原油，都会因酸、硫的相互作用而增强腐蚀性。

1. 工艺防腐技术

各企业采取的工艺防腐措施主要包括原油混炼、电脱盐、注水、注氨、注中和剂、注缓蚀剂、注中和缓蚀剂等。

（1）原油混炼

通过原油混炼来降低进装置原油的酸值和硫含量。目前国内炼厂由于受原油种类、数量和储运的限制，并不能完全依照进装置原油酸值和硫含量的许用值进行调配，因此无法保证每批进装置原油的酸值和硫含量满足设备防腐的要求。

（2）电脱盐

多数企业采用二级电脱盐技术，也有少数企业采用一级电脱盐或三级电脱盐技术。目前大部分企业脱后原油盐含量基本可控制在 3mg/L 以下，水含量可控制在 0.3%以下。另外，个别企业电脱盐装置的效果受原油品种变化的影响较大，如某石化企业加工海洋油时脱后含盐高达 5～6mg/L，加工其他原油时脱后原油含盐量在 3.0mg/L 以下。

虽然大部分企业脱后原油盐含量基本可控制在指标以内，但电脱盐效率差别比较大。电脱盐效率较高的企业脱前原油盐含量为 27～28mg/L，脱后原油盐含量 90%以上在 3mg/L 以下；电脱盐效率较低的企业脱前原油盐含量约为 3.4mg/L，脱后原油盐含量约为 2.8mg/L。

（3）防腐注剂

目前常减压蒸馏装置低温部位工艺防腐主要以“一脱三注”（注中和剂、注缓蚀剂、注水）和“一脱二注”（注中和缓蚀剂、注水）两种工艺为主，也有部分企业采用“一脱一注”的工艺。

从注剂来看，虽然各企业所选取的注剂位置，采用的注剂方式、类型、数量、注水水质，以及对控制指标的要求等各不相同，但均以控制塔顶冷凝水的 pH 和铁离子（≯3.0mg/L）为控制指标。从监测结果来看，国内大部分炼化企业控制基本能够达标。

1）电脱盐注剂。虽然大部分企业脱后原油的盐含量、水含量，以及塔顶冷凝水的 pH 和铁离子含量都可控制在指标以内，但仍有多家企业反映在各项指标都达标情况下，常减压塔顶换热器、空冷器仍然发生了腐蚀泄漏。这可能与原油开采、运输过程中加入的增油剂等使有机氯含量增加有关，而电脱盐并不能有效脱除有机氯，使腐蚀加剧。同时，脱后原油盐含量（≯3.0mg/L）与国际先进炼化企业相比还有一定差距，如美国壳牌公司下属企业脱后原油盐含量控制在 1.0mg/L 以下。在电脱盐过程中添加的注剂主要是破乳剂和脱钙剂。

破乳剂。由于国内外原油的组成各不相同，特别是原油中存在的乳化剂的类型和含量存在差异，因而造成破乳剂具有很强的针对性，一种特定类型的破乳剂仅满足少数原油的破乳要求。由于破乳剂针对性强，因而破乳剂的筛选和评定工作显得异常重要，通过筛选和评定工作可以筛选出合适的破乳剂，以满足现场的破乳要求。按照目前使用的情况，可将破乳剂分为水溶性破乳剂和油溶性破乳剂两大类，水溶性破乳剂在国内应用广泛，能满足大多数原油的破乳要求，但水溶性破乳剂由于水溶，在投加时需配制 1%的溶液加入，现场配制复杂，再者水溶性破乳剂在经过电脱盐后溶于水中，随电脱盐排出水进入污水处理系统，增加了污水处理系统的难度。在国外的炼油厂大多采用油溶性破乳剂，油溶性破乳剂的最大优势是破乳剂经电脱盐后存在于油中，可减轻污水处理的难度，而且油溶性破乳剂的加入量较少，仅为 2～5ppm。炼油厂可根据实际情况选择合适的破乳剂，但破乳剂在使用前必须经过实验室筛选和评定。

脱钙剂。近年来，我国原油中的钙含量明显增加，冀东重质原油、克拉玛依原油的钙含量已超过 140μg/g，是 1988 年原油钙含量的 5 倍；胜利、辽河、大港及冀东地区原油的钙含量也都比较高，国外原油中，美国加利福尼亚州的圣华金峡谷原油钙含量较高，减压渣油中钙含量达93μg/g。而过去减压渣油主要作为燃料油。如今，为提高原油的加工深度，越来越多的渣油被用作加氢裂化和催化裂化的原料。在加氢裂化工艺中，钙会使催化剂迅速失活或结垢，并且极易沉积在催化剂颗粒之间，尤其在固定床床层顶部，造成加氢反应器的压力降迅速升高，致使装置无法正常运行。钙也会使催化裂化催化剂中毒，表现为轻质油收率下降，催化剂结块，流化性能变差，剂耗增加，催化剂对原料的适应性差，以上现象称为钙中毒。对于延迟焦化工艺，钙会成为石油焦中的灰分，影响石油焦的质量，同时钙也是装置油垢的主要成分。此外，实验室和现场应用均表明含钙量高的原油电导率大，脱盐电流升高，脱盐电耗增加，不利于电脱盐装置的稳定操作。

因此，近年来脱钙技术的研究引起了人们的广泛关注，也出现了一些新的脱钙技术，如螯合沉淀法脱钙、加氢催化脱钙、膜分离法脱钙、CO_2 脱钙、树脂脱钙、生物脱钙等。其中螯合沉淀法脱钙可将脱钙剂作为一种助剂与破乳剂一起注入电脱盐装置中，不需要更改现有工艺，投资少、见效快、效果佳，受到普遍欢迎。目前已开发的脱钙剂主要有两大类：有机酸及其盐类和无机酸及其盐类。国外主要是Chevron公司开发的有机酸及其盐类。如一元羧酸、二元羧酸、氨基羧酸、羟基羧酸及其盐，也有一些无机酸及其盐被用作脱钙剂，如碳酸、硫酸及其盐，用硫酸及其盐的体系脱钙时，可能会有沉淀生成，为避免脱盐工艺复杂化，可加入一些沉淀抑制剂，如有机磷酸盐、氨基羧酸等螯合剂。

2）其他注剂。

（a）原油注碱

原油注碱的目的主要是使脱盐后残留在原油中的 $MgCl_2$ 和 $CaCl_2$ 变为不水解的NaCl，从而进一步减少HCl的生成量，以便更有效地控制腐蚀。原油在加热过程中已生成的HCl也能被注入的碱中和。注碱还能中和原油中促进盐水解的酸性物质和部分硫化物。

注碱的效果是十分显著的。通常可使氯化氢发生量减少99%左右。原油注碱后常压塔顶冷凝水氯离子和铁离子浓度大幅度降低。由于原油注碱后塔顶氯化氢浓度大幅度下降，因而挥发线注氨量也减少了。除节省氨用量外，还减少了氯化铵堵塞塔盘和冷凝器的现象，从而减轻了垢下腐蚀。原油注碱可注NaOH或 Na_2CO_3。两者相比，NaOH来源方便、用量少、经济，并且便于输送，但易引起换热器结垢和加热炉管结焦、碱脆等现象。

有的炼油厂为了避免碱脆，在NaOH水溶液中加入少量的硫酸铵。因为硫酸铵在加热时可放出氨中和氯化氢，而且生成的硫酸钙能抑制碱脆。还有的炼油厂为避免碱脆，在NaOH水溶液中加入 Na_2CO_3（1∶2）。

从注碱效果来看，注NaOH和 Na_2CO_3 的混合碱液也应当更有效。注 Na_2CO_3

对于除去钙盐是理想的，但对于除去镁盐效果较差；注 NaOH 对于除去镁盐很有利，而对除去钙盐则较差。因此，注两者的混合液，既可以有效地除去钙盐，又可以较好地除去镁盐。注 Na_2CO_3 通常不会引起换热器结垢及加热炉管结焦等问题。但是，如果操作不当，如注碱量不均匀，时多时少，也会带来一些害处。至于由注碱而增加的 NaCl 盐通常只占原油含盐量的 1/6～1/4，这对加热系统钠盐危害的影响是不大的。

注碱的位置一般在原油泵入口、原油泵出口、加热炉入口和转油线。大部分装置注碱（NaOH）于冷原油中（约 100℃），但发现换热器结垢严重。把碱直接注入高温（200℃以上）部位也有缺点，因为水分迅速闪蒸容易造成喷嘴堵塞及附近管线碱脆裂纹。因此，有的炼油厂将原油泵出口的冷原油分出 1%，在分流中注入碱液，充分混合后，再与热交换后的热原油（99%）混合进加热炉，或者直接在加热炉出口混合进塔，据说效果很好，能减少塔顶系统 95%的氯化氢，并且使用十几年来未曾发现因注碱而发生危害。

碱液浓度，一般为 3%～13%，8%以下占大多数，NaOH 溶液滤度以 2%～5%为宜，Na_2CO_3 溶液浓度可稍高至 4%～10%。通常，较稀的碱液在原油中的分布比较均匀，与盐的反应更为充分、中和效果也更加显著。曾经比较过 3%和 7%的 NaOH 溶液，在原油中注入相同数量的 NaOH，结果前者塔顶 HCl 的数量比后者少约 1/2。碱的注入量应根据原油氯化氢发生量而定。通常是按与钙镁盐完全作用所需碱理论量的 1.5 倍。但不同的原油，注碱量也不完全一样。当原油含盐量较低时（如 15mg/L），或者原油酸值高时，注碱量可适当加大。在实际操作中，控制塔顶冷凝水氯离子含量不大于 20ppm，可作为注碱量的参考数据。据统计，多数装置 NaOH 注入量为原油的 7～30ppm，平均 18ppm。而 Na_2CO_3 的注入量多为原油的 32～47ppm。实际上，当注碱量超过一定量后，效果已提高不大，反而还会带来一些害处，如换热器结垢、加热炉管结焦等。

（b）注中和剂

塔顶中和剂（注氨或胺）的主要作用是中和塔顶的腐蚀性酸液，提高冷凝液的 pH，塔顶中和剂的选择对初凝区的腐蚀程度起决定性作用。注胺（氨）类中和剂是目前炼油厂普遍采用的方法。通过酸的中和，pH 升高，生成氯盐，腐蚀降低。注有机胺中和剂比注无机氨更有利于减缓初凝区的腐蚀。

中和剂注入挥发线后分散不好或汽化不好，在气相与酸性气体的中和反应少，这样大量的中和剂需要进入水相才能发挥中和作用，而中和剂进入水相需要一定的凝结水量为基础，这样初凝区的腐蚀难以避免。由于中和剂注入挥发线后分散好并且汽化比较好，大量的中和剂和气相与酸性气体反应，一方面消耗了大量的酸性气体，另一方面生成的氨盐能迅速提高初凝水的 pH，减缓装置的腐蚀。由此可见，中和剂注入挥发线后分散或汽化的好坏对中和效果起决定性作用，在设备设计和中和剂选型时，应充分考虑。

在注氨过程中初凝区 NH_3 的溶解量非常少，难以中和初凝区高浓度的盐酸，造成初凝区设备的腐蚀，甚至穿孔。根据溶液的溶解平衡理论，找到一种具有中和 HCl 性能的碱性物质，在水中的溶解性与 HCl 相近，在初凝区 HCl 溶解于水中的同时，这种物质也可溶解于水中，迅速将 HCl 中和，从而保护初凝区的设备免受腐蚀。有机胺中和剂正是根据这一思路，挑选一系列的低分子有机胺和添加剂复配而成。有机胺中和剂由一系列低分子有机胺类组成，易溶于水。当有机胺中和剂注入塔顶挥发线后，在初凝区与 HCl 一同溶解于水中，迅速中和盐酸，使得初凝区的 pH 迅速升高，随着 HCl 的进一步冷凝，pH 逐渐降低，通过调整中和剂的注入量，控制排除水的 pH 为 6.5～7.5，从而避免塔顶冷凝冷却系统处于酸性条件下，可有效减缓设备的腐蚀。另外，有机胺中和剂与 HCl 中和的产物为液体且易溶于水，可避免由于注氨造成的垢下腐蚀。在现场的具体操作中，有两种方案得到炼油厂的认可：一种是采用氨水和有机胺混合使用，优点是利用有机胺中和初凝区的 HCl，利用廉价的氨水调节 pH，可有效控制初凝区的腐蚀且投入成本少，缺点是存在铵盐的结垢问题。另一种方案是全部采用有机胺中和剂，但控制塔顶的 pH 为 5.0 左右，配以性能优异的缓蚀剂，与将 pH 调节到 7.0 以上相比，可节约中和胺的用量，成本与氨水和有机胺混注相当。这两种方案都有炼油厂采用。

（c）注缓蚀剂

常减压装置塔顶冷凝冷却系统的缓蚀剂采用成膜性缓蚀剂，主要成分包括烷基吡啶季铵盐、烷基酰胺、烷基咪唑啉季铵盐、成膜剂和添加剂。高温缓蚀剂一般为两类，一类是含有活性硫组分的非磷系缓蚀剂，一类是磷系缓蚀剂。非磷系缓蚀剂的活性硫组分在高温下能产生硫化物作用，从而形成一层硫化物的膜以阻止环烷酸的腐蚀，但是随着温度的升高（温度高于 290℃）和酸值的增加（酸值大于 1.0mg KOH/g 时）。硫化物膜会与具有活性的环烷酸亚铁反应而失去保护作用，磷系缓蚀剂在高温下具有一定程度的热裂解作用，从而形成具有活性组分的物质，其与金属能形成一层质密的膜，达到保护金属外壁的作用。

目前只有少数企业常减压装置在高温部位加注缓蚀剂，如吉林石化常减压装置在脱后原油线注高温缓蚀剂，乌鲁木齐石化在常减压装置减二中和减二中回流线等部位注高温缓蚀剂，在一定程度上缓解了设备腐蚀。

针对催化裂化装置分馏塔顶腐蚀问题，均采取了注水、注中和剂、注缓蚀剂的工艺防腐措施。从分馏塔顶冷凝水铁离子分析结果可以看出，在催化裂化装置分馏塔顶采取工艺防腐措施确实能对腐蚀起到一定的抑制作用。抚顺石化和兰州石化通过在催化裂化装置分馏塔顶循环系统加注缓蚀剂，抑制了顶循系统的设备腐蚀。一些企业还对重整装置预分馏塔、汽提塔、稳定塔塔顶、焦化装置分馏塔塔顶、加氢装置分馏塔顶采取了加注缓蚀剂或中和缓蚀剂的工艺防腐措施，取得了一定的效果。

针对乙烯装置的工艺急冷水系统和压缩机段间冷却系统的腐蚀采取了不同的工艺防腐措施，有些为多点单剂注入，有些为多点多剂注入，在一定程度上控制了腐蚀。另外，抚顺石化乙烯装置还在工艺急冷水系统采用了 pH 在线监测与注剂自动控制系统，效果较好。吉林石化和独山子石化还在碳五系统加注缓蚀剂，使该系统的设备腐蚀得到了有效控制。

2. 材料升级技术

材质升级是当前各企业采取的简单有效、最常用的设备防腐措施，但材质升级也要付出高昂的代价。目前各企业材质选用缺乏技术指导，没有类似“规程”“导则”指导意见”的技术文件可供遵循，选材错误时有发生。如某厂丙烯胺分布器的材质，原设计使用日本牌号 STPT42 材质，使用 13 年后需要更新，更换为 15CrMo 后，使用 4 年就发生严重“渗氮”腐蚀脆性开裂，2008 年又改为 $20^{\#}$钢，目前未发现腐蚀问题。

（1）炼油装置

目前炼油装置低温部位使用最普遍的材质是碳钢（$10^{\#}$、$20^{\#}$、16Mn 等）。一些企业由于工艺防腐效果较差，采取材质升级的措施，如选用 08Cr2AlMo、09Cr2AlMoRe、300 系列不锈钢、2205 双相钢等材质；也有部分企业采用复合板内衬的方式，如空冷管束入口衬钛管，塔体采用 16MnR+0Cr13 复合板等。

由于高温部位（温度大于 220℃）设备管线腐蚀受原油性质影响较大，加工优质原油与劣质原油的企业选材存在较大差异。加工低硫低酸原油的企业在高温系统大多采用碳钢或 Cr-Mo 钢，装置高温系统腐蚀不明显，在目前原油性质不发生较大改变的情况下，可满足加工要求，但也有企业将部分设备管线材质升级为 300 系列不锈钢；加工高硫（含硫）原油的企业，选材等级相对较高，普遍选用 Cr-Mo 钢、Cr13 和 300 系列不锈钢等或 300 系列不锈钢内衬；加工高酸（含酸）原油的企业，高温腐蚀问题突出，进行了大量材质升级工作，目前材质以 300 系列不锈钢为主，重点部位大多使用 316L。

（2）化工装置

由于化工装置加工原料与工艺介质的性质一般较为稳定，腐蚀性变化不大，因此材质选用主要分为两类：一类装置工艺介质腐蚀性较弱，材质以碳钢为主，通过工艺防腐和局部材质升级可有效控制设备管线腐蚀，如乙烯装置和乙二醇装置等；另一类装置部分工段的工艺介质腐蚀性极强，比较严重的腐蚀主要是强酸、强碱导致，所以使用的材质等级一般较炼油装置高，但实际效果仍差强人意，如 PTA 装置的反应系统和配料系统，一些企业在局部工段选用 2205 双相钢、钛材或哈氏合金后仍无法有效解决腐蚀问题，装置运行周期很难达到一年。存在类似问题的还有烷基苯、硝酸、丙烯腈等装置，这些装置的共性是目前缺乏合理有效的防腐技术，只能依靠牺牲材质换取产量。

（3）化肥装置

目前化肥装置的腐蚀防护主要依靠材质升级，例如，针对高温氢损伤都是依据纳尔逊曲线选材进行防腐，常用材质为 Cr-Mo 钢或奥氏体不锈钢，考虑到经济性和材质中的有害元素，Cr-Mo 钢应用较多；对于净化装置的碳酸腐蚀采取升级为 304 材质的措施；应对尿素装置高压设备、管线的高压甲铵腐蚀，基本选材是 316L 材质，升级为 CrNiMo25-22-2、2205、2507 等材质后仍需辅以工艺防腐，选用超级双相钢后一般不需工艺防腐，但投资成本较大。

3. 表面处理技术

目前，国内炼化企业采取的表面处理工艺主要包括碳钢渗铝渗锌、非金属涂层、Ni-P 镀层技术、聚四氟乙烯内衬技术及阴保技术等。

（1）碳钢渗铝渗锌

该类技术主要用于耐高温环烷酸腐蚀和高温硫腐蚀。多数国内炼化企业采用了此类技术，并取得了良好的效果。例如，哈尔滨石化催化装置高温换热器芯子采用碳钢渗铝；吉林石化炼油装置的部分设备也采用了碳钢渗铝（浸铝）、浸锌；辽阳石化多套装置换热器均采用了碳钢渗铝（浸铝）；大连石化蜡罐采用了热喷铝、蒸馏和减黏装置冷换设备管束采用了碳钢渗铝；乌鲁木齐石化炼油厂换热器采用了碳钢渗铝，均使腐蚀得到了有效控制。

（2）非金属涂层

油品储罐及水冷器大多采用涂层防腐，防腐效果较好的是钛纳米聚合物涂料和防 H_2S 应力腐蚀的 Zare 涂料。但钛纳米聚合物涂料价格较贵；Zare 涂料可以有效解决 H_2S 应力腐蚀问题；另外，TH-901 涂料、PU-91 弹性聚氨酯导静电涂料、热固化涂料、冷固化涂料及 SHY-99 防腐涂料等也在各炼厂均有应用。

（3）Ni-P 镀层技术

Ni-P 镀层可以耐 H_2S、HCl 腐蚀，以及高温环烷酸和硫腐蚀，目前部分企业采用了该技术，主要应用在冷换设备上，防腐效果良好。

4. 阴极保护技术

目前，埋地管道、储罐及水冷器腐蚀防护情况不容乐观，厂区埋地管网腐蚀情况尤其突出。阴极保护是对埋地管道及储罐进行腐蚀防护的主要措施之一。厂区埋地管道阴极保护覆盖比例＜20%，早期建成的储罐采用阴极保护技术少，近 25%的厂区在役埋地管网阴极保护系统基本失效；大多数企业缺乏阴极保护专业技术人员，阴极保护系统及保护效果的监检测不系统、数据不完整，缺乏自动采集和数据处理系统，没有辅助分析决策支持系统，无法及时发现问题。

少部分企业应用阴极保护技术取得了较为显著的效果。辽阳石化于 1990～1994 年间在埋地管网应用阴极保护技术，系统运行后，管道泄漏从 1990 年的 127 个漏点减少到 1995 年的 8 个漏点，下降比例＞93%，成为区域性阴极保护的成功案例。

阴极保护的另一主要用途是水冷器防腐，即通过在水冷器内部安装牺牲阳极减缓设备腐蚀。大庆石化与高校联合开发的牺牲阳极阴极保护措施，有效延长了水冷器的使用寿命，投入产出比为 1∶8 左右。但总体来说，目前此项技术的推广应用率还比较低。

4.3　我国炼化装置腐蚀案例分析

目前国内炼化企业设备腐蚀的总体情况是：加工高（含）硫的进口原油（如俄罗斯原油、哈萨克斯坦原油、中东原油）及高酸值的稠油（如辽河原油、克拉玛依九区稠油）的炼油装置设备腐蚀严重，加工低硫、低酸原油（如大庆原油、长庆原油）的炼油装置设备腐蚀相对较轻，但各企业的炼油装置都存在不同程度的腐蚀问题。炼油装置设备腐蚀的根本原因，来源于原油进厂带来的腐蚀性物质（如硫、氯、氮、以环烷酸为代表的有机酸等），这些腐蚀性物质大部分是原油本身带来的，少部分是原油开采、运输等过程中带来的。

4.3.1　常减压装置的腐蚀及控制案例分析[20, 33-38]

常减压装置仍然是腐蚀问题最多的装置，主要表现在：由于硫、氯离子露点腐蚀，“三顶”腐蚀严重。例如，大部分常压塔上部筒体复合层、塔盘均存在或轻或重的腐蚀问题；塔顶空冷管束泄漏、冷却器管板胀接或焊缝处腐蚀开裂、管线减薄泄漏等；由于环烷酸冲刷腐蚀，减压塔填料腐蚀减薄塌陷，特别是减三、四线处，填料减薄塌陷严重；筒体腐蚀情况普遍发生，有的仅一个周期筒体复合层就腐蚀殆尽。低温腐蚀：无机盐（如氯化镁、氯化钙）被加热到 120℃以上遇水水解，生成 HCl 气体工艺流程中易产生盐酸露点腐蚀，若有 H_2S 存在可加速腐蚀。图 4-15 是常减压系统的低温酸腐蚀宏观形貌。主要存在于三塔顶部及塔顶冷凝冷却系统（工艺管线、换热设备和回流罐等）。一般气相部位腐蚀较轻微，液相部位腐蚀严重，尤以气液两相转变的露点区间（100～120℃）最为严重。在冷凝过程中的初凝点是盐酸腐蚀，以后的冷凝过程中水分增加，氨（胺）开始中和盐酸形成碱性环境。如果氨过量并且注水量不足，在塔顶冷凝系统、分液罐底将形成氨盐垢下腐蚀。目前国内外控制“三顶” Cl^-含量的手段有限，唯一的工艺是采用电脱盐。虽然深度电脱盐能将原油中大部分无机盐脱除，但不能脱除某些结晶盐类与原油在开采和输送过程中添加的有机氯助剂，在随后的加工过程中仍然会分解出 Cl^-，并对“三顶”及其冷换系统造成严重腐蚀。高温环烷酸腐蚀：环烷酸的质量分数通常占石油中酸性物质总含量的 90%左右，它是一类十分复杂、有着宽沸程的羧酸混合物的总称，是含有一个或多个饱和五元环和六元环的有机酸，通常为一环至六环。环烷酸主要集中在 210～420℃的馏分中，相对分子质量为 180～700，以 300～400 居多。环烷酸与铁反应生成油溶性环烷酸铁，脱离金属表面，腐蚀仍可继续进行。故环烷酸腐蚀的金属表面清洁、光滑无垢，流速大时出现沟槽状腐蚀。硫化氢的存在一方面加剧腐蚀，另一方面生成的硫化亚铁膜在一定程度上可减缓腐蚀。但环烷酸又可溶解保护性硫化亚铁膜，使腐蚀继续进行。一般认为，环烷酸腐蚀通常发生在原油酸值大于 0.5mg KOH/g 或者馏分油酸值大于 1.5mg KOH/g，温度在 220～400℃的工艺介质中。环烷酸腐蚀经常发生在塔盘、塔壁、炉管、转油线、高温管线等部位，随温度的升高腐蚀性逐渐增强。通常认为环烷酸的腐蚀性随总酸值的升高而增强，随酸值的升高环烷酸腐蚀发生的临界流速明显降低。流速和流态是影响环烷酸腐蚀的非常重要的因素，湍流部位腐蚀最为严重，如三通、弯头和泵等。现场经验也表明，凡是有阻碍流体流动从而引起流态发生变化的地方环烷酸腐蚀特别严重。

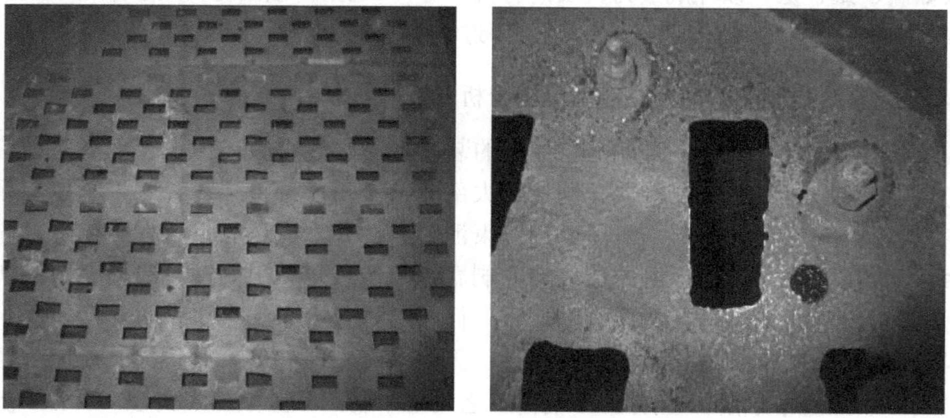

图 4-15　常减压系统的低温酸腐蚀宏观形貌

影响环烷酸腐蚀的主要因素有原油酸值、温度、流速和流态、硫含量和金属材质等。李志强、柯伟研究了原油酸值、流速和流态及材质因素对环烷酸腐蚀的影响，认为酸值是预测原油中环烷酸腐蚀性的重要参数，但不是唯一和绝对的；流速和流态对环烷酸腐蚀有重大影响，高温和高流速下，酸值很低，碳钢就可能有很高的腐蚀速率；不锈钢中钼含量增多，可以提高它的耐环烷酸腐蚀性能，在油流速快时，钼的作用更明显。关于原油酸值，有研究者对辽河原油进行高温腐蚀实验时发现，辽河原油中加入不同量的环烷酸，原油的腐蚀性与酸值成正比。需要指出的是，上述结果的前提是对于同一种环烷酸而言。对于酸值相同而环烷酸品种不同的原油，总酸值不是确定腐蚀性的唯一因素，环烷酸的分子结构和相对分子质量对腐蚀性影响显著。关于温度，环烷酸腐蚀发生在 220～400℃的温度范围。在更高的温度下环烷酸会分解，在更低的温度下腐蚀率不高。现场测量结果显示在冷凝点时环烷酸腐蚀最严重，这是因为在冷凝点以下蒸气流将凝集的液体平铺在金属表面上。对大多数钢，温度每增加 55℃，腐蚀速率近似增加到原来的 3 倍。关于流速与湍流，介质流速和湍流是环烷酸腐蚀的两个重要参数，腐蚀速率总是随流速的加快而线性增加。有报道指出，对 280℃的白油环烷酸混合物的研究表明，在液相速率高达 4m/s 时，流速对腐蚀的影响相当小，相反，当速率从 0 增加到 12m/s 时，气相腐蚀剧烈增加，这是由于在金属表面形成冷凝液膜。随着流速的进一步增加，离心力在体系中阻止了凝析液膜的形成，从而使腐蚀减轻。高流速或湍流能促进环烷酸腐蚀，但是这种效应在蒸馏、换热器及管线充满液体时通常并不显著。由于高流速和两相流的同时存在，流体的流动显著影响炉管和转油线的腐蚀。流速与湍流对腐蚀速率的影响，还反映在流动介质对腐蚀产物的清洗上。高速流动的油液能更好地除去油溶性的腐蚀产物环烷酸铁 $Fe(RCOO)_2$，暴露出新鲜的金属表面，促进了腐蚀进程。关于物理状态，环烷酸的物理状态不同（气相或液相），其腐蚀性也不同。例如，在减压塔中，由于冷凝的液态酸存在，腐蚀现象严重，而处于气态的管线腐蚀显得较轻。换句话说，低于环烷酸沸点或处于冷凝温度时腐蚀最为严重。然而，由于环烷酸是从 200～400℃的沸程收集起来的有机酸混合物，在给定温度下预测环烷酸腐蚀程度较为困难，必须首先知道有机酸的组成。在液/气界面线，由于形成的液膜覆盖于金属表面，腐蚀现象较严重。显然，冷凝液膜的腐蚀性与冷凝物中的含酸量直接相关，沸点相似的碳氢化合物的存在能将酸类物质稀释，这将改变腐蚀速率，同时液膜中的环烷酸种类也对腐蚀速率有影响。防腐对策：一是提高材质，是抗环烷酸腐蚀最根本的方法。钢材对环烷酸耐蚀性为：碳钢＜低合金钢＜18-8＜含钼的奥氏体不锈钢。目前石油工业领域已经确认，可选 316SS 作为对抗环烷酸腐蚀的材料。但减压炉出口集合管和转油线应使用 316 和 316L、317L 不锈钢。经过利用实验室模拟冲蚀设备，考察了 Mo 含量对 316L 不锈钢在环烷酸介质中腐蚀与冲蚀行为的影响，结果表明，随 Mo 含量增加，能在金属表面形成富 Mo 膜，阻止金属基体与环烷酸接触，从而使 316L 基不锈钢的环烷酸腐蚀速率和冲刷腐蚀速率均逐渐减小；同时，Mo 含量增加能消除金属表面活性位，增加金属在酸性溶液中的抗点蚀能力。二是加注缓蚀剂。使用高温缓蚀剂有其他方法不可比拟的优点，可以根据腐蚀部位，灵活注入；合适地选择和应用缓蚀剂可以处理更多更高酸值的原油；改进操作条件可以增加收益等，因此有着良好的应用前景。环烷酸缓蚀剂大致可分为磷系和非磷系两类。磷系缓蚀剂有磷酸酯-胺、亚磷酸盐-噻唑啉混合物、磷酸三烷基脂-磷酸盐碱土金属-酚盐硫醚、硫代磷酸酯和亚磷酸芳基脂等，这些缓蚀剂在碳钢表面上形成的保护膜是非晶态 Fe-P 化合物，这样的保护膜阻止了环烷酸与铁的进一步反应。非磷系缓蚀剂主要是有机多硫化物、磺化烷基酚和巯基三嗪等。

典型案例分析：近几年，因高硫高酸原油价格相对较低，加工比例逐年上升，但也引起了很多腐蚀问题，主要有以下几个方面：装置材质升级不全面、不彻底，甚至没有进行升级，不能满足当前加工高硫、高酸原油的需要；“一脱三注”、装置监察、定点测厚等措施还存在差距。腐蚀环境主要存在于常、减压蒸馏装置中的初馏塔、常压分馏塔、减压塔塔顶及其冷凝冷却系统。一般气相腐蚀较轻微，液相部位腐蚀较重，尤以气液两相转变部位即露点部位最为严重，在此腐蚀环境中，碳钢为均匀腐蚀，常压塔顶碳钢塔盘板腐蚀速率为 2～3mm/a，常顶碳钢空冷器进口端腐蚀速率＞2.3mm/a，常顶碳钢管壳式冷却器管速进口端部位腐蚀速率 6.0～14.5mm/a，0Cr13 钢为点蚀，腐蚀速率为 1.8～2.0mm/a。高温腐蚀分布在加热炉炉管，分镏塔底（含内构件）及其管线、泵、换热器、减压炉、减压炉转油线及减压塔进料段塔壁、常压炉、常压炉转油线、常压塔进料段塔壁等部位。图 4-16 是常减压系统的高温环烷酸腐蚀形貌。

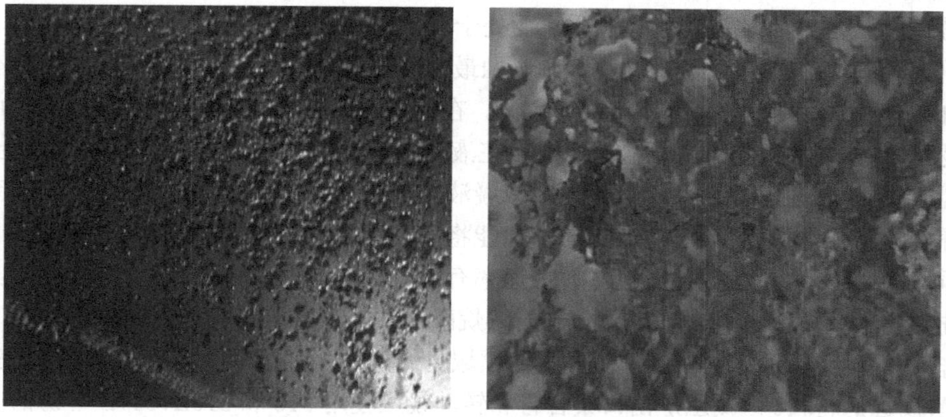

图 4-16　减压塔与填料的高温环烷酸腐蚀

腐蚀机理：①低温腐蚀。$HCl-H_2S-H_2O$ 型腐蚀，即露点腐蚀，主要存在于三塔顶部及塔顶冷凝冷却系统，尤以气液两相转变的露点区间（100～120℃）最为严重。②高温（240～500℃）$S \rightarrow H_2S$-RSH（硫醇）型腐蚀。该腐蚀环境存在于加热炉炉管、分镏塔底（含内构件）及其管线、泵、换热器等部位。当温度高于 240℃时，随着温度的提高则高温硫腐蚀逐渐加剧，到 430℃腐蚀达至最高值。到

480℃时分解接近完全，腐蚀开始下降。到 500℃则无高温硫腐蚀，此时应考虑的是高温氧化腐蚀。③S-H_2S-RSH-RCOOH（环烷酸）型腐蚀。该腐蚀环境存在于常减压蒸馏装置中的减压炉、减压炉转油线及减压塔进料段塔壁、常压炉、常压炉转油线、常压塔进料段塔壁等部位。270～280℃及 350～400℃时环烷酸设备的腐蚀最严重。由于 $Fe(RCOO)_2$ 是一油溶性腐蚀产物，能为油流所带走，因此不易在金属表面形成保护膜，即使形成硫化亚铁保护膜，也会与环烷酸发生反应，而完全暴露出新的金属表面，使腐蚀继续进行。

腐蚀控制：①原油电脱盐。脱盐脱水是原油加工的预处理过程，它对原油加工全过程和产品性能均有重要影响。原油经过电脱盐装置，在原油流量、洗涤水注入量、油水混合强度、破乳剂类型和注入量罐内油水界面控制位置、脱盐操作温度、操作压力、电场强度、原油在强电场中的停留时间等综合作用下，实现破坏乳状液，实现油水分离过程。原油电脱盐技术是“一脱三注”工艺防腐蚀措施的关键。该工序是从原油中脱除盐、水和其他杂质，它是确保炼油厂后续加工装置长周期安全必不可少的措施。随原油的深度加工，重油催化裂化技术和临氢加工工艺的应用，对电脱盐技术提出了更高的要求。目前，电脱盐技术出现了一些新的技术，如洛阳石化工程公司工程研究院的原油低温脱盐脱水技术及齐鲁石化公司研究院的超声波强化原油破乳技术。②“三注”（塔顶挥发线注氨、注缓蚀剂、注水）。注氨不仅提高了系统的 pH，而且增加了 H_2S 在冷凝水中的溶解度，促使金属表面生成 FeS 保护膜，因而显著减少了冷凝区域的腐蚀。注缓蚀剂的作用在于它吸附在金属表面上，形成异种保护膜，使其免遭腐蚀。③材质升级。设备材质升级可从根本上解决腐蚀问题。④加强腐蚀监测。腐蚀监测技术可确定材料在工艺介质环境中的腐蚀速率，及时为工程技术人员反馈设备腐蚀信息，从而采取有效措施减缓腐蚀，避免腐蚀事故的发生。⑤腐蚀挂片监测。腐蚀挂片监测作为腐蚀监测最基本的方法之一，具有操作简单，数据可靠性高等特点，可作为设备和管道选材的重要依据。利用装置停工检修，在装置设备内部重点腐蚀部位挂入腐蚀挂片，待运行一个生产周期，装置再次停工检修时取出，测量挂片腐蚀失重情况，计算腐蚀速率，这种方法被称为现场腐蚀挂片监测。⑥探针监测。电阻探针腐蚀监测是通过测量金属元件在工艺介质中腐蚀后的电阻值变化，计算金属在工艺介质中的腐蚀速率。当探针受腐蚀后，横截面积减小，造成电阻增加。电阻增加与金属损耗有直接关系，因此，通过一定的公式，可以换算出金属的腐蚀速率。电阻探针技术是炼油厂采用最广泛的在线监测技术，它将多个探针安装在不同的部位，通过监测仪器显示腐蚀速率的变化。⑦管道定点测厚。管道测厚主要用于监测管道腐蚀速率，测厚监测主要针对设备、管道的均匀腐蚀和冲刷腐蚀，对于氢腐蚀、应力腐蚀等应通过其他检测手段进行监测。测厚管道选择：发生泄漏事故后对安全和环境造成很大危害的管道；预计或经验证明腐蚀速率很高的管道；局部腐蚀严重的管道；结构上比较复杂的管道，如带有支管、盲管、连接件等；绝热层下严重腐蚀的管道。

4.3.2 催化裂化装置的腐蚀及控制案例分析[22, 31, 39-40]

催化裂化装置是我国炼油工业最重要的二次加工装置，生产了我国 80%的汽油和 35%的柴油。催化裂化装置原料适应性强，产品价值高，同时也是重油加工的重要手段，大比例掺炼渣油进一步提高了装置的经济效益。炼油系统催化裂化装置实际加工量占原油一次加工量的 37.4%，居炼油二次加工装置首位。自 20 世纪末中国开始加工进口原油以来，催化裂化装置原料所含硫、氮、环烷酸等腐蚀性介质不断增加，腐蚀已成为影响装置安全稳定运行的重要因素。通过对装置的腐蚀状况进行分析，对腐蚀部位、腐蚀形态、腐蚀影响因素进行研究，提出相应的应对措施，对于保障装置的安全稳定运行非常必要。在催化裂化装置中，硫腐蚀与环烷酸腐蚀较常见，但也发生因氮化物引起的应力腐蚀开裂。其装置环烷酸腐蚀影响因素：①酸值的影响。原油和馏分油的酸值是衡量环烷酸腐蚀的重要因素。研究表明，在一定范围内，腐蚀速率和酸值的关系中，存在一临界酸值（普遍认为是 0.5mg/g 油），高于此值腐蚀速率明显加快，且对不同的材料腐蚀程度也不同。②温度的影响。环烷酸腐蚀温度范围在 270～400℃。也有的文献认为，有两个峰值，第一个高峰在 270～280℃，高于 280℃，腐蚀速率开始下降，到了 350～400℃又出现第二个高峰。而催化裂化装置环烷酸腐蚀发生在 270～280℃。③流速、流态的影响。流速在环烷酸腐蚀中是一个很关键的因素，流速越高，腐蚀越快。另外，凡是有阻碍液体流动从而引起流态变化的部位，如弯头、泵壳、热电偶套管插入处等，环烷酸腐蚀都特别严重。④硫含量的影响。油液中硫含量的多少也影响环烷酸腐蚀。原油中硫化物分解产生的 H_2S 与钢铁反应生成的硫化亚铁，覆盖在金属表面形成了保护膜，可以减缓环烷酸的腐蚀。另外，环烷酸的活性、材质因素等也对环烷酸腐蚀有一定影响。

典型案例分析：某石化企业炼油催化裂化装置再生系统设备发生应力腐蚀开裂。该企业催化裂化装置原料以辽河减压蜡油为主，再生器内装有 4 组粗旋和 6 组 PV 型旋分器。再生烟气经三旋后一路去烟机，另一路经双动滑阀降压，后设余热锅炉产生 3.5MPa 蒸汽。再生器主体材质是 16MnR，烟道为碳钢，三旋为碳钢，再生器及烟道、三旋均内衬隔热耐磨层，平均壁温 80～150℃。再生器裂纹情况：操作人员巡检最初发现三旋本体一条 200mm 长的环焊缝上出现裂纹，并有少量烟气和催化剂细粉漏出。从裂纹所在焊缝情况看，裂纹从内表面开始向外表面发展，裂纹发生部位金属未见明显塑性变形。裂纹宽度较窄，向纵深方向发展，裂纹具有典型的沿晶开裂特征。图 4-17 是催化裂化装置再生器的腐蚀形貌。

图 4-17　催化裂化装置再生器的腐蚀

腐蚀机理：在装置未掺炼焦化蜡油之前，装置的再生系统设备并未发现有裂纹产生。装置开始大比例掺炼焦化蜡油，比例基本在 30%以上，后来掺炼比例更高，最高达 47%，焦化蜡油因含硫、含氮量较高，因此，势必导致再生烟气中硫化物和氮化物含量上升。装置再生为单段高效再生，再生器富氧操作，氧含量高，因此烟气中的 SO_2 多转化成 SO_3，实测露点温度值为 140℃，设备壁温 95～110℃，设备壁温在烟气露点温度之下，设备内壁腐蚀介质为稀硫酸溶液，酸性介质对设备产生腐蚀形成麻点。按规定，在再生系统设备制造过程中应对焊缝进行 100%超声波检查，检查结果应符合 JB/T 47303—2005《承压设备无损检测——第 3 部分：超声检测》规定的纵焊缝 I 级、环焊缝 II 级为合格。期间对重点部位进行射线探伤复查发现个别部位已存在缺陷。因烟气中还含有高浓度 NO 和 NO_2，在烟气露点温度以下极易形成硝酸根离子，其与阳离子结合形成硝酸盐水溶液，硝酸盐水溶液对以低碳钢、低合金钢为材质的设备壳体焊缝极易产生硝脆，况且探伤发现已存在缺陷，这样极易诱发硝酸盐应力腐蚀开裂。从上述对再生系统设备进行的各项测定和分析来看，再生器焊缝发生了硝酸盐应力腐蚀开裂。

腐蚀控制：对已出现的裂纹贴板补焊，三旋两道环形焊缝采取贴材质 16MnR，再生器环形焊缝也采取贴板材质以加强强度；对再生器、三旋、烟道所有焊缝加强检查监护，一经发现裂纹及时处理；认真检查衬里的完好情况，避免烟气窜入烟道金属内壁；减少焦化蜡油的掺炼量；对重点部位采取外保温，提高其设备壁温，避免液相腐蚀介质生成，防止应力腐蚀开裂的产生。

4.3.3　延迟焦化装置的腐蚀及控制案例分析[35, 41]

随着常减压装置加工原油不断劣质化，作为二次加工原料的减压渣油的硫含量和酸值不断增大，这就给以减压渣油为原料的延迟焦化装置带来了一系列设备和管线的腐蚀问题。延迟焦化装置主要腐蚀类型有：焦炭塔顶油气管线高温硫腐蚀。腐蚀形式为 $S+H_2S+RSH+RCOOH$ 腐蚀，同时焦炭塔每一生产周期要经受 80～500℃之间的反复热冲击，低频热疲劳、急冷等，易引起焦炭塔焊缝开裂。在 API 调查的焦炭塔中，有约一半的塔在靠近塔裙-壳体连接处的塔裙发生开裂，开裂常常发生在塔裙-壳体连接结构附近；分馏塔顶主要的腐蚀介质有硫化氢、氯化氢和氨，在温度低于 120℃的部位，一方面存在 $H_2S+HCl+NH_3+H_2O$ 腐蚀（图 4-18 是多介质联合作用造成的换热器全面腐蚀），另一方面因介质中有氨存在，起中和作用，使得介质的 pH 由酸性变为中性甚至碱性，H_2S 和 HCl 产生的均匀腐蚀有所减弱，可以对设备均匀腐蚀起一定的缓蚀作用，但带来点蚀、坑蚀等局部腐蚀倾向；水冷器结垢且存在一定的垢下腐蚀。

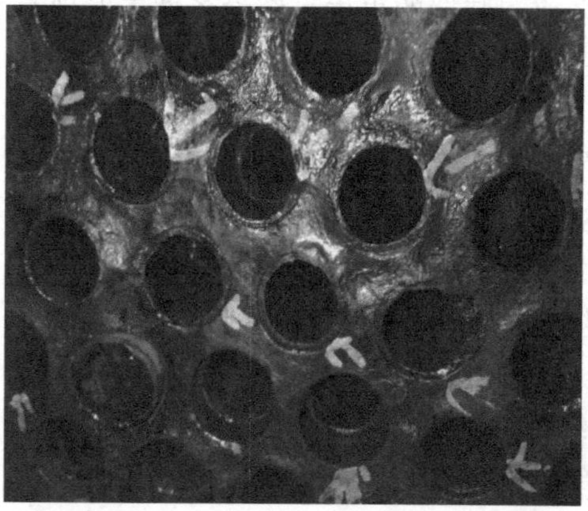

图 4-18　多介质联合作用引起的全面腐蚀

高温减压渣油在焦炭塔内经过裂解与缩合反应产生焦炭与高温油气，高温油气在连续不断地进入分馏塔的过程中，势必对经过的管道产生腐蚀作用。死区的管道内存有水，即使经过蒸汽试压、蒸汽预热，也不能排净其中的水。在油气预热、油气循环、换塔等过程中，管道温度逐渐从常温升到 420℃，管道存水逐渐蒸发，并且与高温油中的硫、硫化物反应产生酸性气，对附近管道产生极强的腐蚀作用。延迟焦化管道腐蚀主要原因有三点：酸性气腐蚀、涡流冲刷腐蚀、电偶腐蚀。

1）酸性气腐蚀。由于介质含硫较高，酸性气腐蚀主要是高温硫腐蚀。当介质温度高于 240℃时，随着温度的升高，高温硫腐蚀加剧，到 430℃达到最高值，到 480℃时 H_2S 接近完全分解，腐蚀开始下降，500℃以后出现高温氧化腐蚀，已经没有高温硫腐蚀的问题。腐蚀速率取决于硫化氢的浓度，由于各部位硫化氢浓度不等，所以管道并不是均匀腐蚀。若环境中同时存在硫与环烷酸，由于生成物硫化氢与硫化铁都参加二次反应，因此，会加剧腐蚀。

2）涡流冲刷腐蚀。由于腐蚀性流体与金属表面的相对运动，引起金属加速腐蚀与破坏。若流体流动速率大或者含有固体颗粒，则冲刷腐蚀速率会大大加快。高温油气中就含有焦粉颗粒，对管道存在着一定的冲蚀。直管道内壁均匀结焦，冲蚀并不严重，这也是结焦层保护的结果，当然若焦层变厚会影响到工艺操作。而主线的支管属于流动盲区，由于管径突然变小，管道内易形成涡流，受冲击表面的剪切力增加，使腐蚀加剧。而且不断的冲刷使管道内壁形成的焦层逐步脱落，从而失去保护作用，又促进了酸性气的腐蚀。

3）电偶腐蚀。指两种或两种以上具有不同电位的金属接触时造成的腐蚀。而同种金属由于内部的化学与物理不均匀性，如成分偏析、金相组织差异，以及焊接冷加工等都会导致材料产生电位差，尤其是支管焊缝与支管基体之间也会形成电偶腐蚀。

综上所述，油气线上支管的腐蚀原因不是单一的，随着生产周期的不同，主要腐蚀形态也会随着变化，在生焦过程中主要是硫腐蚀与冲刷腐蚀；在冷焦放水、蒸汽试压、蒸汽预热、油气预热与循环过程中，腐蚀形态以电偶腐蚀为主。

典型案例分析：某石化企业炼油厂腐蚀调查中发现四台焦炭塔内塔壁及封头有一层焦垢，其下基体较平整光滑，焊缝饱满良好。从测厚的情况看，焦炭塔上部气相段相对下部液相段而言，腐蚀减薄略重，气相段平均减薄约 0.9mm，液相段平均减薄约 0.4mm。焦炭塔顶油气管线出口短节腐蚀减薄较明显，与原始厚度相比，减薄量为 0.3～3mm。焦炭塔顶油气管线腐蚀减薄十分严重，该管线原始厚度为 9mm，而焦炭塔至分馏塔油气管线三通部位局部腐蚀减薄最薄处仅剩 1.55mm。从腐蚀情况看，分馏塔顶内构件完好，内衬未见鼓泡，焊缝完整，但顶封头及塔壁有点蚀倾向，局部已经出现点蚀；其他部位基本完好，未见明显腐蚀；塔底结焦严重。针对分馏塔顶器壁存在点蚀倾向的问题，对塔顶腐蚀垢物进行了采样分析，元素含量以 C、S、O、Cl、Si、Fe、Al 等为主，其主要成分为非晶态的灰分。Cl 和 S 的来源是因为渣油在焦炭塔中裂解生成硫化氢、氨和氯化氢，后两者反应生产氯化铵到分馏塔顶，一部分沉积在顶部温度较低的塔盘上引起堵塞，但因为有氨存在，对设备有缓蚀作用，故塔壁基本无腐蚀。而极少量的硫化氢及微量的氯在顶部局部温度较低的地方，因存在凝结水而引起分馏塔顶细微的点蚀倾向。

腐蚀机理：高温硫腐蚀。焦炭塔顶油气管线受到高温硫腐蚀，腐蚀形式为 $S+H_2S+RSH+RCOOH$ 腐蚀。

腐蚀控制：①分馏塔顶有点蚀倾向，整塔腐蚀不严重。建议调整工艺，优化操作进行工艺防腐，加强分馏塔顶油水分离罐的凝结水腐蚀介质含量分析，塔顶采用注油溶性缓蚀剂进行工艺防腐。②建议加强设备管线的腐蚀监测，通过在线腐蚀监测系统取得相关数据，为以后装置大修改造、材质升级提供基础数据。同时对主要设备和管线进行定点、定期测厚，对腐蚀较严重的部位，如焦炭塔顶油气线出口短节及油气管线等，建议增加测厚检测频次。

4.3.4 催化重整装置的腐蚀及控制案例分析[20, 39, 42]

催化重整装置是用来生产芳烃的，还可生产清洁汽油与高纯度氢气。所用原料为常减压初馏塔顶汽油、加氢裂化汽油及经加氢精制后的焦化汽油。在催化重整过程中除了含有氢之外，原料油中含有硫、氮、氧、氯等化合物，加氢分解生成 H_2S、NH_3、H_2O 和 HCl。由于这些杂质的存在造成设备的腐蚀，特别是换热设备管束腐蚀比较严重，实际测量总铁非常高，说明大量金属铁被腐蚀。生产过程氧腐蚀和硫腐蚀均存在，经过加氢裂化处理后的氮化物大部分以氨或胺的形势存在，硫大部分以硫化氢形式存在，与氮化合物及硫化合物相比，硫化氢的生成使腐蚀性明显增强。一些高水溶性腐蚀物质，如氯化铵会聚集到水中参与反应造成腐蚀的加剧。在生产过程中，泄漏频率最高的部位是回流泵至预分馏塔管线底部弯头处，之所以在弯头处产生高的腐蚀速率，原因有：水的密度较原料油大，在塔底位置聚集较多；弯头管壁处流速较直管段大，或者产生局部湍流；弯头处受介质冲刷作用大。这些因素是造成催化重整装置腐蚀剧烈的潜在原因。

典型案例分析：某石化公司 30×10^4t/a 催化重整装置由预处理部分、重整反应部分、公用工程和余热锅炉等几部分组成，主要产品为高辛烷值汽油组分，并副产氢气和液化气等。催化重整装置设计预处理原料为直馏汽油和加氢焦化汽油。小修发现预分馏塔回流线及外送线腐蚀堵塞严重，腐蚀产物为黑色油泥状物，附着在管壁，腐蚀产物下管壁有明显的不均匀减薄。回流线返塔弯头上方直管段附近有严重泄漏现象，不久又在附近管段上发现泄漏。从测厚情况看，管线曾发生不同程度的减薄现象，尤其回流线弯头及其相连直管段减薄比较严重，最薄处4.2mm。预分馏塔顶系统年均腐蚀速率在 1mm/a 以上，空冷及水冷发生过泄漏。空冷、水冷管程及管线一直使用 20#钢。塔顶温度为 90～95℃，介质经空冷、水冷后温度为 30～40℃。

腐蚀机理：宏观观察，管线内部结垢明显，垢层分为三层结构，紧靠内表面的垢层颜色主要以红褐色为主，较致密，中间层和外层颜色为黑色。去除表面垢层，呈现全面腐蚀形貌，局部有腐蚀坑。经对管材内壁进行电镜观察，内层产物膜较均匀，但局部有缝隙和裂纹，说明此层膜不具备抑制腐蚀继续发生的能力。能谱分析表明，除铁外，主要含氧和硫，且介质分析铁含量较高，说明管材减薄主要是氧和硫的腐蚀作用。对三层腐蚀产物的分析发现，其主要产物为铁的氧化物和硫化物，可初步推断出腐蚀的主要原因为氧腐蚀和硫腐蚀，腐蚀形态主要为全面腐蚀与局部腐蚀。一些高水溶性腐蚀物质，如氯化铵，也会聚集到水中参与反应造成腐蚀的加剧。在生产过程中，泄漏频率最高的部位是回流泵至预分馏塔管线底部弯头处，之所以在弯头处产生高的腐蚀速率，主要是由于水的密度较原料油大，在塔底位置聚集较多，再加上介质冲刷腐蚀作用，造成弯头腐蚀泄漏。

腐蚀控制：①工艺防腐。根据腐蚀机理，选择油溶性缓蚀剂 EC1010A。②材质升级。如选用 304 奥氏体不锈钢，抗硫腐蚀可以，但应保证氯离子含量低于 150mg/L，选用 316L 应保证氯离子含量低于 250mg/L，且应考虑有焊接状态下的应力腐蚀开裂等局部腐蚀。选用 0Cr13Al，它比不锈钢价廉，抗应力腐蚀能力强，抗点蚀性能略差。2205 双相钢也可选用，但价格较贵。③腐蚀监测。为确保安全平稳运行，建议增加在线腐蚀监测，实时反映腐蚀程度，并有效指导工艺防腐操作；在预分馏塔及塔顶回流罐增加腐蚀挂片试验并组织车间开展定点、定期测厚工作。

4.3.5　加氢装置的腐蚀及控制案例分析[43, 44]

高压加氢裂化装置长期处于高压、高温状态，内部介质含有氢、硫化氢等易燃、易爆、剧毒成分，一旦发生事故后果十分严重，因此其安全稳定长周期运行对于炼油项目至关重要。高压加氢裂化装置的稳定长周期运行，与其腐蚀问题密切相关。加氢裂化装置存在多种腐蚀类型，如氢损伤、高温氢和硫化氢腐蚀、堆焊层氢致裂纹、连多硫酸应力腐蚀开裂、铬钼钢的回火脆性、堆焊层剥离、低温 H_2S-H_2O、氯化物应力腐蚀开裂、硫氢化铵的腐蚀、氯化铵的腐蚀、高温环烷酸的腐蚀等，腐蚀部位遍及装置的各个部位，从国内加氢装置的运行经验看，90%以上的腐蚀破坏主要集中在高压空冷器单元，解决腐蚀问题应从其工艺出发，结合内部介质的性质及设备、管道的选材，分析可能出现的腐蚀及采取相应的防护措施。加氢装置设备奥氏体不锈钢应用较多，典型的不锈钢应力腐蚀有氯化物腐蚀和连多硫酸应力腐蚀开裂。图 4-19 是加氢装置管道与换热管的腐蚀状况。

1）氯化物腐蚀及防护。存在于水相中氯化物（氯离子通常是最严重的原因，它能促进腐蚀的发生。氯离子体积小，无孔不入，能穿透水膜，破坏金属表面的钝化膜）和拉伸应力共同作用下，能导致奥氏体不锈钢的应力腐蚀开裂。这种开裂主要发生在晶内，其腐蚀程度取决于时间、温度和氯化物浓度。因此，应采取措施使能够接触到奥氏体不锈钢设备的介质环境中的氯化物含量最小在正常停车的情况下，只要不让氯化物在热设备中积聚或浓缩，同时，采取措施在冲洗清洗或中和过程中，将氯化物含量限制在低水平，氯化物腐蚀开裂就不会成为问题。

图 4-19　加氢装置管道与换热管腐蚀

当在新的奥氏体不锈钢设备上进行水压试验时，为了减少在系统中出现死区氯浓缩的可能性，使用的水中氯离子含量不得超过 2.5×10^{-5}。如果氯在上述区域积聚或浓缩（如在开工加热操作中），应力腐蚀开裂将会发生。如果使用氯离子含量超过 2.5×10^{-5} 的水，那么应加入 0.5%（质量分数）的硝酸钠。

2）连多硫酸腐蚀与防护。只要装置在生产中投用，即使原料中的硫含量很低，都应认为所有由奥氏体不锈钢制成的零件上已包覆了一层硫化亚铁锈。在很多情况下，这些锈层很薄，但也会对其下的钢材造成潜在的危险。在水和氧的作用下，这种硫化亚铁锈会形成弱亚硫酸，通常称为连多硫酸。加氢裂化装置连多硫酸的形成是由于设备在含有高温硫化氢的介质环境下操作时生成了硫化亚铁，而当设备停止运行或停工检修时，它与出现的水分和进入设备内的空气中的氧发生反应的结果。奥氏体不锈钢对于硫化物应力腐蚀开裂（在拉应力和特定的腐蚀介质共同作用下所发生的脆性开裂现象）是比较敏感的。连多硫酸引起的应力腐蚀开裂也属于硫化物应力腐蚀开裂。这些不锈钢容易因这种腐蚀而损坏，尤其是在有残余应力的区域和存在晶间碳偏析的区域，如靠近焊缝的热影响区。因而，对于这种腐蚀环境应采用特殊程序保护奥氏体不锈钢。只要奥氏体不锈钢不能通过维持水露点以上的温度或充分的氮气吹扫来完全保护，就应在设备暴露于空气之前，在设备中建立保护性的中和环境。中和环境可以通过含氨氮气吹扫和气封。在加氢裂化装置中，只要有一件设备用于油品加工，就必须假定存在某种程度的硫化物垢。无论这种硫化物垢轻微到任何程度，形成连多硫酸导致晶间腐蚀开裂的可能性都会存在。即使设备已采用机械方法、氧化或酸化进行清洁处理，也很难保证没有硫化物存在。因此，在设备上使用的任何水压试验（和任何喷水清洁处理）都应按照中和设备的程序要求进行具体的处理。

典型案例分析：某石化公司柴油加氢装置设计加工能力为 0.6Mt/a，所加工的柴油硫含量较高，炼制过程中设备腐蚀较为严重。该装置的腐蚀主要是湿硫化氢介质腐蚀，腐蚀集中在 H_2S 富集的加氢反应系统低温部位和气相 H_2S 含量高达

30%左右、酸性水中 S 含量为 2%左右的分馏塔塔顶系统。冷凝水中 Fe^{2+}超标严重，多次造成换热器管束腐蚀破裂和穿孔，直接威胁着安全生产。投加某中和剂后，腐蚀问题有所缓解，但冷凝水中 Fe^{2+}仍然偏高，腐蚀依然存在。随着公司高硫原油加工比例的逐步提高，原料中硫含量将进一步增大，塔顶体系将遭受严重的湿硫化氢腐蚀，特别是塔顶空冷器和水冷器等硫浓度高的部位，不可避免地发生低温 H_2S-H_2O 体系腐蚀。

腐蚀机理：腐蚀介质主要来源于柴油在加氢条件下将其中的 S、N、O 和 Cl 等杂质除去，生成了 H_2S、HCl、NH_3 和 H_2O 等腐蚀介质。加氢生成的腐蚀介质含量大大高于进料中带来的硫和氯等腐蚀物含量。这些腐蚀介质进入塔顶挥发线，被冷凝后形成 H_2S-HCl-NH_3-H_2O 腐蚀体系。腐蚀形态主要表现为设备均匀减薄和湿硫化氢的应力腐蚀。从反应过程可知有 FeS 生成，FeS 可以沉积在金属表面上形成保护膜，因为 FeS 膜并非完全是缓蚀剂膜，HCl 溶于少量的水形成高浓度的酸液能破坏 FeS 保护膜；再者，如有过量的硫化氢溶于水，膜的厚度增加，由于膜是脆性的，达到一定厚度后，系统内介质流速使膜从金属表面剥离，这样新的金属又暴露在系统的腐蚀介质中，使腐蚀过程加速。金属重新暴露后，可被硫化氢再次腐蚀生成 FeS 膜，FeS 再次被破坏，如此循环，大大促进了钢表面的均匀腐蚀。此外，由于氢原子的渗透作用，还可以发生局部应力腐蚀开裂。湿硫化氢腐蚀对碳钢设备的应力腐蚀开裂主要发生在焊缝和热影响区高拉应力、低韧性显微组织存在的部位。另外，如果腐蚀环境中氢原子积聚在钢中夹杂物或某些杂质元素的偏析处就有可能产生氢鼓泡（HB）、氢致腐蚀开裂（HIC）、硫化物应力腐蚀开裂（SSCC）和应力导向氢致开裂（SOHIC）。在含硫原油加工中，上述腐蚀存在于加氢装置的高低压分离器、空冷器、低温含硫化氢换热器及其相应的管道中。图 4-20 是柴油加氢装置换热器的腐蚀状况之一。

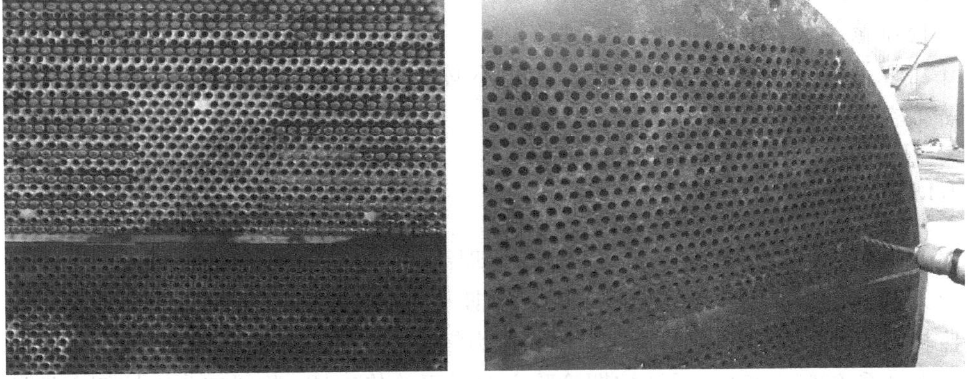

图 4-20　柴油加氢装置换热器的腐蚀

腐蚀控制：①低温湿硫化氢腐蚀环境设备设计及制造所应遵循的准则有：API RP42 控制碳钢炼油设备焊缝硬度防止环境破裂；NACE RP 0472 防止碳钢焊缝在腐蚀性石油炼制环境中开裂的方法和措施；NACE MR 0175 油田设备使用抗硫化氢应力腐蚀开裂的金属材料。②控制合理流速。美国腐蚀工程师学会（NACE）提出在 H_2S-H_2O 腐蚀环境下，介质流速要控制在 4.6～6.1m/s 的范围内，介质流速若超过 6.1m/s，则冲蚀速率将急剧增大。③在材料选择方面，按照酸性系统环境的分类，根据中国石化集团公司《加工高含硫原油部分装置在用设备及管道选材指导意见》和《加工高硫原油重点装置主要设备设计选材导则》要求选择合适的材料。④应根据选用的具体材料提出制造附加要求，如材料抗氢致腐蚀开裂试验；抗硫化氢应力腐蚀开裂试验及材料开裂门槛值等，以保证选用的材料在相应的腐蚀环境中安全使用。在设备制造方面，应保证焊缝硬度不大于 HB200，严格控制焊缝的强度和化学成分，使其焊接接头的性能与母材基本一致，且控制杂质（硫、磷）含量尽可能低，应进行焊后热处理。

4.4 炼化管道及装置腐蚀检测与评估

本节主要介绍我国炼化压力管道与压力容器腐蚀检测与评估的工作现状，包括权威检测评价机构、在线腐蚀检测统计、RBI 风险评估统计等。

所谓腐蚀监测技术，就是利用各种仪器工具和分析方法，确定材料在工艺介质环境中的腐蚀速率，及时为工程技术人员反馈设备腐蚀信息，从而采取有效措施减缓腐蚀，避免腐蚀事故的发生。通常，腐蚀监测主要有以下几个目的：①判断腐蚀发生的程度和腐蚀形态；②监测腐蚀控制方法的使用效果（如选材、工艺防腐等）；③对腐蚀隐患进行预警；④判断是否需要采取工艺措施进行防腐；⑤评价设备管道使用状态，预测设备管道的使用寿命；⑥帮助制订设备管道检维修计划。因此，通过腐蚀监测，工厂不仅可以预防腐蚀事故的发生，还可以及时调节腐蚀控制方案，减少不必要的腐蚀控制费用，获得最大的经济效益。

4.4.1 检测与评估现状[45]

国内炼化企业都制定了设备检验管理制度，按国家规范要求对压力容器和压力管道进行年度检查、定期检验，延期检验的设备均建有完善的审批程序及监护防范措施。有的企业压力容器和压力管道的定期检验率达到 100%，大部分企业达到 80%～90%，无法按期检验主要是受检修工期、物料三剂无法倒空等综合因素所限。

以中石油为例，目前有 8 家企业设有内部检测机构，这些检测机构均符合国家质检总局《检测机构管理规定》对资质、设备设施等硬件的要求，但检测机构的设备配置、技术水平极不均衡，普遍存在设备更新、先进检测仪器不足，优秀检测人员流失的现象。内部检测机构一般能承担所在企业 70%左右的检测业务，其他由外部检测机构承担，无检测机构的企业委托当地锅检所或其他检测机构承担。中国石油炼化企业主要检验检测机构分布见表 4-2。

表 4-2　中石油炼化企业检验检测机构分布

序号	炼化企业	检验检测机构
1	兰州石化	兰州石化特种设备检验检测中心、天华院检验中心、甘肃省锅检所、兰州石油钻采炼油化工设备质量检测所
2	大庆炼化	大庆市特检中心、大庆鹏飞无损检测公司
3	大庆石化	大庆石化检测公司
4	大庆化工集团	大庆市特检中心
5	哈尔滨石化	哈市锅检所、特检院、中国特检中心、中石油燃气检验所
6	吉林石化	吉化金祥检测公司、吉林锅检所
7	吉林燃料乙醇	吉化金祥检测公司、吉林锅检所
8	抚顺石化	抚顺石化检测监理中心、抚顺市锅检所
9	辽阳石化	辽阳石化生产监测部容器检验所、辽阳市锅检所
10	辽河石化	盘锦市特种设备监督检验所
11	大连石化	大连市锅检所、大连石化工程公司检验室
12	大连西太	大连市锅检所、抚顺石化检测监理中心、合肥通用研究院
13	锦州石化	锦州石化特种设备检测中心、锦州市锅检所
14	锦西石化	锦西石化特种设备检测中心、锦西市锅检所
15	克拉玛依石化	克拉玛依市科比技术有限责任公司
16	独山子石化	研究院压力容器检验所
17	乌鲁木齐石化	乌鲁木齐石化公司监测中心
18	长庆石化	陕西省锅检所、合肥通用研究院
19	宁夏石化	宁夏锅检所、兰州石油钻采炼油化工设备质量检测所

目前，国内部分企业对检测机构重视不够，检测机构管理标准、作业规程不统一，例如，检测机构不参与企业的检测计划编制，企业对检测质量、检测报告审查监督等环节重视程度不足，检测效果难以得到保证；部分企业由地方锅检所承担的设备、管道检测费用高，没有对在役设备全面系统地检验，存在漏检少检的现象。

4.4.2 定点测厚技术

定点测厚监测主要用于监测管道腐蚀速率，通常采用超声波测厚的方法。这种方法是利用压电换能器产生的高频声波穿过材料，测量回声返回探头的时间或记录产生共鸣时声波的振幅为信号，检测壁厚。

定点测厚分为在线定点、定期测厚和检修期间定点测厚。管道的普查测厚应结合压力容器和工业管道的检验工作进行。普查测厚点应包括全部定点测厚点。

测厚监测主要针对设备、管道的均匀腐蚀和冲刷腐蚀，对于氢腐蚀、应力腐蚀等应通过其他检测手段进行监测。在高温硫腐蚀环境下，应重点对碳钢、铬钼合金钢制设备、管道进行测厚监测。新建装置或新投用的设备及管道，在投用前就应确定定点测厚的位置，并取得原始壁厚数据。

部分企业装置定点测厚覆盖率较低，目前主要依赖装置检修期间的检测了解设备腐蚀状况。主要原因是各企业对于定点测厚工作的重视程度不够或检测人员不足，缺乏 200℃以上高温测厚技术。

4.4.3 化学分析检测技术

化学分析检测主要是冷凝水的检测。冷凝水分析主要用于监测装置低温部位腐蚀情况，常规分析项目有 Fe^{2+}、Fe^{3+}、Cl^-、pH、S^{2-}五项，对于常减压装置三顶冷凝水，前三个分析项目有控制指标，用于考核装置“一脱三注”防腐措施运行情况，其中 pH 要求控制在 7.5～8.5，Cl^-浓度要求小于 60mg/L，Fe^{2+}、Fe^{3+}浓度要求小于 3mg/L。根据冷凝水分析结果，可以分析出被监测部位总的腐蚀情况，以便于车间及时采取措施减缓腐蚀，保证装置安全平稳运行。此外，冷凝水分析还可以用于监测评价工艺防腐措施的使用效果。常用分析方法有硫氢酸钾分光光度法、$AgNO_3$滴定法、碘量法和蒸馏滴定法，分别用于检测 Fe^{2+}、Fe^{3+}、Cl^-、S^{2-}和 NH_4^+。

各企业分析项目与分析频次存在较大差别，分析部门技术水平与仪器配置也存在差距，分析项目缺乏统一标准与方法。分析数据管理与应用水平方面，只有少数企业形成分析月报或实现数据上网。

部分企业能根据数据变化调整工艺防腐措施，并制定相应控制指标；另有部分企业由于腐蚀监测与管理脱节，装置技术人员不认可分析数据的准确性，化学分析检测未起到应有的作用。

4.4.4 在线腐蚀监测技术

腐蚀监测技术种类繁多，按腐蚀结果是否直接获得可以分为直接监测和间接监测两种。可直接得到一个腐蚀结果（如腐蚀失重、腐蚀电流等）的腐蚀监测称为直接监测，否则为间接监测。直接腐蚀监测技术包括腐蚀挂片、电阻探针、线性极化电阻探针、交流阻抗探针、电化学噪声探针等，间接腐蚀监测技术包括超声波检测（测厚）、射线照片、红外线温度分布图等。炼油厂常采用的腐蚀监测技术有以下几种。

（1）腐蚀挂片监测

目前炼油厂采用的腐蚀挂片技术主要有两种方式。一是利用装置停工检修，在装置设备内部重点腐蚀部位挂入腐蚀挂片，待运行一个生产周期，装置再次停工检修时取出，测量挂片腐蚀失重情况，计算腐蚀速率，这种方法被称为现场腐蚀挂片监测。该方法监测周期以装置运行周期为准，通常为2～3年。第二种方法是采用挂片探针技术，在装置运行过程中，对重点腐蚀部位进行监测，监测周期通常为1～2个月。

（2）电阻探针监测

炼油厂常用的电阻探针腐蚀监测技术包括离线监测技术和在线监测技术。离线监测技术需要操作人员采用便携式腐蚀监测仪定期从现场电阻探针获取腐蚀数据。在线监测技术将多个电阻探针的腐蚀信号通过模数转换、远程传输、数据处理、软件集中控制等实现多路在线自动腐蚀监测。

（3）氢探针

氢腐蚀是炼油厂常见的腐蚀形态。在一些腐蚀环境中，如H_2S腐蚀环境，腐蚀过程产生的氢进入金属内部，聚集在空穴或夹杂处生成氢分子。由于氢分子向金属外扩散的速度远小于氢原子进入的速度，导致空穴中的压力增大，使金属变形，产生鼓泡。溶解于金属的氢将降低金属的韧性，导致氢脆。氢腐蚀的监测通常采用氢探针来进行。氢探针可以监测在工艺过程中材料中渗氢量的变化程度，以评价是否存在氢腐蚀。氢探针分插入式和非插入式两种。插入式探针伸入容器或管道中，通过测量渗入探针的氢压来反映氢渗透的速度。非插入式氢探针采用外部电化学电池来监测钢铁管道或容器外壁表面上氢渗透的速度。

（4）红外成像监测

我国从20世纪80年代开始在石化系统采用红外成像监测技术，主要用于监测诊断催化再生器、沉降器、加氢反应器、铂重整反应器、加热炉、蒸汽管线、烟气管道等设备故障，评价衬里损伤和保温效果。红外成像的原理可用斯特藩-玻尔兹曼定律来描述：

$$E=\varepsilon\sigma T^4$$

式中，E为物体的辐射能，kW/m^2；ε为物体的辐射率；σ为斯特藩-玻尔兹曼常数，为$5.673\times10^{-11}kW/(m^2\cdot K^4)$；$T$为物体的绝对温度，K。

红外成像监测通过探测器测出物体表面的辐射能，根据物体的辐射率，得到物体的绝对温度，从而实现物体温度分布的测量。通过对温度分布结果的分析，找出温度异常的部位，总结出被监测设备的运行状态。

（5）pH 在线监测

一直以来常减顶系统冷凝水 pH 靠人工用 pH 试纸现场放水检测，费时费力，精确度不高。因为间断检测，不能及时发现 pH 偏低的情况，使腐蚀发生。目前国内外多采用 pH 在线监测系统，通过酸度计远程采集信号，可以连续在线监测 pH 变化情况，并通过 DCS 系统实时显示，如果发现问题可及时调整注剂，最大限度地减轻常减顶系统的腐蚀。

（6）其他腐蚀监测技术

美国 Cortest 公司开发的 MICROCOR 腐蚀监测系统，它测量金属/合金敏感元件周围的线圈由于敏感元件腐蚀而引起的阻抗变化的信号，具有响应时间短（几分钟）、适用范围广（几乎所有具有腐蚀的介质）等特点，兼具了 ER（电阻探针）和 LPR（线性极化探针）的优点。目前国内多家炼厂采用了这种技术，取得了良好的应用效果。

英国 Ion Science 公司将光电离微元素测量技术应用于金属腐蚀测量方面，开发了 Hydrosteel 氢通量测量技术。该技术测量设备外表面的氢通量，可以和内表面发生的腐蚀情况直接关联。该设备无需插入，测量时间短（几分钟），精度高[可达 10～12L/（$cm^2 \cdot s$）]。氢通量技术在炼油厂主要用于环烷酸、湿 H_2S 和临氢环境的腐蚀监测和缓蚀剂使用效果评估。目前国外许多大的石化公司如壳牌、BP、Packer-petrolite 等都大量采用该技术。

另一种先进的连续在线腐蚀监测技术是 Integriti Solutions 公司开发成功的电化学噪声腐蚀监测系统（EN），该技术不仅可以监测腐蚀速率，还可以通过不同的噪声形式判断腐蚀类型。目前这项技术在国内还没有见到应用的报道。

国内炼化企业中基本全部开展了在线腐蚀探针监测工作，从腐蚀监测情况来看，常减压蒸馏装置设置腐蚀在线监测探针的比例最高。但部分企业对在线监测的认识不足，导致在线监测无法发挥应有的作用，加之在线腐蚀监测探针价格昂贵，造成生产装置使用、安装的积极性不高。

在线监测在炼化装置低温部位，特别是采取工艺防腐措施的部位发挥的作用较为突出，企业可通过在线 pH 监测数据随时调节工艺防腐参数（注剂量、注水量），并可依据腐蚀监测探针数据（腐蚀速率变化）考察注剂使用效果。而在高温部位，在线监测目前只能作为辅助措施，其主要原因有两点：①高温在线腐蚀监测只能反映原料油性质变化对设备腐蚀速率影响的变化趋势，无法直接反映设备腐蚀情况，必须配合定点测厚；②高温监测探针数据受温度影响较大，存在波动现象。

4.4.5 RBI风险评估技术

目前国内RBI风险评估主要依靠合肥通用机械研究院、中国特种设备检测研究院和北京化工大学，各地区公司风险评估应用效果参差不齐，大部分单位没有把评估结果与预知检修结合起来，评估与应用存在脱节，总体效果与国外相比存在较大差距。图4-21列出了目前中石油各企业开展RBI评估的装置数量。

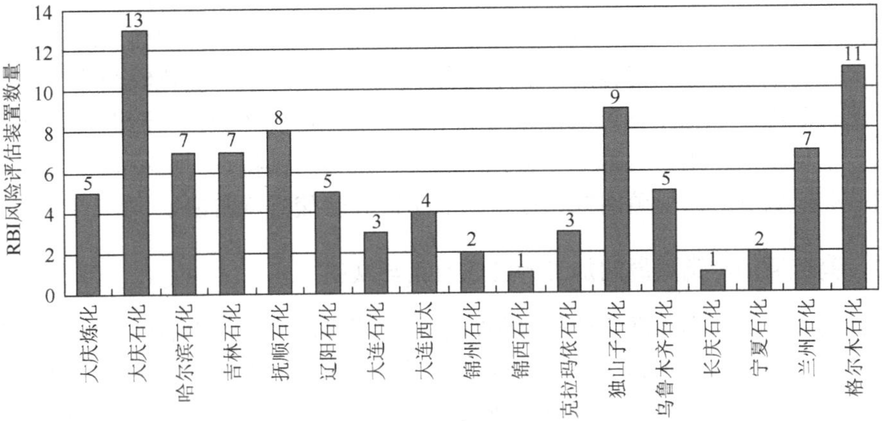

图4-21 中石油企业RBI风险评估的开展情况[45]

4.5 炼化管道及装置存在的腐蚀难题及防腐技术趋势

4.5.1 加工高硫原油与高酸原油引起的腐蚀问题

随着我国国民经济的持续高速发展，能源的需求日益增加，对石油化工提出了更高的要求。以中石化为例，现有原油加工能力2亿t左右，其中高硫原油加工能力在2800万t以上，约占总加工量的20%。高硫原油加工经扩能改造后，高硫原油加工能力达到6000万t以上，进口原油的大部分是含硫原油，其特点是原油中的硫含量和重金属含量较高。例如，沙特轻质原油硫含量为1.91%，中质原油的硫含量为2.56%，重质原油的硫含量高达3.39%。高硫原油中的盐含量虽然不高，但其中可能含有结晶盐类，因此深度脱盐较为困难。由于高硫原油的这些特点，造成加工过程中设备腐蚀、催化剂中毒和环境污染。国内胜利、辽河、克拉玛依三个油田均属于高酸值油田，原油酸值最高可达4.5mg KOH/g。加工低硫高酸值原油同样会带来设备腐蚀问题，如电脱盐装置会因原油乳化而影响脱盐效果，从而造成分馏塔顶腐蚀，还会造成分馏塔、加热炉等设备高温部位的腐蚀。中石化经过对辽河、新疆等油田所产高酸原油加工过程中的腐蚀研究，已经取得了一些成果，这些成果在加工进口高酸低硫原油时已得到应用。加工高硫原油带来的腐蚀问题与加工高酸原油带来的腐蚀问题是不同的，加工高酸原油带来的腐蚀问题主要集中在蒸馏装置，而加工高硫原油带来的腐蚀问题不仅存在于一次加工装置，也同样存在于二次加工装置，甚至延伸到下游化工装置。

原油中的硫主要以硫化氢、元素硫、硫醇、硫醚、二硫化物及噻吩硫等形态存在。从炼油厂设备腐蚀与防护的角度考虑，一般将原油中存在的硫分为活性硫和非活性硫。元素硫、硫化氢和低分子硫醇都能直接与金属作用而引起设备的腐蚀，因此它们被统称为活性硫；其余不能直接与金属作用的硫化物统称为非活性硫。活性硫在一定温度下可以与金属直接发生反应造成腐蚀，非活性硫在高温、高压、催化剂的作用下可部分分解为活性硫。根据腐蚀特点，可将硫腐蚀分为低温湿硫化氢腐蚀、高温硫腐蚀、连多硫酸腐蚀和硫酸露点腐蚀。

4.5.2 高硫原油与高酸原油加工的防腐对策与展望

针对高硫原油和高酸原油的腐蚀特点和主要腐蚀形式，中石油、中石化组织科研院所、有关高校和相关企业进行了包括腐蚀规律、工艺防腐技术、材料表面改性技术等研究。同时，在监检测技术方面也开展了不少工作，希望这些工作在以后的新技术应用上得到推广与应用。

1. 工艺防腐蚀技术的开发

中石化石油化工设备防腐蚀研究中心开发的SHE型平流卧式电脱盐技术，将原油流程改成平流式，原油在脱盐罐中从罐的一端沿水平方向流动，提高了油水分离效率；原油流动速率也不再受到限制，与老式的脱盐罐相比，在同等条件下，可提高原油处理量。罐内电极板采用轴向鼠笼式电极结构，由弱电场、过渡电场、强电场分段组成。该技术经工厂应用证明，比同等体积的电脱盐罐提高效率40%～60%，耗电省、脱水迅速。经过改进，该装置可适用于单系列、大处理量，值得推广。

重油催化裂化及加氢裂化装置重油系统结焦、积垢较严重，给装置操作带来很多危害，同时严重影响炼油厂的经济效益，我国已经研究开发了油相缓蚀抗垢剂，该技术值得推广。其特点是：具有油溶性高温缓蚀剂的功能，在设备表面形成吸附膜或其他致密的化学保护膜；具有抗氧化作用，药剂能够捕捉烃类氧化所产生的游离基，生成稳定的化合物，阻止链反应的发生；具有清净分散作用，由于其具有胶溶、增溶、中和和吸附作用，因而能使油浆中的非油溶性固体微粒（炭粒、树脂物质、油泥与金属盐等聚集而成）悬浮于油浆中，阻止生成和消除油垢，同时防止腐蚀产物进一步腐蚀设备。中石化研制了一种用于防止环烷酸腐蚀的高温缓蚀剂，其缓蚀率比国外同类产品高 20%～40%，而成本比国外同类产品低得多。该油相缓蚀抗垢剂已成功地在兰州炼油厂常减压装置上进行了工业实验和应用。该缓蚀剂不仅可用于解决高温环烷酸腐蚀问题，而且对高温硫腐蚀也有很好的缓蚀作用，其他炼油企业可借鉴兰州炼油厂的经验。

2. 表面改性技术的开发

渗铝技术：渗铝技术作为材料的表面改性处理技术，可以显著提高金属材料表面的防腐性能。尤其是在炼油防腐蚀中，渗铝材料在多种介质中具有良好的耐蚀性，如耐高温硫、环烷酸、二氧化碳、低温硫化氢、高温氧化等腐蚀。由于渗铝后的金属材料表面显微硬度增高，同时还具有良好的耐磨性能。我国已开发了粉末包埋渗铝和热浸铝技术，可进行换热器管束、格栅填料、波纹填料的渗铝，对硫腐蚀和环烷酸腐蚀有很好的抑制作用。

化学镀技术：化学镀技术是在没有外加电流的条件下，利用处于同一溶液中的金属盐和还原剂，在具有催化活性的基体表面上进行自催化氧化还原反应的原理，在基体表面形成金属或合金镀层的一种表面处理或表面强化技术。化学镀技术在石化企业得到了广泛的应用，应用于管线、机泵、高温换热器、反应装置等。化学镀镍有以下优点：耐腐蚀效果好；在氯离子环境中耐腐蚀性能优于不锈钢；耐磨性能好。含硫原油加工过程中，设备常受到 H_2S、SO_2、Cl^-等介质侵蚀，采用化学镀镍后的碳钢构件寿命可延长 2～4 倍。

金属烧结涂层技术：金属烧结涂层技术是将多种元素黏结在金属表面，在高温下烧结，形成镍基合金熔镀涂层。主要用以解决工业加热炉、锅炉对流室及空气预热器硫酸露点腐蚀问题。经涂覆处理后，不影响材料的强度、塑性，涂层试样拉断后涂层无剥落现象。应用结果表明，金属烧结涂层技术可有效抑制硫酸露点腐蚀。

3. 腐蚀监、检测软件的开发

要获得生产装置腐蚀程度的有关信息，以及腐蚀和工艺参数间的相互关系，避免因腐蚀而引起的非计划停车，确保装置安全运行，很有必要开展现场腐蚀监、检测技术的研究。中国科学院金属研究所开发的现场监、检测技术及数据处理软件，能够实现腐蚀数据采集、存储及智能化处理，及时指导现场防腐蚀工作。该技术已在镇海炼化公司、茂名石化总厂进行了工业应用。该技术在中石化应用结果表明，现场监、检测技术能将装置的腐蚀信息及时地汇总到相关部门，对于了解现场腐蚀状况，进而制订防腐措施起到了积极作用。

高硫高酸原油的加工，对设备的腐蚀与防护提出了更高的要求。我国参加了由欧共体发起、多个国家和地区参加的欧洲尤里卡计划项目“腐蚀失效分析方法在工业装置上的应用”，该项目建立了腐蚀案例库与腐蚀失效分析专家系统，将神经网络技术引入腐蚀失效分析。我国在这方面也做了大量工作，但还需进一步完善和加强。在规范防腐蚀工作上，中石化已经与有关企业、高校和科研单位，共同制订了防腐蚀管理规范，并形成了一整套软件。软件收集了各个装置的腐蚀参数、数据处理方法等，值得在炼化企业推广。

参 考 文 献

[1] 柯伟．中国腐蚀调查报告[M]．北京：化学工业出版社，2003.

[2] 钱伯章，朱建芳．世界原油质量趋势及非常规石油资源开发前景[J]．天然气与石油，2007，25（3）：40-45.

[3] 卢绮敏．石油工业中的腐蚀与防护[M]．北京：化学工业出版社，2001.

[4] 朱希平．常减压蒸馏腐蚀类别及防腐[J]．辽宁化工，2011，（12）：1317-1321.

[5] 胥聪敏．典型石化设备局部腐蚀特征及腐蚀机理研究[D]．西安：西安交通大学博士学位论文，2007.

[6] 杨冬伟．加工劣质原油常减压装置的管道腐蚀与选材[J]．广州化工，2013，41（1）：142-143.

[7] 任有才，张德印．炼制高硫（含硫）原油主要装置腐蚀及防护调查[J]．石油化工腐蚀与防护，2001，（6）：18-34.

[8] 黄秀丽，沈华蓉，张蔚. 炼油设备在高含硫原油环境中的腐蚀与对策[J]. 石油化工腐蚀与防护，2009，26（1）：39-41.

[9] 高延敏．环烷酸腐蚀研究现状和防腐对策[J]．石油化工腐蚀与防护，2000，17（2）：6.

[10] Qu D R，Zheng Y G. High temperature naphthenic acid corrosion and sulphidic corrosion of Q235 and 5Cr1/2Mo steels in synthetic refining media[J]. Corrosion Science，2006，48：1960-1985.

[11] Liang Y，Sofronis P，Dodds R H. Interaction of hydrogen with crack-tip plasticity：Effects of constraint on void growth[J]. Materials Science and Engineering A，2004，366（2）：397-411.

[12] Gertsman V Y，Bruemmer S M. Study of grain boundary character along intergranular stress corrosion crack paths in austenitic alloys[J]. Acta Materialia，2001，49（9）：1589-1598.

[13] 陈学东．湿 H_2S 及硝酸盐环境中低合金高强度钢制压力容器应力腐蚀开裂敏感性条件分析与安全保障技术研究[D]．杭州：浙江大学博士学位论文，2004.

[14] Tsay L W，Chi M Y，Chen H R，et al. Investigation of hydrogen sulfide stress corrosion cracking of PH 13-8 Mo stainless steel[J]. Materials Science and Engineering A，2006，416（1-2）：155-160.

[15] 刘金平．高硫与高酸原油的加工腐蚀与对策[D]．东营：中国石油大学硕士学位论文，2010.

[16] 徐峥嵘．高硫高酸原油加工工艺中的防腐研究[D]．上海：华东理工大学硕士学位论文，2010.

[17] 谷其发，李文戈．炼油厂设备腐蚀与防护图解[M]．北京：中国石化出版社，2000.

[18] 中国石油化工设备管理协会．石油化工装置设备腐蚀与防护手册[M]．北京：中国石化出版社，1996.

[19] 中国石化股份公司炼油事业部．炼油装置防腐蚀策略[M]．北京：中国石化股份公司炼油事业部，2008.

[20] 胡安定．炼油化工设备腐蚀与防护案例[M]．北京：中国石化出版社，2014.

[21] 孙达云，杨剑锋．常减压装置腐蚀检测、机理研究及防护分析[J]．全面腐蚀控制，2015，29（6）：64-69.

[22] 刘志伟．含硫原油对炼油设备的腐蚀与对策[J]．中国化工贸易，2012，40（8）：205.

[23] 胡洋，吴俊良．炼油生产装置防腐蚀情况调研[J]．石油化工腐蚀与防护，2008，25（2）：38-40.

[24] 梁春雷，吕运容．我国炼油装置腐蚀调查开展情况及若干问题探讨[J]．压力容器，2013，30（5）：39-44.

[25] 刘忠友．腐蚀监检测技术在炼油装置中的应用[J]．石油化工腐蚀与防护，2009，26（增刊）：145-147.

[26] 易轶虎．在线腐蚀监测技术在炼油装置中的应用[J]．石油化工腐蚀与防护，2012，29（5）：44-46.

[27]　于凤昌．炼油厂腐蚀的保运技术与腐蚀监控系统[J]．石油化工腐蚀与防护，2011，28（4）：39-45．
[28]　孔祥军，马玲．炼油行业设备腐蚀监测技术现状[J]．炼油与化工，2010，21（2）：32-34．
[29]　张晓平．炼油设备腐蚀的机理及预防对策[J]．石油化工设备，2010，13（4）：64-66．
[30]　莫广文．炼油装置腐蚀概况及对策[J]．石油化工腐蚀与防护，2008，25（1）：31-36．
[31]　周培荣，贾鹏林．加工高硫原油与高酸原油的防腐蚀技术[J]．全面腐蚀控制，2003，17（3）：1-7．
[32]　丁明秀，韦秀瑜．炼油装置中腐蚀监测技术的应用现状及优化[J]．化工管理，2014，18（1）：65．
[33]　任刚．炼油企业高酸油加工腐蚀及防护[J]．石油化工设备技术，2010，31（4）：54-59．
[34]　许述剑，刘小辉．典型炼油化工材料耐环烷酸腐蚀综述[J]．腐蚀与防护，2011，32（3）：215-218．
[35]　Wang J H. Research on corrosivity of narrow distillate oil of crude oil with naphthenic acid and sulfur[J]. Materials and Corrosion，2007，58（4）：290-292.
[36]　Wu X Q. Resistance of Mo-bearing stainless steels and Mo-bearing stainless-steel coating to naphthenic acid corrosion and erosion-corrosion[J]. Corrosion Science，2004，46：1013-1032.
[37]　高滨．炼油厂环烷酸腐蚀及相应缓蚀剂的研究进展[J]．天津化工，2012，26（5）：12-14．
[38]　梁金强．高酸原油的加工及防腐工艺的探讨[J]．现代化工，2011，31（1）：34-37．
[39]　鞠虹，章大海．含硫原油加工装备腐蚀防护措施研究[J]．石油化工设备，2010，39（6）：49-53．
[40]　晁君瑞，王维宗．炼油领域几种常用钢材的高温硫腐蚀性能研究[J]．炼油技术与工程，2010，40（6）：30-33．
[41]　化工机械研究院．腐蚀与防护手册[M]．北京：化学工业出版社，1990．
[42]　欧阳健．高酸原油炼油装置防腐设计及腐蚀评价[J]．石油化工设备，2011，40（3）：81-85．
[43]　左超，段玉科．柴油加氢装置的低温湿硫化氢腐蚀与防护[J]．石油化工腐蚀与防护，2007，24（1）：61-63．
[44]　权红旗．加氢装置的腐蚀与防护[J]．石油化工设备技术，2005，26（1）：56-58．
[45]　周敏．中国石油炼化企业腐蚀与控制现状[J]．腐蚀与防护，2012，33（2）：62-28．

第 5 章　石油天然气管道及装备腐蚀研究方法

在石油天然气工业中，常用的腐蚀研究方法主要包括常规小试样（small-scale）腐蚀试验方法、全尺寸（full-scale）实物腐蚀试验方法及现场腐蚀试验方法，这些方法是获得石油管材及装备材料腐蚀机理规律、材料选择、防腐措施评价的重要手段。

5.1　常规小试样腐蚀试验方法

常规实验室腐蚀试验，包括浸泡试验、电化学试验等，是在实验室内进行的、模拟现场腐蚀工况或者特定腐蚀条件下进行的腐蚀试验。这些方法可操作性强、易于控制、成本较低，是腐蚀研究的首选方法。

5.1.1　浸泡试验

浸泡试验是一种广泛应用于材料腐蚀研究的试验方法，具有方法简单、重现性好的优点。同时也可与其他分析测试技术（如表面分析技术、显微分析技术、X 射线分析技术等）相结合，研究材料的腐蚀规律。按照浸泡的方式不同，可分为全浸试验、半浸试验和交替浸泡试验，由研究人员根据不同的需求设计采用不同种类的浸泡方式。

对于石油管道和装备材料，可通过全浸试验模拟其在生产中的腐蚀工况，从而实现相关材料的适用性评价，指导现场选材和寿命设计。常用的浸泡试验标准有 JB/T 7901—2001、ASTM G111-1997（2013）、ASTM G31-2012a 和 SY/T 0026—1999 等[1-4]。

1. 试验设备

浸泡试验可根据不同的试验条件选择在广口瓶、高温高压反应釜或任何密闭的容器中进行（带压试验严禁在玻璃器皿中进行），容器本身材质应不与试验介质发生反应，且有足够大的容积，保证试验溶液体积与试样总表面积的最小比率为 $20mL/cm^2$[1]。通过温度、压力控制器及检测探针实现对温度、压力的控制。

2. 试样制备

浸泡试验所用试样的形状和尺寸主要取决于试验的目的、试验环境的状态、材料的性质、介质的腐蚀性、试验设备装置及评定方法和指标等[5]。为了便于精确测量受腐蚀的表面积，便于加工和制备试样，使平行试样及重复试验的结果重现性更好，并且也容易去除腐蚀产物，一般采用平板挂片样品或圆形挂片样品。推荐的样品尺寸为：平板挂片试样：40mm×10mm×（2～5）mm；圆形试样：30mm×（2～5）mm。每组试验至少取三个平行样。

试样可通过各种机械方法加工到预定的尺寸，但必须避免加工过程导致的试样性能变化和表面质量差异对试验结果造成影响，应采用砂纸研磨或其他机械方法去掉原始金属表面层，并使得试验样品保持一致的表面光洁度。试验前用丙酮或类似溶剂对试样进行除油，乙醇脱水，吹干后进行测量和称量，随后置于干燥皿内待用。

试样如需悬挂，允许在一端钻孔。试验前可通过锤印、刻蚀等在试样端部做出鉴别标记，也可通过图示方式记录样品悬挂位置，防止试验后因标记腐蚀造成的样品混淆。

3. 试验时间

浸泡试验时间的确定要依据腐蚀速率的大小及试验材料在试验溶液中能否形成钝化膜来决定。一般情况下，长时间试验的结果较准确，但发生严重腐蚀的材料则不需要很长的试验时间。对能形成钝化膜的材料，需要延长试验时间，从而得到较为准确的结果。表 5-1 给出了试验时间的参考值[1]。油田常用碳钢材料一般采用 96～120h 的浸泡时间，13Cr 不锈钢一般采用 168h 的浸泡时间。

表 5-1　试验时间的选择

估算或预测的腐蚀速率*/（mm/a）	试验时间/h
＞1.0	24～72
1.0～0.1	72～168
0.1～0.01	168～336
＜0.01	336～720

* 预测试验时间为 24h，溶液量为 20mL/cm^2。

4. 试验步骤

根据试验容器大小配制适量所需模拟溶液，注入试验容器中。根据研究需求将试样全部或部分浸入溶液中，也可以先将试样置于容器中再倒入溶液。溶液需要除氧时，可将除过氧的溶液通过恒流泵导入试验容器。

试样应尽量放置在溶液中间位置，不允许与容器壁接触。试样间距要在 1cm 以上。密封好试验容器后，开始升温、加压，使溶液尽快达到所需的温度、压力。需要通入气体的，开始通入所需比例的试验气体。达到所需条件后，开始计时。沸腾试验时应使溶液保持微沸腾状态。为防止暴沸，可以加入适量的小玻璃珠、陶瓷碎屑或聚四氟乙烯屑等。

到达预定时间后取出试样，先用清水冲洗除去试验溶液，再用乙醇脱水，随后立即用冷风吹干，避免样品生锈影响试验结果。样品吹干后，立即进行宏观观察、拍照。随后，选取 1 件样品留作进一步的腐蚀产物膜微观观察，其余 2 件样品去除腐蚀产物膜后进行后续失重计算。

5. *腐蚀产物膜去除方法*[1, 5, 6]

试验后需要去除样品表面的腐蚀产物膜，精确称量样品失重。去膜方法可分为机械法、化学法和电解法三种。通常采用机械法+化学法结合的清洗方法。常用的金属材料化学清洗液配方及参数见表 5-2。

表 5-2　化学清洗法的选择

材料	溶液	温度	时间/min
铜和镍合金	HCl（相对密度 1.19）500mL，水加到 1L	室温	1～3
铝合金	CrO_3 20g，H_3PO_4 50mL，水加到 1L	80℃	5～10
铝合金二次去膜*	HNO_3（相对密度 1.42）适量	室温	1
铁与钢	NaOH 20%，锌粉 200g/L	沸腾	5～30
铁与钢**	HCl（相对密度 1.19）1000mL，Sb_2O_3 20g，SnCl 50g	室温	≤25
铁与钢	H_2SO_4（相对密度 1.84）100mL，有机缓蚀剂 1.5mL，水加到 1L	50℃	至清除为止
不锈钢	HNO_3（相对密度 1.42）100mL，水加到 1L	60℃	20
不锈钢	柠檬酸铵 150g，水加到 1L	70℃	10～60

*用第一种溶液膜层尚未清除干净时，进行二次去膜。

**用此法清洗时，溶液需充分地搅动，或用木头、橡皮等非磨料器具将试样擦洗。

利用超声波清洗仪去除样品表面疏松的腐蚀产物，然后将试样浸入化学清洗液中，利用化学作用清除腐蚀产物。使用这一方法时宜同时进行空白样的去膜，以扣除由于去膜液腐蚀金属基体所造成的失重误差。也可参考 ASTM G1 标准中的阶梯去膜法来去膜，避免过多去除未受腐蚀的金属。

6. 试验结果分析和评定[1,5,7]

（1）宏观检查

用肉眼或低倍放大镜对金属材料在腐蚀前后及去除腐蚀产物前后的形态进行仔细观察和检查，初步确定样品的腐蚀形态、类型和程度。观察时应注意观察和记录试样表面腐蚀产物的颜色、形态、类型、附着情况及分布，腐蚀介质的变化，如溶液的颜色、pH。初步判别腐蚀类型，全面腐蚀导致均匀减薄，应在去除腐蚀产物之后测量厚度，局部腐蚀应记录腐蚀位置，并重点观察局部腐蚀形貌，当发现特殊变化时，应拍照以供分析。如有需要，可使用低倍放大镜（2～20 倍）进行仔细观察。

（2）显微检查

显微检查是宏观检查的进一步观察，通过金相显微镜、扫描电镜、X 射线衍射分析仪等精密仪器对腐蚀产物膜进行分析，从而判断腐蚀类型，确定腐蚀程度，明确腐蚀产物。局部腐蚀严重时，可利用激光共聚焦显微镜对腐蚀坑进行三维扫描，获得腐蚀坑形貌特征和尺寸参数。

（3）结果评定

对于定性的表观考察来说，腐蚀形态的记述明显地受到人为因素的影响。因此，还要通过定量的方法来建立统一的标准评定方法。通常可分成全面腐蚀和局部腐蚀两大类来进行评定。

全面腐蚀通过样品的均匀腐蚀速率作为试验结果的表达形式。腐蚀速率的计算如式（5-1）所示。如需扣除去膜液对金属基体所造成的损失，在计算 M_1 时，要加上这部分质量，

$$R=\frac{8.76\times10^7\times(M-M_1)}{STD} \tag{5-1}$$

式中，R 为平均腐蚀速率，mm/a；M 为试验前的试样质量，g；M_1 为试验后的试样质量，g；S 为试样的总面积，cm^2；T 为试验时间，h；D 为材料的密度，kg/m^3。

局部腐蚀程度可通过样品的最大点蚀速率作为试验结果的表达形式。点蚀速率的计算如式（5-2）所示：

$$PR=\frac{d\times365}{T} \tag{5-2}$$

式中，PR 为最大点蚀速率，mm/a；d 为最大点蚀深度，mm；T 为试验时间，天。

7. 试验标准[1-4]

常用的浸泡试验标准及其适用范围见表 5-3。

表 5-3 浸泡试验常用标准

标准号	标准名称	适用范围
ASTM G111-97（2013）	高温或高压环境中或高温高压环境中的腐蚀试验	涵盖了金属材料在高压或高温高压条件下进行腐蚀试验的试验步骤、试样和试验设备。适用于进行腐蚀质量损失、局部腐蚀和电化学测试及用于在高压或高温高压条件下由于环境引起的开裂测试
ASTM G31-12a	金属的实验室浸泡腐蚀试验规程	涵盖了实验室浸泡腐蚀试验特别是失重试验的影响因素。这些因素包括试验装置、取样、试样、测试条件（试验溶液、温度、气体形态、流体运动、溶液的体积、试样固定方法及试验时间等），还包括试样的清洗方法，试验结果的解释，以及腐蚀速率的计算。不涉及局部腐蚀、环境开裂腐蚀和冲刷腐蚀
JB/T 7901—1999	金属材料实验室均匀腐蚀全浸试验方法	规定了金属材料实验室均匀腐蚀全浸试验方法的适用范围、引用标准、试样、试验装置、试验溶液、试验时间、试验条件和步骤、试验结果和试验报告。适用于评价金属材料全浸试验的均匀腐蚀性能
SY/T 0026—1999	水腐蚀性测试方法	规定了油气田建设和生产过程中水介质对钢材腐蚀速率测定的试验方法。适用于评价水介质对钢材的腐蚀性

5.1.2 局部腐蚀试验方法

模拟工况浸泡试验和电化学方法是基础的腐蚀研究方法，针对各种不同的局部腐蚀问题，在浸泡试验方法的基础上，形成了各种具有针对性的局部腐蚀试验方法，如点蚀、晶间腐蚀、缝隙腐蚀和应力腐蚀等方法。

1. 点蚀[5,8-16]

金属在某些环境介质中，经过一定的时间后，大部分表面不发生腐蚀或腐蚀很轻微，但在表面上个别的点或微小区域内，出现蚀孔或麻点，且随着时间的推移，蚀孔不断向纵深方向发展，形成小孔状腐蚀坑，这种现象称为点腐蚀，简称点蚀，也称为小孔腐蚀或孔蚀。点蚀是一种外观隐蔽而破坏性大的腐蚀，虽然因点蚀而损失的金属质量很小，但若连续发展，能导致腐蚀穿孔直至整个设备失效。从外观上看，点蚀有开口式的蚀孔，也有闭口式的，即表面为腐蚀产物所覆盖或仍保留了呈现凹痕的金属薄层，内部则已发生严重的蚀坑。其剖面形状大致被分为六类，如图 5-1 所示。石油管道及装备材料常用的点蚀测量方法包括三氯化铁试验方法和电化学试验方法。

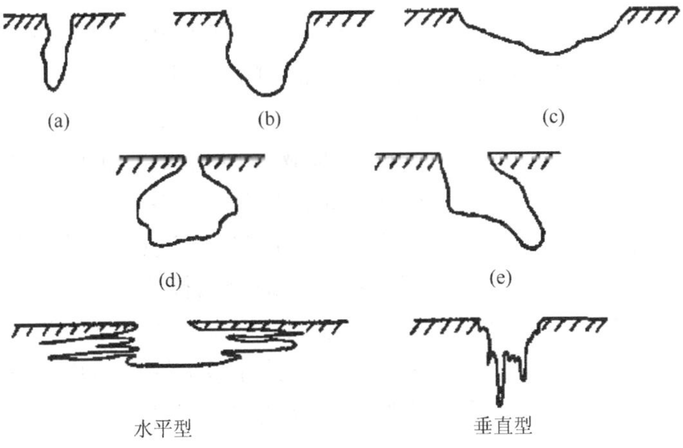

图 5-1　点蚀的剖面形状

（a）窄深型；（b）椭圆型；（c）宽浅型；（d）皮下型；（e）底切型；（f）微观结构取向型

（1）三氯化铁试验法

三氯化铁试验法用于检验不锈钢及含铬的镍基合金在氧化性的氯化物介质中的耐点蚀性能。相关的标准有 GB/T 17897—2016、ASTM G48-2011 等，试验技术参数如表 5-4 所示。

表 5-4　三氯化铁点蚀试验技术参数

技术条件	GB/T 17897—2016	ASTM G48-2011
试验溶液	6% $FeCl_3$+0.05mol/L HCl	6% $FeCl_3$
试验温度/℃	35±1 或 50±1	22±2 或 50±2
试验时间/h	24	72
试样尺寸/mm	$10cm^2$ 以上 （30～40）×20×（1.5～5）	25×50

对于点蚀严重、均匀腐蚀不明显的材料，试验材料的耐点蚀性可以用腐蚀率，即单位面积、单位时间的失重表示，单位是 $g/(m^2/h)$。腐蚀率按式（5-3）计算：

$$腐蚀率=\frac{W_{前}-W_{后}}{St} \tag{5-3}$$

式中，$W_{前}$ 为试验前试样质量，g；$W_{后}$ 为试验后试样质量，g；S 为试样总面积，m^2；t 为试验时间，h。

也可通过蚀孔数目及尺寸大小和深度等来评价金属材料的点蚀敏感性。计量蚀孔数目时，可采用带分格的透明塑料板数出工作面上的蚀孔数量。20 个深度测量值中的最大值，称为最大点蚀深度，求出其中 10 个较大深度值，作为平均最大蚀孔深度。ASTM G46-94（2005）推荐的点蚀标准评级图见图 5-2，根据点蚀密度、蚀坑大小及蚀坑深度对点蚀进行综合评价。

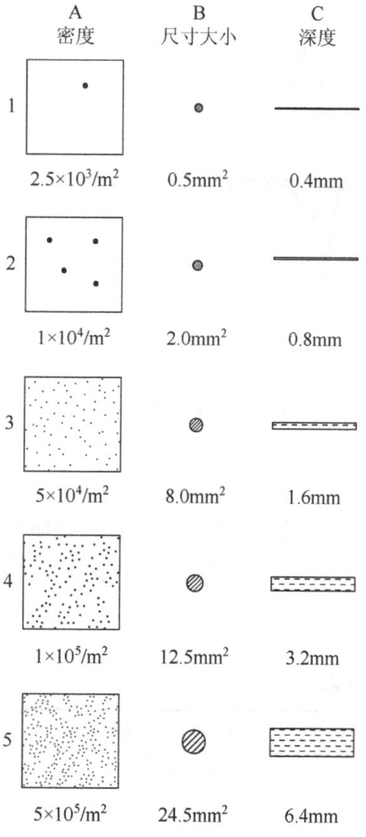

图 5-2　点蚀标准评级图

根据最大蚀孔深度和蚀孔的平均最大深度来评价点蚀最有实用意义，因为设备的使用寿命往往是由最大点蚀深度决定的。一旦发生腐蚀穿孔，即金属被“穿透”，会造成气体或液体的泄漏。金属的“穿透性”可用点蚀因子来表征，即蚀孔最大深度与由失重法求得的平均腐蚀深度之比。点蚀因子=1，表明发生均匀腐蚀，点蚀因子越大，表明穿透深度越大。而对于点蚀或全面腐蚀均很小的情况，不宜采用点蚀因子数据。

（2）电化学方法

点蚀电位 E_b 和保护电位 E_p 是表征金属材料孔蚀敏感性的两个基本电化学参数，它们把具有活化-钝化转变行为的阳极极化曲线划分为三个区段，如图 5-3 所示。当 $E>E_b$ 时，将形成新的蚀孔，已有蚀孔继续长大；$E_b>E>E_p$ 时，不会形成新蚀孔，但原有蚀孔将继续发展长大；当 $E\leqslant E_p$ 时，原有蚀孔再钝化而不再发展，也不会形成新蚀孔。

用于测量点蚀电位的方法有电位控制法，如动电位法、准稳态动电位法、恒电位法及恒电位下的电流-时间曲线法；电流控制法，如动电流法、准稳态动电流法，恒电流法及恒电流下的电位-时间曲线法；以及划伤法等。国内外常用的相关标准及其技术条件见表 5-5。这些标准均采用连续扫描动电位法测定曲线。

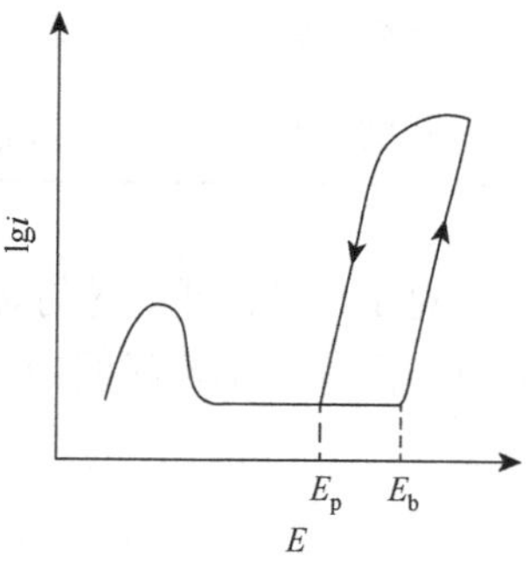

图 5-3　具有活化-钝化转变行为的金属的典型阳极极化曲线和孔蚀特征电位

GB/T 17899—1999 定义，以阳极极化曲线上对应电流密度 10μA/cm² 或 100μA/cm² 的电位中最正的电位值来表示点蚀电位；ASTM G61-86（2014）定义电流快速增加的电位为点蚀电位。

表 5-5　不锈钢点蚀电位测量标准及其技术参数

技术条件	GB/T 17899—1999	ASTM G61-86（2014）
试验溶液	3.5% NaCl	3.5% NaCl
试验温度/℃	30±1	25±1
试样	1cm^2 涂覆型和嵌埋型，硝酸预钝化	圆片聚四氟乙烯压合装配支架
扫描速度/(mV/min)	20	10
耐孔蚀性能判据	E_b、E_{b10}、E_{b100}	电流快速增加的电位

2. 应力腐蚀[17-27]

金属材料在应力和特定的腐蚀介质共同作用下产生的低应力脆断现象，称为应力腐蚀。应力腐蚀开裂只有在同时满足材料、介质和应力三者的特定条件下才会发生。由于具有突发性、不可预见性，应力腐蚀开裂是危害性最大的腐蚀形式之一，给油气田生产及安全带来极大隐患。应力腐蚀开裂评价，就是通过试验研究，测定材料在特定环境中的抗应力腐蚀开裂性能指标，如临界应力或临界应力场强度因子、裂纹扩展速率等。

根据产品服役过程中所承受的应力类型（受拉、受弯等），采用不同的样品形状和加载方式进行应力腐蚀开裂试验研究。常用的试样类型有以下几种：弯梁试样、U 型弯曲试样、单轴拉伸试样、C 型环试样、恒载荷或恒位移下预裂纹试样、焊接试样，以及渐增式载荷或渐增式位移下的预裂纹试样等。油田常用的应力腐蚀开裂评价方法有硫化物应力腐蚀开裂（SSCC）试验和氯化镁应力腐蚀开裂试验。

（1）硫化物应力腐蚀开裂

SSCC 试验用于评价在含硫化氢的酸性水溶液环境中受拉伸应力的金属抗开裂破坏的性能。对于 SSC（硫化物应力腐蚀开裂）敏感性高的碳钢和低合金钢，通常在室温进行抗 EC（环境开裂）性能试验。对于其他合金，EC 敏感性与温度关系较复杂，可在较高的温度下进行试验。

根据样品加载方式的不同，目前主要有四种试验方法，这四种方法的对比见表 5-6。试验中有两种标准溶液：溶液 A 和溶液 B。溶液 A 为饱和的硫化氢酸性水溶液（5%氯化钠+0.5%冰醋酸），pH 在 2.6～2.8 之间；溶液 B 为饱和的硫化氢酸性缓冲溶液（5%氯化钠+2.5%冰醋酸+0.41%乙酸钠）。不同样品的尺寸要求见图 5-4～图 5-8。相关标准包括 NACE TM0177-2016、ISO 7539-2-1989、ASTM

G39-99（2011）、GB/T 4157—2006 和 GB/T 157970.2—2000 等。

表 5-6　SSCC 试验方法技术参数

技术条件	方法 A 恒拉伸法	方法 B 弯曲法		方法 C C 型环法	方法 D 双悬臂梁法 （DCB）
		三点弯曲	四点弯曲		
试验溶液	A、B	0.5%冰醋酸	A、B	A、B	A、B
试验温度/℃	24±3	24±3	24±3	24±3	24±1.7
试样	棒状拉伸试样	平板状试样	平板状试样	C 型环试样	双悬臂梁试样
加载方式	恒拉伸	弯曲	弯曲	螺栓	楔块加载
试验时间/h	720	720	720	720	碳钢 336 耐蚀合金 720
试验结果	断裂/未断裂	临界应力 S_c	断裂/未断裂	断裂/未断裂	临界应力强度因子（K_{ISSC}）

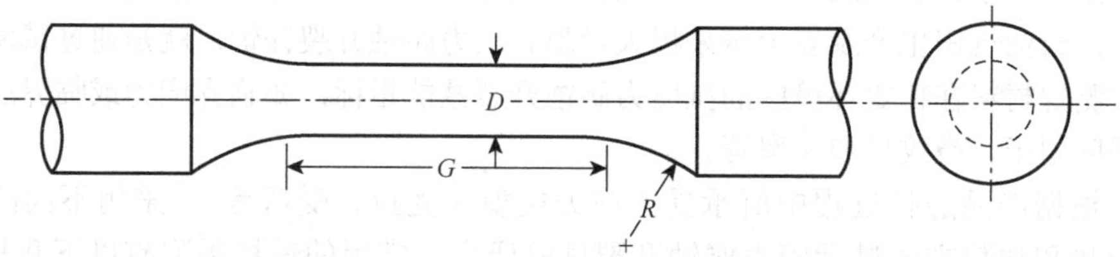

尺寸	标准试样	小尺寸试样
D/mm	6.35±0.13	3.81±0.05
G/mm	25.4	25.4
R/min	15	15

图 5-4　棒状拉伸试样要求

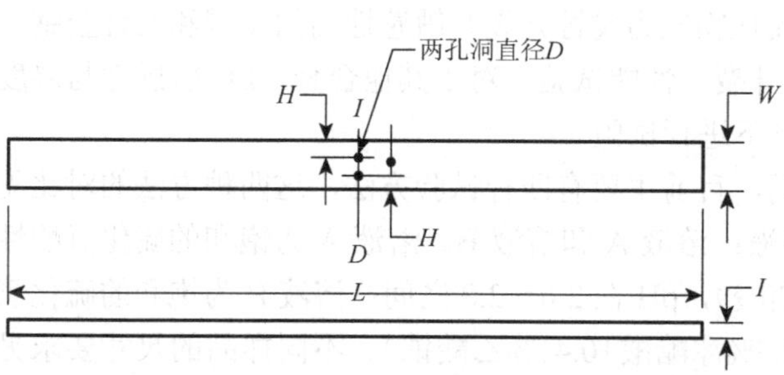

尺寸	大小/mm
L	67.3±1.3
I	1.52±0.13
W	4.57±0.13
H	1.59
D	0.71

图 5-5　三点弯曲试样要求

还可根据实际研究需求，通过改变上述试验的温度和溶液等参数，进行高温高压下的模拟工况应力腐蚀研究。

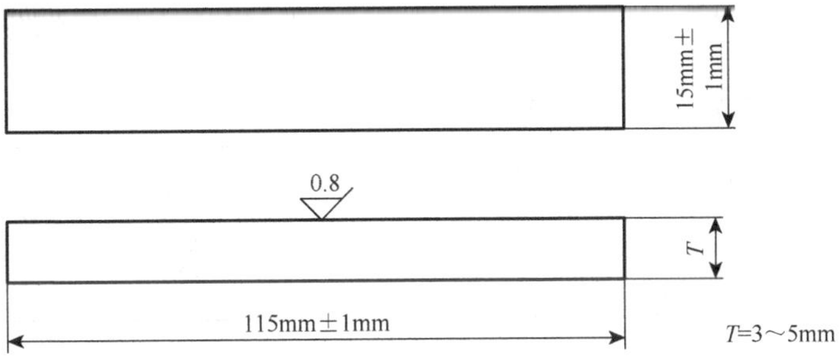

图 5-6 四点弯曲试样要求

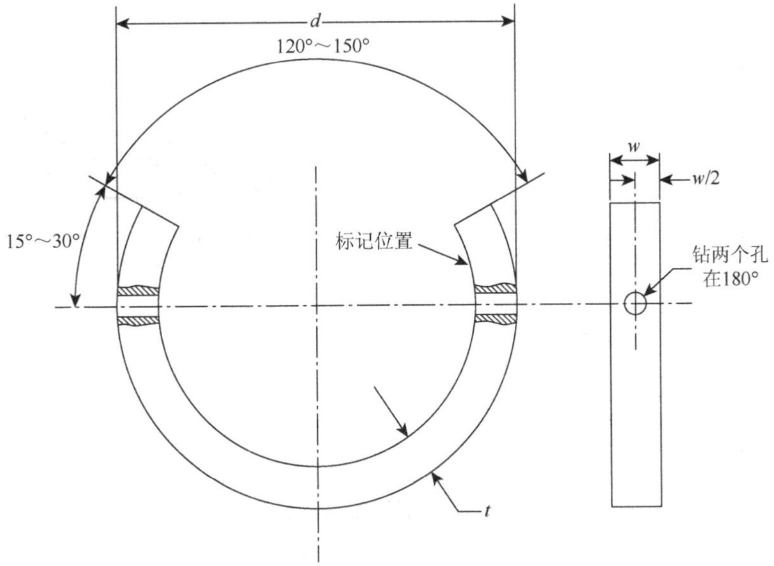

图 5-7 C 型环试样要求

（2）氯化镁应力腐蚀开裂

氯化镁应力腐蚀开裂试验规定了不锈钢在恒负荷拉伸、U 型弯曲试验条件下，试样制备和要求、试验溶液、试验仪器和设备、试验条件和步骤及试验报告；适用于评价不锈钢在沸腾氯化镁溶液中的应力腐蚀敏感性。常用的标准有 ASTM G36-94（2013）和 YB/T 5362—2006，其关键技术要求对比见表 5-7。

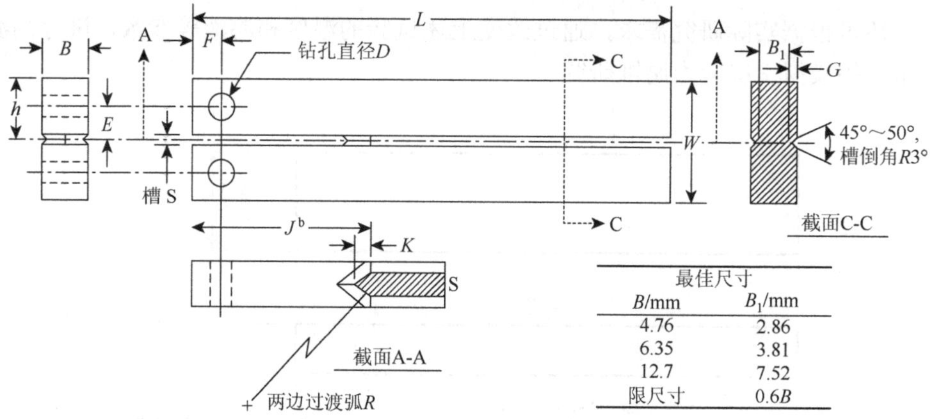

最佳尺寸	
B/mm	B_1/mm
4.76	2.86
6.35	3.81
12.7	7.52
限尺寸	0.6B

a 如果推测抗开裂性能差，可使用长度U;
b 厚度X、深Y的小电火花槽(EDM)可替代V形裂纹槽；
c 槽的公差为Z。

尺寸	大小/mm
B	9.53±0.05
B_1	5.72±0.05
D	4.85
E	6.4+0.2/–0.0
F	6.35±0.10
G	1.91±0.05
H	12.70±0.05
J	38.10±1.59
K	3.17±0.77
L	101.50±0.59
M	51±13
N	6.35±0.10
R	0.25±0.05
S	2.38±0.05
U	130
W	25.40±0.05
X	0.3
Y	41.3
Z	±0.05

(a)

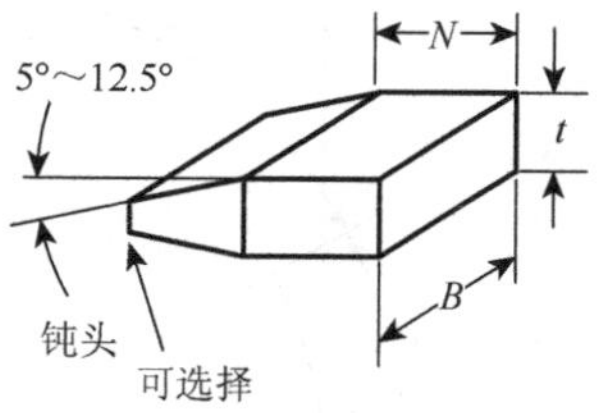

(b)

注：t必须能提供足够的悬臂位移

图 5-8　双悬臂梁试样要求

（a）设计；（b）双面模块

表 5-7　氯化镁应力腐蚀试验技术参数

技术条件	ASTM G36-94（2013）	YB/T 5362—2006
试验溶液	45% $MgCl_2$	42% $MgCl_2$ 或 45% $MgCl_2$
试验温度/℃	155±1	143±1 或 155±1
试样/mm	所有应力腐蚀试样	恒负荷拉伸试验： 板状 30×3×2 或 30×5×4 棒状　3×30 或 5×30 U 型弯曲试验：75×10 或 15×1～3

续表

技术条件	ASTM G36-94（2013）	YB/T 5362—2006
加载方式	拉伸、弯曲	拉伸、U 型弯曲
试验时间	直至开裂	直至开裂
试验结果	开裂时间	开裂时间

该试验由于温度较高，应采用带有足够冷却能力的回流冷凝器的试验容器，以及能够保持试验溶液处于微沸状态的加热装置。在长期试验中最多 7 天更换一次溶液；每次试验平行试样不得少于 3 个；试验结果报道破断时间和负荷应力。

3. 缝隙腐蚀[5, 8, 12, 28-31]

金属表面上由于存在异物或结构上的原因而形成缝隙，使缝内溶液中与腐蚀有关的物质迁移困难所引起的缝隙内金属的腐蚀，总称为缝隙腐蚀。几乎所有的金属都可能产生缝隙腐蚀，但以依赖钝化而耐蚀的金属，如不锈钢，最容易产生这种腐蚀。缝隙腐蚀只有当缝隙的宽度足以允许溶液进入，但又足够窄小，可以保证缝隙内的溶液处于滞留状态，并使缝隙内外溶液之间的物质迁移发生困难，才能发生。这个宽度一般在 0.025～0.1mm 范围内。发生缝隙腐蚀时，缝隙内部相对于外部会出现溶液的浓度差，导致内部加速腐蚀。缝隙腐蚀的形态从缝隙内金属的点蚀到全面腐蚀都有，一般来说，耐蚀性好的材料易出现点蚀，而耐蚀性差的材料易出现全面腐蚀。

缝隙腐蚀的试验研究方法可分为两大类：一类是促使金属在人工缝隙中的静止溶液里自然发生缝隙腐蚀，然后对腐蚀现象进行测试评定，称为化学浸泡试验法；另一类是利用电化学（阳极）极化，促使金属加速发生缝隙腐蚀，然后对某些电化学参数进行评定，称为电化学测试法。

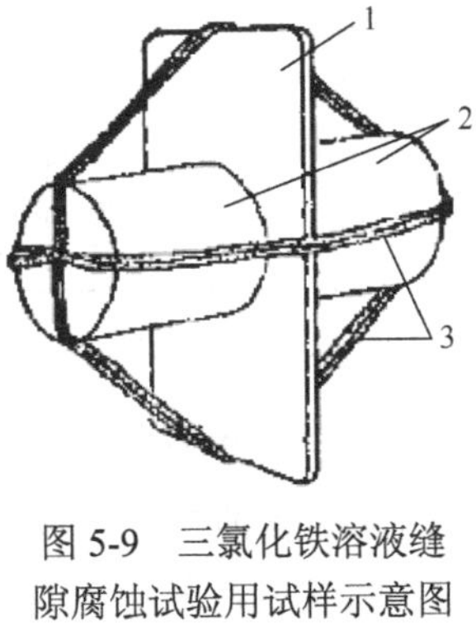

图 5-9　三氯化铁溶液缝隙腐蚀试验用试样示意图

1. 试样；2. 聚四氟乙烯圆柱；3. 低硫橡胶带

（1）化学浸泡试验方法

在浸泡试验法中，缝隙试样的设计是决定试验成功与否的关键。其中需要注意的因素有缝隙宽度、深度、缝隙内外表面积之比、缝隙的数目、配对材料等。考虑到人工缝隙的几何形状不易重现，因此，有时还需从统计学角度设计试样和处理试验结果。

浸泡试验方法包括三氯化铁试验、多缝隙试样试验、临界缝隙腐蚀温度试验及活性炭加速试验等。常用的为三氯化铁试验，相关标准有 ASTM G48-11（2015）、GB/T 10127—2002，用于确定不锈钢、含铬的镍基合金等在氧化性含氯离子介质中对缝隙腐蚀的敏感性。试样装配如图 5-9 所示，板状试样用两个聚四氟乙烯圆柱夹紧，通过低硫橡胶带十字形固定，形成 6 处缝隙，浸泡在 6% $FeCl_3$ 中，试验关键技术指标见表 5-8。

表 5-8　缝隙腐蚀浸泡试验技术参数

技术条件	ASTM G48-11（2015）	GB/T 10127—2002
试验溶液	6% $FeCl_3$（100g $FeCl_3$+900mL 去离子水）	100g $FeCl_3$+900mL 0.05mol/L HCl 水溶液
试验温度/℃	22±2 或 50±2	（22 或 35 或 50）±1
试样/mm	50×25	50×25×（2～3）
试验时间/h	72	24 或 72
试验结果	目视、腐蚀速率	目视、腐蚀速率

（2）电化学测试方法

电化学测试方法是以某些电化学参数作为判据，以比较金属材料对缝隙腐蚀的相对敏感性。由于电化学测试方法可缩短缝隙腐蚀的诱导期，从而达到加速腐蚀试验的目的。常用的电化学缝隙腐蚀测试法有临界电位测试法、以 E_b–E_p 的差值为判据的方法、去钝化 pH 比较法，以及稳态 pH 与去钝化 pH 比较法等。不锈钢等材料的缝隙腐蚀电化学试验相关标准有 ASTM G61-86（2014）、ASTM F746-04（2014）和 GB/T 13671—1992。相关技术参数见表 5-9。

表 5-9　缝隙腐蚀电化学试验技术参数

技术条件	ASTM G61-86（2014）	ASTM F746-04（2014）	GB/T 13671—1992
适用材料	铁基、镍基和钴基合金	外科植入金属材料	不锈钢和外科植入金属材料
试验溶液	3.56% NaCl	9g/L NaCl	3.5% NaCl、9g/L NaCl
试验温度/℃	25±1	37±1	30±1、37±1
试样/mm	圆片 $1cm^2$	圆柱体、侧面及端面	10×10×t（壁厚）、Φ11.3×t
评价指标	往返动电位极化测定腐蚀萌生电位和再钝化电位	0.8V_{SCE} 诱发腐蚀后的再钝化电位	0.8V_{SCE} 诱发腐蚀后的再钝化电位

4. 晶间腐蚀[8, 32-33]

晶间腐蚀是一种常见的局部腐蚀。腐蚀沿着金属或合金的晶粒边界或它的邻近区域发展，晶粒本身腐蚀很轻微，这种腐蚀便称为晶间腐蚀。由于晶间区仅 500nm，因此，晶间腐蚀不易被察觉，特别是不锈钢类材料，即使晶间腐蚀已发展到相当严重的程度，其表观仍保持光亮无异的原态，仅靠肉眼根本无法辨别。因此，在材料选择和使用时，对于存在晶间腐蚀敏感性的材料或工况，要通过试验明确其在给定工况下的晶间腐蚀敏感性。

可以通过化学浸泡法和电化学法对晶界区进行加速选择性腐蚀，来考察材料在特定介质中的晶间腐蚀敏感性。化学浸泡法包括酸性硫酸铜溶液试验、沸腾硝酸（65% HNO_3）试验法、酸性硫酸铁溶液试验及 10% HCl 试验法等多种不同溶液的试验方法。必须根据实际情况，正确合理地选择晶间腐蚀试验方法。硫酸-硫酸铜试验方法是石油工业常用的晶间腐蚀评价方法。该方法试验技术参数见表 5-10。

表 5-10　硫酸-硫酸铜晶间腐蚀试验技术参数

技术条件	ASTM A262-15	GB/T 4334—2008
适用材料	奥氏体、奥氏体-铁素体不锈钢	奥氏体、奥氏体-铁素体不锈钢
筛选试验	试验前用 10%草酸溶液筛选	无规定
试验溶液	100g 硫酸铜溶液 700mL 蒸馏水或去离子水中+100mL 硫酸（化学纯），稀释到 1000mL	100g 硫酸铜溶液 700mL 蒸馏水中+100mL 硫酸（优级纯），稀释到 1000mL
敏化	650℃，1h，空冷	650℃，压力加工试样 2h，铸件 1h，空冷
试样/mm	详见标准	详见标准
试验时间	煮沸 24h，可延长至 48h 或 72h	煮沸 16h
结果评定	弯曲后放大 5～20 倍观察，可疑时放大 100～250 倍金相显微镜观察	弯曲后放大 10 倍观察，可疑或不能弯曲时金相法 150～500 倍观察

电化学试验方法包括：草酸电解浸蚀试验法和动电位再活化法等。动电位再活化法用于检验奥氏体不锈钢的晶间腐蚀敏感性。而 10%草酸电解浸蚀试验法用于化学浸蚀前筛选试验较多地被采用。10%草酸电解浸蚀试验是把样品置于 10%草酸溶液中，在室温下，于 $1A/cm^2$ 电流密度下阳极电解浸蚀 90s。然后通过金相显微镜在 200～500 倍放大倍数下检查样品表面，根据晶界破坏程度确定材料有无晶间腐蚀敏感性，或者是否需要用另一种标准试验方法（化学方法）进行再次试验。如果试样表面呈“沟槽”状结构（连续腐蚀沟槽包围晶粒）或“混合”型结构（台阶结构与不连续腐蚀沟槽并存），则应选择一种适当的标准试验方法进一步检查材料的晶间腐蚀敏感性。

5.1.3　传统电化学试验方法

电化学测量技术是一种原位的快速测量方法，具有以下优点：①测量速度快；②测量灵敏度高；③可进行实时测量，给出瞬时腐蚀信息。但是，由于实际腐蚀体系的复杂性和多变性，使得研究者必须对所研究的腐蚀体系、测量原理和适用范围有清楚的认识。石油天然气工业管道和装备材料的腐蚀研究中常用的电化学测试技术有极化曲线测量、交流阻抗技术和电化学噪声技术，以及微区电化学技术。

1. 极化曲线法[34, 35]

极化曲线就是电极表面的电极电位与极化电流之间的关系，可反映电极过程的动力学规律。通过极化曲线的形状、斜率和位置可以研究腐蚀电极过程的电化学行为及阴、阳极反应的控制特性，还可测定金属的腐蚀速率、判断添加剂的作用机理以评选缓蚀剂。

按照极化曲线测量技术所控制的变量分类，可将极化曲线测量技术分为控制电位法和控制电流法两类。控制电位法就是以电位为自变量，电流为因变量，通过控制电位的变化而测定极化电流随电位变化的函数关系。相应地，控制电流法是以电流为自变量，电位为因变量，通过控制电流变化而测定电极电位随电流变化的函数关系。两类技术具有各自的特点和适用范围，选用时应根据需要而定。

极化曲线的测量通常采用经典三电极体系，即由工作电极、辅助电极和参比电极组成。测量系统由极化电源（恒电位仪或恒电流仪）、电流检测、电位检测、电解池、电极系统等组成。近年来，由于计算机技术的快速发展，其在电化学数据的采集和分析中起着很大的作用。由计算机控制的电化学测试仪即电化学工作站已成为当前电化学测试的主要仪器，操作方法比较简单。

GB/T 17899—1999《不锈钢点蚀电位测量方法》中规定了通过极化曲线测量来获得不锈钢点蚀电位的方法。工作电极是将试样的试验面用符合 GB/T 2481.1—1998 规定的粒度的砂纸按顺序进行研磨，一直磨到粒度为 W20 的砂纸；之后为防止试样发生缝隙腐蚀，将研磨后的试样进行钝化处理（在 50℃、20%～30%的硝酸中浸泡 1h 以上）；再用钎焊（如锡焊）或点焊的方法将导线焊在试样上；非试验面部分和导线用环氧树脂、乙烯树脂或石蜡松香混熔物等绝缘物进行镶嵌。在测定前，用符合 GB/T 2481.1—1998 规定的粒度为 W28 的砂纸对工作电极试验面仔细进行打磨。参比电极选用甘汞电极或氯化银电极，辅助电极选用铂电极或石墨电极，并要求辅助电极的面积至少是工作电极面积的 2 倍。试验中，试验溶液的体积与试样面积之比不小于 200mL/cm^3，电位扫描速度为 20mV/min。以阳极极化曲线上对应电流密度 10μA/cm^2 或 100μA/cm^2 的电位中最正的电位值（符号 E_{b10} 或 E_{b100}）来表示点蚀电位。图 5-10 是钝化了的 316 不锈钢在 3.5%氯化钠溶液中的阳极极化曲线，其点蚀电位为 850mV。

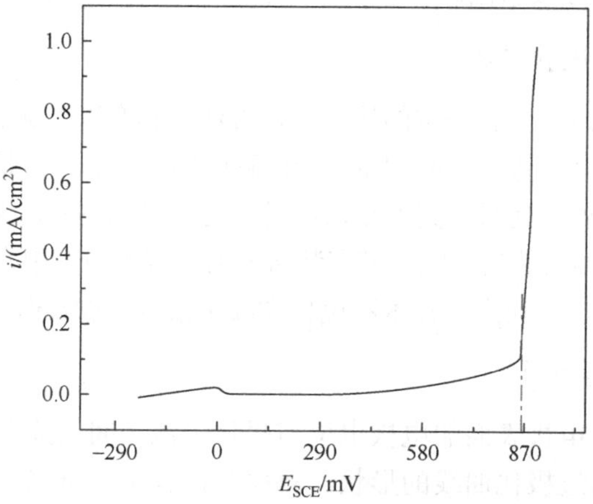

图 5-10　钝化态 316 不锈钢在 3.5%氯化钠溶液中的阳极极化曲线

2. 电化学阻抗技术[36]

电化学阻抗技术是将小振幅的正弦波电势（或电流）作为扰动信号，使电极系统产生近似线性关系的响应，从而测量电极系统在很宽的频率范围内的阻抗谱。电化学阻抗技术是一种暂态电化学技术。由于扰动信号为小振幅交流电（一般小于 10mV），当频率足够高时，每半周期持续时间很短，不会引起严重的浓差极化或表面状态变化。电极上交替发生的阴极过程和阳极过程，也不会引起极化的积累，不会对体系产生过大的影响。另外，由于信号频率范围可以很宽，因此得到的电化学阻抗谱能提供更多的电极过程动力学信息和电极界面结构信息。

近几十年来，得益于电化学仪器、阻抗技术和计算机技术的快速发展，电化学阻抗技术发展迅速。目前，电化学阻抗的测试频率范围可达到 10^{-5}～10^{6}Hz，也可通过计算机处理阻抗谱从而得到阻抗复平面图、导纳复平面图、Bode 图等。通过解析这些图谱，可以分析影响电极过程的状态变量及判断出有无传质过程的影响，还可以获得参比电极与工作电极之间的溶液电阻、双电层电阻和电极反应电阻等信息。因此，电化学阻抗技术在电极过程动力学、电沉积、腐蚀科学、化学电源、生物膜性能、表面改性、导电材料等研究领域得到广泛的应用。

在腐蚀科学研究中，电化学阻抗技术用来测量与腐蚀电流大小成反比的极化电阻，进而反映腐蚀金属表面变化（粗糙度变化、缓蚀剂吸附、钝化膜的形成与破坏、表面固体腐蚀产物的形成等）的界面电容。电化学阻抗谱用来研究涂层与涂层的破坏过程、缓蚀剂的类型和作用机理、金属阳极溶解和钝化过程及钝化金属的孔蚀过程。

3. 电化学噪声技术[37, 38]

电化学噪声是指电化学动力系统演化过程中，系统中的电学状态参量随时间发生随机的非平衡波动现象。这里的波动是指研究电极发生电极反应而引起的电极表面的电位和电流的自发变化，能够提供大量的系统演化信息。电化学噪声产生于电化学系统本身，而不是外部控制仪器的噪声或其他外来干扰。

与传统的腐蚀测量技术（如动电位极化曲线、电化学阻抗谱等）相比，电化学噪声具有以下优势：①原位无损测量，对被测电极不施加任何外界扰动；②能够快速测量腐蚀速率；③部分规避电化学阻抗谱中存在的“一个阻抗谱可能对应多个等效电路”的问题，无须建立被测体系的电极过程模型，可直接研究所测电极体系的腐蚀机理；④属直流暂态测试技术，无体系稳定性要求，适用性更广；⑤测试设备简单，适合于现场腐蚀监测。

电化学噪声测量的是电极表面电压或电流随时间的变化曲线，是一种原位的、无损的、无干扰的电极检测方法，且能够揭示电化学体系的特征信息，因此在腐蚀领域引起极大关注，用于研究金属的腐蚀类型、腐蚀过程的动力学行为、评价材料的耐蚀性和缓蚀剂性能评价等领域。

5.1.4　微区电化学试验方法

电化学极化曲线、交流阻抗和噪声技术为宏观电化学测量技术，这些技术在研究金属腐蚀过程和电化学机理中有着广泛的应用。这些传统的宏观电化学测试方法是以整个电极为研究对象，以电信号为激励和检测手段，获得有关电极过程间接、统计和面积平均的研究信息，难以定域测量电极表面不同位置的电化学特性。但在工业生产中，金属腐蚀破坏多以局部腐蚀如点腐蚀、缝隙腐蚀、电偶腐蚀等为主，常常在沉淀、夹杂、裂纹等微米或亚微米级的区域内发生。利用宏观电化学仅可给出金属材料的“宏观”和“平均”腐蚀信息，无法反应局部腐蚀过程和机理。微区扫描电化学技术的产生为金属腐蚀的研究提供了新的思路和方向，该技术可以实现非接触、在线、实时、原位、动态研究金属材料的局部腐蚀过程。微区扫描电化学技术是扫描探针技术和电化学技术的结合，如图 5-11 所示，其主要由电化学模块、微探针模块、三维扫描控制模块、电解池模块四部分组成。

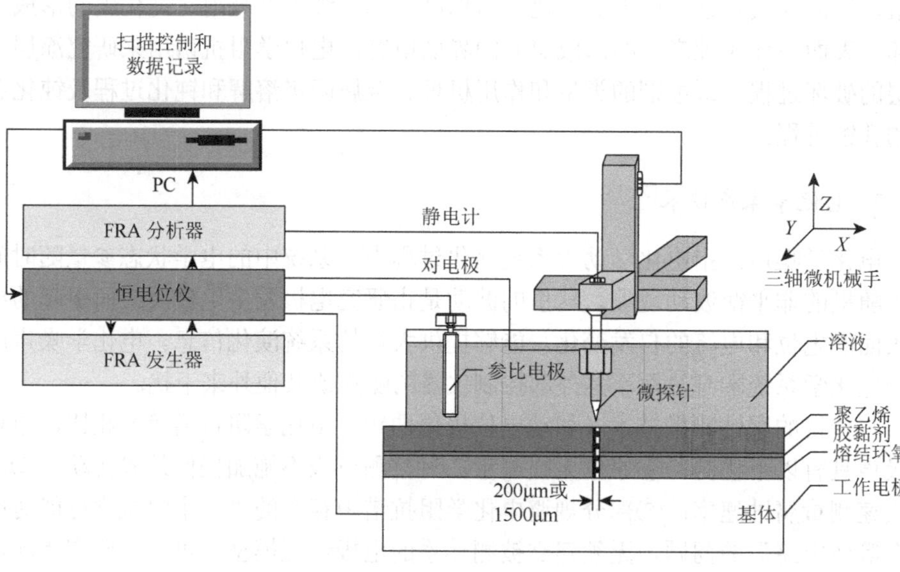

图 5-11　微区扫描电化学技术原理示意图[39]

常用的微区电化学技术包括扫描振动参比电极技术、局部电化学交流阻抗谱、扫描开尔文探针和扫描电化学显微镜等，近年来，还发展了扫描离子选择性电极技术、微分视频成像技术、扫描电解液微滴技术、非接触光学表面轮廓技术等。这些技术使得人们能够更深入地研究局部腐蚀过程，且能完整、充分地理解局部腐蚀过程及其动态机理，同时还能够在实时域和原子尺度上研究腐蚀微观界面的热力学和动力学过程。

1. 扫描电化学显微镜[40]

扫描电化学显微镜（SECM）是 20 世纪 80 年代末，由著名的电分析化学家 A. J. Bard 所带领的研究小组，将扫描隧道显微镜（STM）技术原理和超微电极相结合，而发展起来的一种扫描探针显微技术。SECM 以电化学原理为基础，利用微探针在非常靠近基底电极的表面扫描，测得的氧化还原电流与溶液组分、微探针与基底表面距离、基底电极表面特性等密切相关。基底电极表面不同位置上微探针的法拉第电流图像即可表征基底电化学活性分布和电极的表面形貌。SECM 主要由双恒电位仪、压电控制仪、压电位置仪、电解池和计算机等组成，通常采用电流法，也可采用离子选择性电极进行电位法或电阻法来进行测试，具有反馈模式、收集模式、穿透模式、离子转移反馈模式、平衡扰动模式等多种操作模式。总体上表现出以下优越性：①SECM 在溶液中可检测电流或施加电流于微电极与样品之间；②SECM 分辨率介于普通光学显微镜与 STM 之间，可以在溶液体系中对研究系统进行实时、现场和三维空间观测；③SECM 与 STM、AFM（原子力显微镜）具有互补性，其中 STM 和 AFM 主要用来进行原子级和纳米级的成像分析，重点揭示电化学过程的表面物理现象，而 SECM 则可进行样品表面和界面化学性质分析。

在金属腐蚀领域，SECM 可用来原位测量腐蚀电极的空间形貌、电化学均一性等，以研究腐蚀电极的动态过程；也可用来研究金属表面钝化膜的局部破坏、消长、局部腐蚀的早期机理。

2. 微区电化学阻抗技术[41, 42]

电化学阻抗谱（EIS）反映的是所测试样的平均信息，对点蚀、涂层降解等微区信息难以真实体现。为此，H. S. Isaacs 等提出用微区电化学阻抗技术（LEIS）来检测金属表面的局部阻抗变化。该技术采用铂微电极测量电极溶液界面信号，不仅能提供与测试和界面相关的局部电阻、电容、电感等信息，还能给出局部电流和电位的线、面分布及二维、三维彩色阻抗和导纳图像。LEIS 测量系统主要由恒电位仪、锁相放大器、控制系统、电解池和计算机等组成。测量过程中，通过调节微探针与样品之间的距离和位置，恒电位仪向系统提供微扰电压，从而感生出交变电流，得到的信息经锁相放大器进入计算机进行分析处理，获得局部阻抗。

目前，LEIS 技术在腐蚀研究领域得到广泛应用，可用来精确测试局部区域固/液界面的阻抗行为及相应的参数，以研究点蚀、涂层完整性和均匀性、涂层下金属的局部腐蚀及金属的钝化等。例如，X. Tang 等利用 LEIS 来研究拉应力条件下管线钢裂纹附近的局部阳极溶解行为，图 5-12（a）是预制裂纹试样的光学照片，其中点 A 位于裂纹尖端，点 B 和点 C 位于裂纹尖端前沿 400μm 和 800μm 的区域，点 D 位于远离裂纹的左侧；图 5-12（b）是 LEIS 测量的 Nyquist 图，其中高频区的半圆代表由于阳极溶解而生成的腐蚀产物，低频区的半圆代表与阳极溶解相关的电荷传递反应电阻，当测量位置越靠近裂纹尖端，电荷传递反应电阻越小，腐蚀速率越大；图 5-13 是裂纹尖端附近区域的 LEIS 三维图像，可见裂纹尖端的耐腐蚀性最差，因此该处的腐蚀最严重。

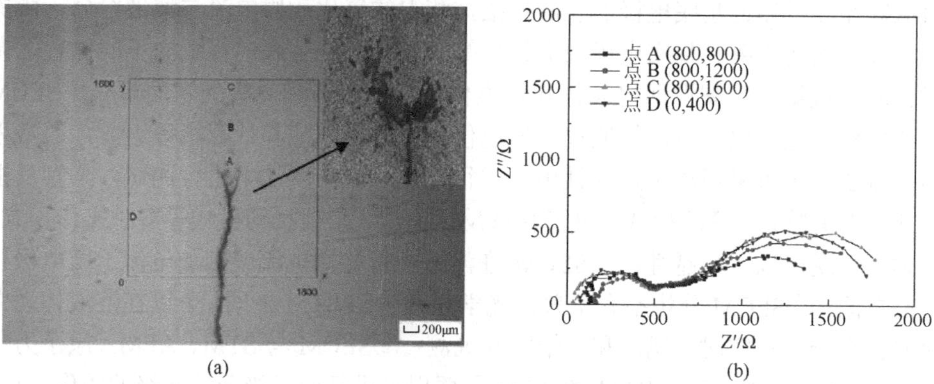

图 5-12　光学照片和 LEIS Nyquist 图

（a）预制裂纹试样的光学照片；（b）预制裂纹试样在 3000N 拉力和 NS4 溶液中的 LEIS Nyquist 图[42]

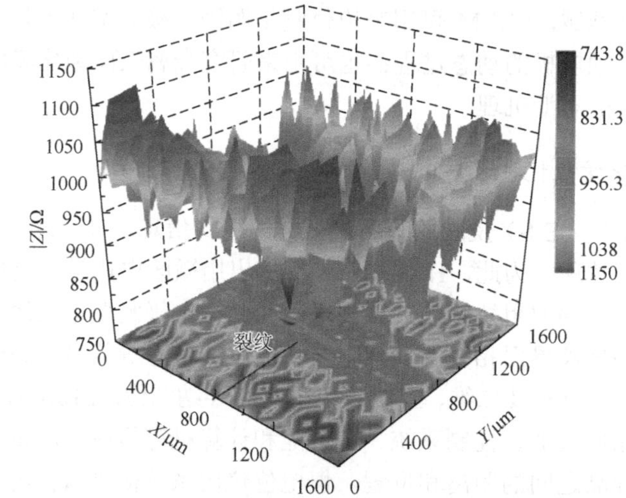

图 5-13　预制裂纹试样位于裂纹尖端附近区域的 LEIS 三维图像[42]

3. 扫描振动电极技术[43, 44]

扫描振动电极技术（SVET）是利用扫描振动探针（SVP）在不接触样品表面的情况下，检测样品在溶液中局部腐蚀电位的一种新技术。起初，生物学家利用 SVET 来测量生物系统的离子流量和细胞外的电流。20 世纪 70 年代，SVET 开始应用于腐蚀科学。SVET 测试系统主要由双恒电位仪、压电振动器、SVET 探针、锁相放大器、电解池和计算机等组成。其测量原理如下：①电解质溶液中的金属表面存在着局部阴阳极在电解液中形成离子电流，从而形成表面电位差，SVET 即是通过测量表面电位梯度和离子电流探测金属的局部腐蚀性能；②SVET 测试时，微探针在样品表面进行扫描，用一个微电极测试表面所有点的电势差，另外一个电极作为参比电极，通过测量不同点的电势差，即可获得样品表面的电流分布图。由于 SVET 利用振动电极、转变测量信号及锁相放大器，消除微区扫描过程中的噪声干扰，因此 SVET 具有高灵敏度和非破坏性的特点，可进行电化学活性测量。

在腐蚀研究领域，SVET 技术主要用来研究金属的局部腐蚀、表面涂层的腐蚀性能及涂层/界面腐蚀等。例如，G. Z. Meng 等利用 SVET 研究 X70 管线钢在近中性溶液中的腐蚀行为，测得的 SVET 电流密度图如图 5-14 所示，可见电流密度分布不均匀，结合 SEM 形貌可发现腐蚀产物疏松、多孔的特征，因此推断阳极腐蚀主要发生在孔洞中，而阴极析氢反应在沉积层区域发生，大阴极-小阳极促进了阳极溶解和阴极析氢过程。

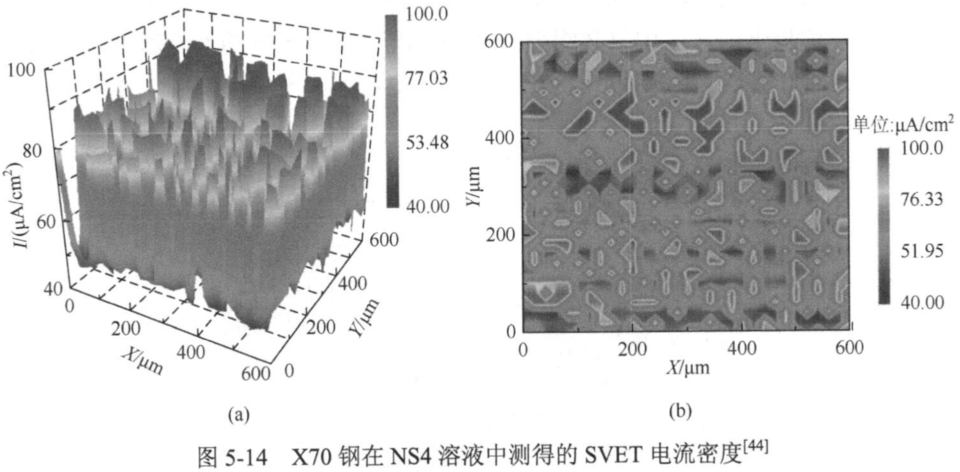

图 5-14　X70 钢在 NS4 溶液中测得的 SVET 电流密度[44]

（a）3D 图；（b）2D 图

4. 扫描开尔文探针测量技术[45, 46]

开尔文探针具有以下特点：①它是一种无接触、无破坏性的仪器；②借助于振动电容探针来测量导电的、半导电的或涂覆的材料与试样探针之间的功函差。扫描开尔文探针测量技术（SKP）在半接触工作模式下采用二次扫描技术测量样品表面形貌和表面电势差信息。第一次扫描时，探针在外界的刺激下产生周期性的机械共振，在半接触模式下测量所得到的样品表面形貌信号；第二次扫描时，依据第一次测量储存的形貌信号，把探针从原来位置提高到5～50nm，沿着第一次测量时的轨迹测量表面电势。

SKP采用补偿归零技术测量表面电势时，探针在给定频率的交流电压驱动下产生振荡。当探针针尖以非接触模式在样品表面上方扫过时，由于针尖费米能级与样品表面费米能级不同，针尖和微悬臂会受到力的作用产生周期振动。这个作用力含有 w 的零次项、一次项和二次项。系统通过调整施加到针尖上的直流电压，使得 w 一次项作用力的部分（该作用力与探针和样品微区的电子功函数差成正比）恒等于零来测量样品微区与探针之间的电子功函数差。记录针尖在不同位置的形貌和归零电压信号，即获得样品表面形貌和对应接触电势差的二维分布图，并结合样品成分的电子功函数，即可得到样品表面微区成分分布。

SKP能够不接触腐蚀体系测定气相环境中极薄液层下金属的腐蚀电位，是研究大气腐蚀的有力工具，也可以用来研究有机涂层的脱附现象和破坏机制。A. Q. Fu等采用SKP系统研究了模拟剥离涂层下管线钢表面在薄液层下的腐蚀机理，研究表明，开尔文电位随着剥离涂层下的薄液膜层厚度变薄而发生负移，同时可以看到涂层下的溶液涂层/钢界面向更大范围扩展，如图5-15所示；图5-16给出了开尔文电位随涂层下薄液层中气体组分变化的情况，随着氮气的不断通入，开尔文电位发生正移，直至最后电位稳定在一个恒定值，证明薄液层中的气体组分完全是氮气。

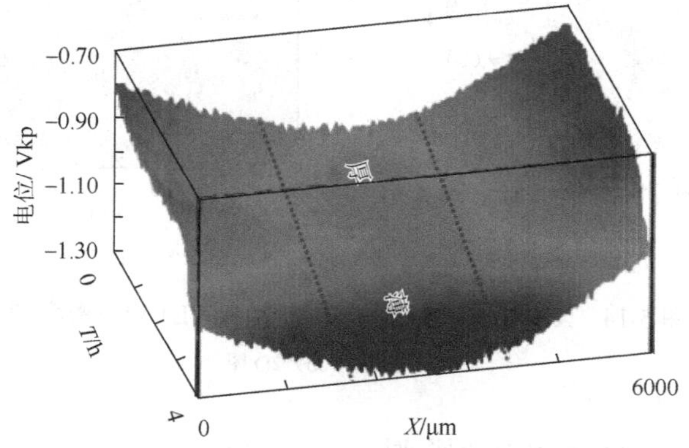

图5-15　X65管线钢在涂层下薄液膜层由厚变薄过程中的电位变化规律[46]

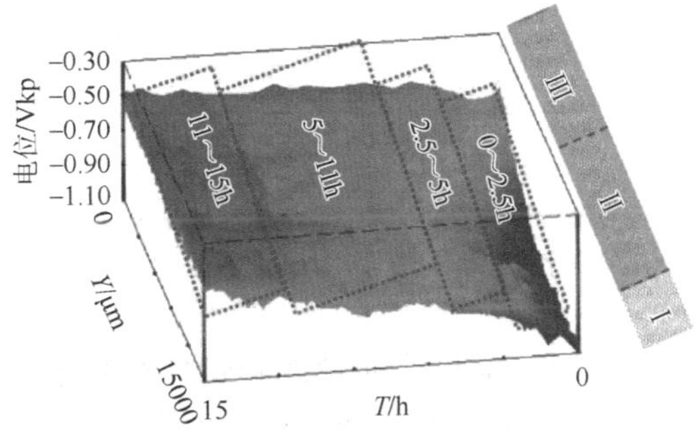

图 5-16　X65 管线钢在涂层下薄液膜层随着氮气不断通入的电位变化规律[46]

5.2　全尺寸实物腐蚀试验方法

采用小试样在高温高压釜系统中进行模拟工况腐蚀试验是研究石油管材及装备腐蚀最常用的经典方法。该方法长期以来在石油天然气工业腐蚀研究和评价中得到了广泛的应用和认可，但是该方法由于设备尺寸和能力限制，在研究流体冲刷腐蚀和接头密封性方面有所欠缺。随着油田现场需求及试验研究手段的不断进步，促进了全尺寸实物腐蚀试验研究技术的发展。全尺寸实物腐蚀试验技术可以更好地进行管柱及接头密封性能和管线及装备耐冲刷腐蚀性能研究。

5.2.1　实物油/套管柱拉伸应力腐蚀试验[47]

采用全尺寸实物油/套管作为试验样品，利用实物拉伸应力腐蚀试验机进行模拟工况腐蚀介质中的高温、高压、拉伸应力腐蚀试验。实物拉伸应力腐蚀试验原理如图 5-17 和图 5-18 所示。

图 5-17　全尺寸石油管高温高压实物拉伸应力腐蚀实验系统

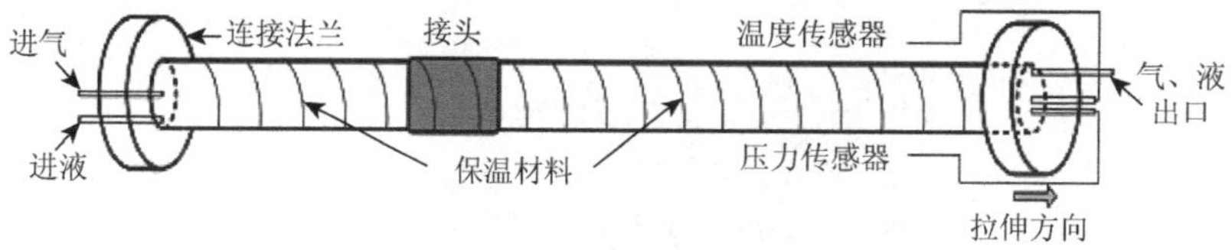

图 5-18　全尺寸石油管高温高压实物拉伸应力腐蚀试验管段示意图

该试验方法主要用于测试全尺寸油管或套管柱在复杂苛刻服役工况下的腐蚀、应力腐蚀开裂、接头密封腐蚀等性能。该试验方法相对于传统的高温高压釜腐蚀方法具有如下三个优势：第一，管柱内压、外拉力、温度和介质等重要工况参数可完全满足超高温高压气井极端工况下管柱腐蚀的研究需要；第二，全尺寸管柱研究过程中涵盖了管柱接头的密封部位腐蚀行为，由于现场管柱大部分的失效与油管接头腐蚀密封泄漏有关，而常规的小试样研究方法无法反映接头的真实腐蚀行为；第三，该系统可将小试样装卡在挂具上，置于实物管件内进行试验，实现全尺寸与小试样方法有机结合在一起，考虑到小试样研究的方便性，在全尺寸管柱内设计了小试样挂样系统。

试验管样应选用合格的油套管产品，且试件的表面不应有超过 API Spec 5CT 允许的表面缺陷。试验前对待测管件进行全长无损检测，确保无缺陷后进行静水压试验，试验压力达到管子生产时的质量要求，且无破坏发生，随后方可进行实物拉伸应力腐蚀试验。无损检测试验及静水压试验均依据 API Spec 5CT 标准进行。试验结束后，检查管件表面状况，记录是否有破裂或裂纹出现；检查并记录接箍连接处是否有泄漏；记录管件的变形量及应力-应变参数；检查管件内表面腐蚀情况，并进行腐蚀速率计算和显微分析。

石油管工程技术研究院自主研发了全尺寸石油管拉伸应力腐蚀试验系统，借助该系统，管研院以 6m 长的 Φ88.9mm×7.34mm 的超级 13Cr 油管为试验对象，研究了其在高温（120℃）、高压（70MPa）、加载应力（78.6%屈服应力）残酸环境中的腐蚀行为。油管在 4m 侧的非接箍处断裂，断口呈现沿晶开裂的特征。油管内表面出现大量蚀坑，且呈现出 X 形特征，中部为椭圆孔，四角为裂纹，如图 5-19 所示。这些蚀坑是导致裂纹萌生的主要原因，在外力作用下，裂纹扩展直至断裂。而蚀坑发展为裂纹的历程如图 5-20 所示。相对于常规小试样腐蚀试验，全尺寸实物腐蚀试验更接近于石油管材服役的真实工况环境，其所呈现的腐蚀规律更具有实用性和工程指导意义。

5.2.2　实物管冲刷腐蚀试验方法

实物管冲刷腐蚀试验方法利用实物冲刷腐蚀试验装置，模拟实物管服役工况，在实物管中进行一定温度、压力的腐蚀介质的循环冲刷腐蚀试验，来检测

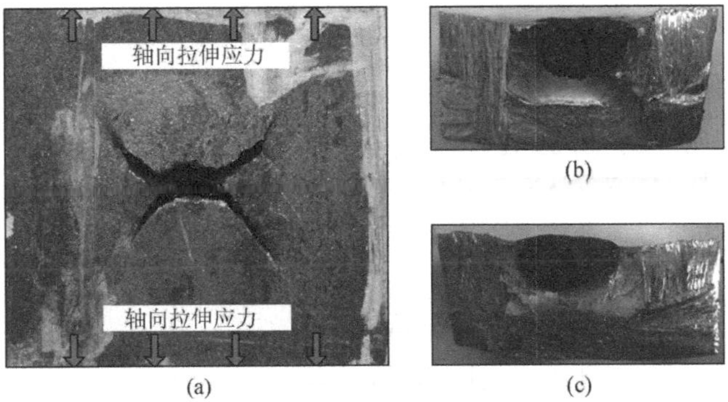

图 5-19　超级 13Cr 油管内表面靠近断口处的蚀坑形貌[47]

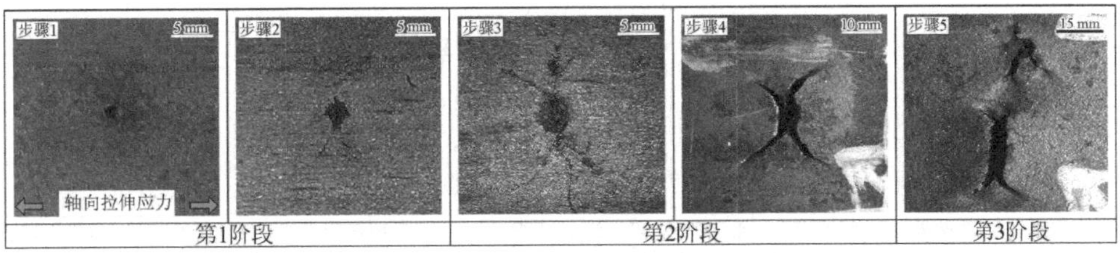

图 5-20　超级 13Cr 油管内表面腐蚀坑发展为裂纹的历程[47]

油套管、管线管或接头等实物管件在特定工况下的耐冲刷腐蚀性能及密封性能，适用于模拟内部流体冲刷腐蚀性能的测试及研究。实物冲刷试验溶液为油田现场管件所接触介质的模拟溶液，或者现场采集溶液。模拟溶液一般由二氧化碳、除氧的氮气、氯化钠、氯化钙、碳酸钙、冰醋酸和蒸馏水或去离子水等组成（不含 H_2S）。

试验管样应选用合格的产品，且试件的表面不应有超过 API Spec 5CT 或 API Spec 5L 允许的表面缺陷。试验前对待测管件进行静水压试验，试验压力达到管子生产时的质量要求，且无破坏发生，随后对管件进行全长无损检测，确保无缺陷后方可进行实物冲刷腐蚀试验。静水压试验及无损检测试验依据 API Spec 5CT 或 API Spec 5L 标准进行。试验结束后，检查被测管件外表面状况，记录是否有破裂或裂纹出现；检查并记录接箍连接处是否有泄漏；检查内表面腐蚀状况，并进行腐蚀速率计算和显微分析；截取部分试样进行力学性能测试。

石油管工程技术研究院自主开发了实物管冲刷腐蚀试验系统，其结构示意图如图 5-21 所示。该系统可对长 4～10m，最大外径 114mm 的实物管进行试验，试验最大温度 100℃，最大压力 2MPa，液相最大流速 5m/s，气相最大流速 20m/s。

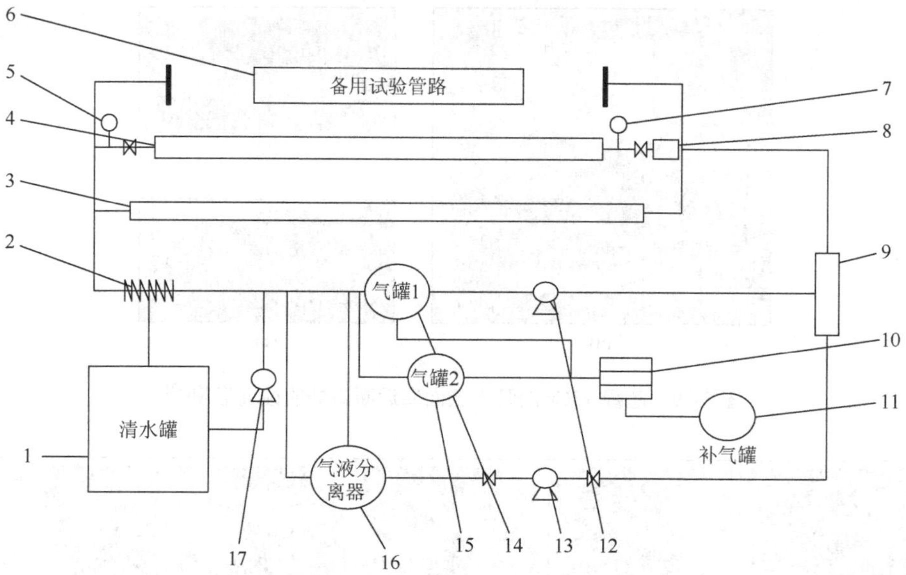

图 5-21　实物管冲刷腐蚀试验装置简图

1. 清水罐；2. 散热器；3. 旁通管路；4. 试验管段；5. 压力变送器；6. 备用试验管路；7. 流量计；8. 电加热器；9. 静态混合器；10. 气体增压泵；11. 补气罐；12. 气体循环泵；13. 液体循环泵；14. 气罐 1；15. 气罐 2；16. 气液分离器；17. 散热循环泵

5.3　现场腐蚀试验方法

将腐蚀样品放置于油田现场实际服役工况中进行的腐蚀试验即为现场试验。现场试验将目标材料直接放置在实际的服役环境中，因此对石油管材及装备材料选材、腐蚀监测评价及寿命预测更具有指导意义。常用的现场试验方法主要包括试片法、井下挂环法和现场试验段法。

5.3.1　试片法[48]

用试片（棒）测腐蚀速率，是最普遍最常用的一种方法，它能直观地反映目标系统的腐蚀情况，得出定量的试验结果，特别在点蚀评价方面具有优势。为满足不同管径检测需求，还可以在使用标准片［$l \times b \times h$（mm）：76×13×1.5］的同时，增加不同规格的试棒［$\phi \times l$（mm）：5×50、5×130、5×160 等］，从而实现对管线上、中、下不同部位的现场检验。国内外各个油田均采用试片失重法对现场腐蚀情况进行监测。中原油田现场监测研究结果表明，试棒在测点蚀方面优于试片。

为保证挂片在取放过程中不影响正常生产，现场采用带压取放操作，研究开发了便携式带压取放器和带压开孔器，实现了油田油、气、水低压系统的带压开孔（如金属、非金属管线、容器），以及不停产安装；研究改进了带压试片（棒）

取放器，实现了立管、横管、容器任何方位的安装使用，见图 5-22 和图 5-23。

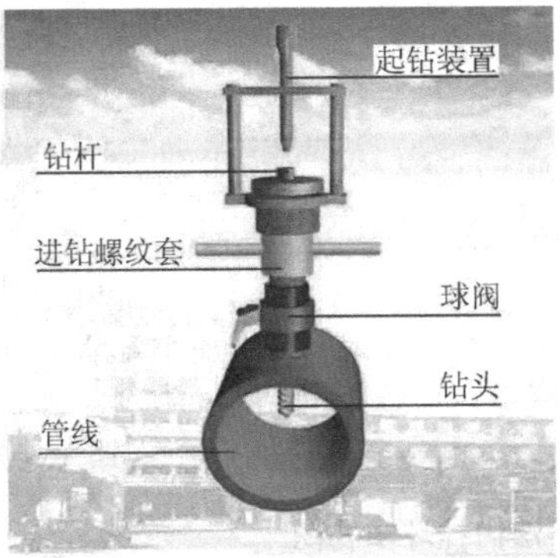

图 5-22　便携式带压开孔器[48]

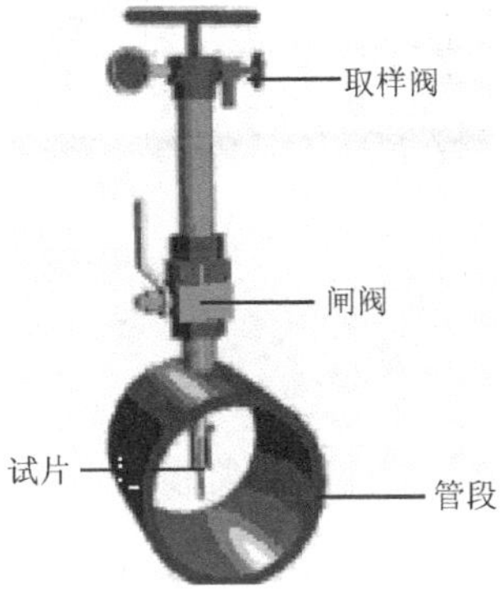

图 5-23　带压取放器[48]

塔河油田研发了两种带压取放器。一种是螺杆式带压取放器，该方式是将挂片悬挂器中的夹片器直接与螺杆制成一体，这样可以直接通过旋转螺杆，使夹片器上下移动，方便地进行挂片的取放操作，该方法主要用于中高压管线的挂片取放；另一种是便携式带压取放器，该方式挂片悬挂器中的夹片器不带螺杆，而将夹片器的上部做成套扣的形式，通过携带的取放器与夹片器扣在一起，然后将夹片器带出，该方法主要用于低压管线的挂片取放。

5.3.2　井下挂环法[49]

井下管柱由于受现场条件限制，其现场试验的开展相对于地面管线起步较晚，也更难实现。目前主要采用井下挂环法，将样品安装在井下挂环装置上，随挂环装置下入不同的井段进行检测，根据油井正常作业周期取出进行观察和分析。挂环装置主要由母扣短节、绝缘环、内钢环、外钢环和公扣短节组成，如图 5-24 所示。图 5-25 和图 5-26 分别给出了井下挂环法的外挂环实物图和内挂环实物图。

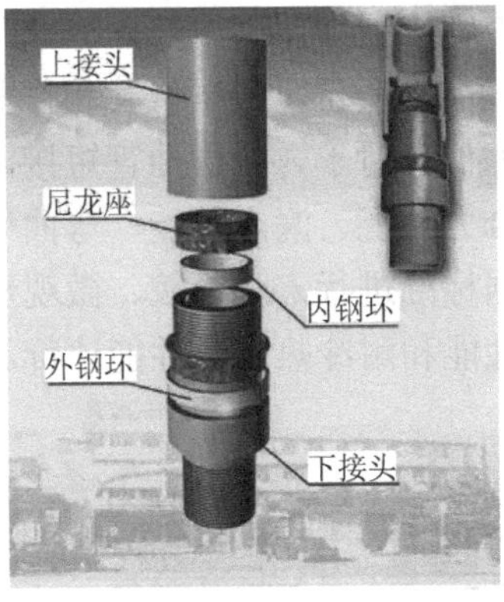

图 5-24　井下挂环法井筒腐蚀监测

图 5-25　井下挂环法外挂环实物图

图 5-26　井下挂环法内挂环实物图

5.3.3　现场试验段法[50]

试片法和挂环法相对于实验室研究能够更好地实现腐蚀监测和评价作用，但试片或者挂环和实际的管柱/管道存在较大差异：对于井下管柱，挂环无法模拟实际油套管的螺纹接头，而大部分的油套管失效都与接头密封失效相关，挂环也无法模拟井下管柱所受的各种复杂载荷，因此应力腐蚀开裂敏感性的信息是挂环法不能获取的；对于集输管道，挂片不仅无法模拟管道的焊缝和弯头部位，而且挂片和流体的相对方向与实际管道内表面和流体的相对方向也不一致。当现场试片法或挂环法和现场实际服役管柱/管道出现矛盾性结果时，则需要进一步开展验证试验。基于上述问题，国内外各大油田在现场试片法和挂环法的基础上开展了现场试验段的研究工作。

中石化塔河油田针对注气井（注 N_2 和 CO_2）油管防腐，在开展实验室小试样模拟工况腐蚀试验研究的基础上，在油田现场开展了两口注气井内衬 PE 油管短接和耐高温环氧内涂层油管短接井下试验段研究。将两节各 1m 长的内衬聚乙烯油管短接和耐高温环氧内涂层油管短接按照图 5-27 的连接方式相连，然后分别下入井底段（高温工况）和井中间段（中温段），如图 5-28 所示，根据修井和作业周期，在井下服役半年以上取出开展相应的检测和评价。对于内涂层油管短接，依据标准进行宏观形貌、微观形貌、冲击性能、结合力性能、漏点性能、弯曲性能和耐磨性能评价；对于内衬聚乙烯油管短接，依据标准进行宏观形貌、微观形貌、断裂强度、断后伸长率、维卡软化温度、弯曲性能和耐冷热循环性能评价。通过以上评价最终获得不同防腐措施的应用效果。

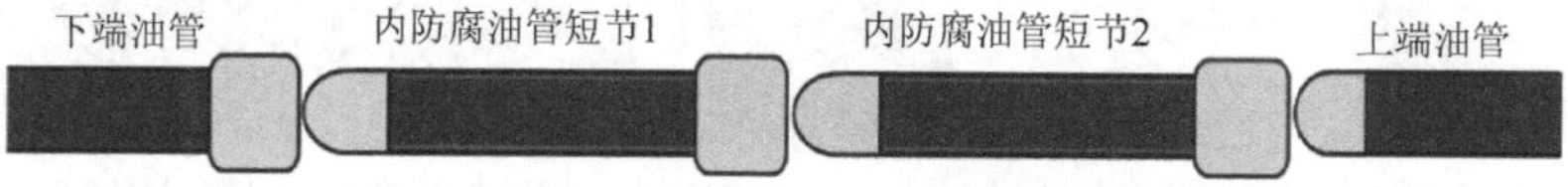

(a)

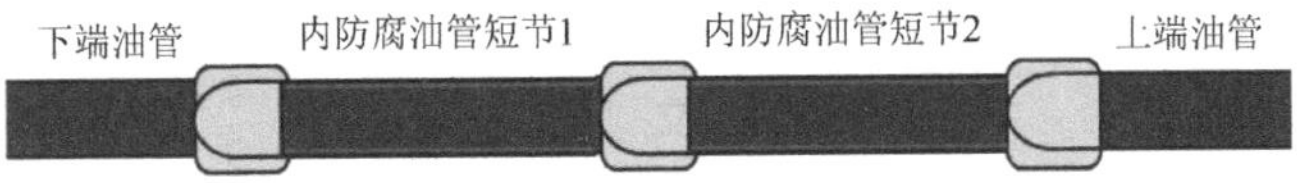

(b)

图 5-27　井下防腐油管短接连接示意图

（a）连接前；（b）连接后

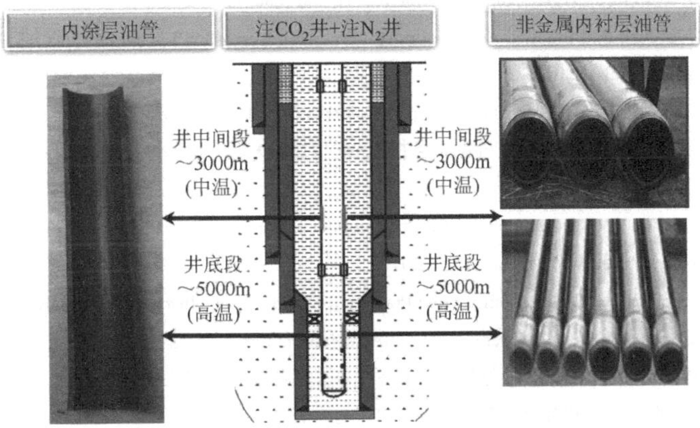

图 5-28　井下防腐油管短接连接示意图

中石油塔里木油田在某油井单井管线开展了不同防腐措施的试验段评价研究，如图 5-29 所示，试验段总共包括七段：两种内涂层 20#钢管段、两种双金属复合管管段、20#钢管段、20G 钢管段、16Mn 钢管段，该现场试验开展了两年以上。现场试验结束后，重点对内涂层管段的内涂层性能、双金属复合管的内衬不锈钢局部点蚀、三种碳钢的均匀和局部腐蚀性能进行了系统评价，对比了不同厂家同类产品的防腐差异性，同时对不同防腐措施的优劣性进行了排序。

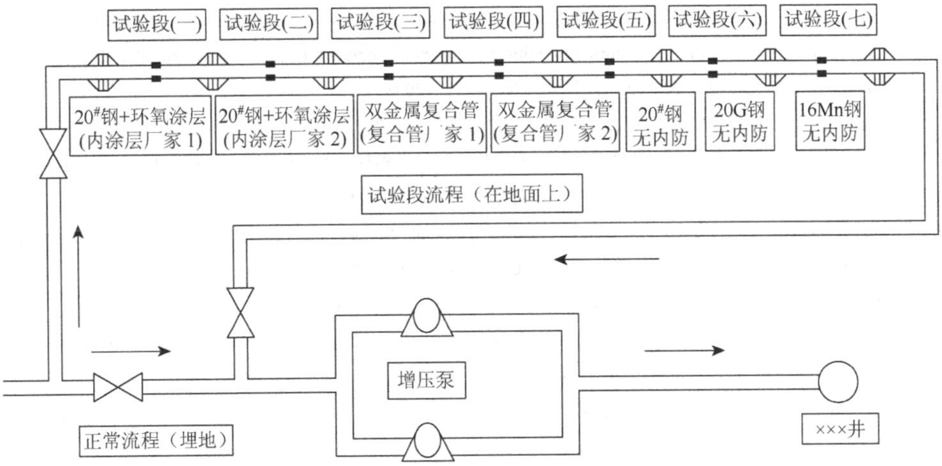

图 5-29　单井管线不同防腐措施地面试验段流程

参 考 文 献

[1] JB/T 7901—1999.金属材料实验室均匀腐蚀全浸试验方法[S]. 北京：机械工业仪器仪表综合技术经济研究所，2001.

[2] ASTM G111-1997（2013）. Standard Guide for Corrosion Tests in High Temperature or High Pressure Environment，or Both[S]. American Society for Testing and Materials，2013.

[3] ASTM G31-12a. Standard Practice for Laboratory Immersion Corrosion Testing of Metals[S]. American Society for Testing and Materials，2012.

[4] SY/T 0026—1999. 水腐蚀性测试方法[S]. 北京：国家石油和化学工业局，1999.

[5] 吴荫顺，方智，何积铨，等. 腐蚀与防护全书——腐蚀试验方法与防腐蚀检测技术[M]. 北京：化学工业出版社，1996.

[6] ASTM G1-03（2011）. Standard Practice for Preparing，Cleaning，and Evaluating Corrosion Test Specimens[S]. American Society for Testing and Materials，2011.

[7] NACE SP0775-2013. Standard Recommended Practice for Preparation，Installation，Analysis，and Interpretation of Corrosion Coupons in Oilfield Operations[S]. NACE International，2013.

[8] 杨武，顾濬祥，黎樵燊，等. 腐蚀与防护全书——金属的局部腐蚀[M]. 北京：化学工业出版社，1995.

[9] GB/T 18590—2001. 金属和合金的腐蚀——点蚀评定方法[S].

[10] Davis J R. Metals Handbook[M]. 9th Ed. Ohio：Metals Park，1987.

[11] GB/T 17897—2016. 不锈钢三氯化铁点腐蚀试验方法[S].

[12] ASTM G48-2011（2015）. Standard Test Methods for Pitting and Crevice Corrosion Resistance of Stainless Steels and Related Alloys by Use of Ferric Chloride Solution[S]. American Society for Testing and Materials，2015.

[13] ASTM G46-94（2013）. Standard Recommended Practice for Examination and Evaluation of Pitting Corrosion[S]. American Society for Testing and Materials，2013.

[14] ISO 11463-2010. Corrosion of Metals and Alloys-Evaluation Of Pitting Corrosion[S]. International Organization for Standardization. 2010.

[15] GB/T 17899—1999. 不锈钢点蚀电位测量方法[S].

[16] ASTM G61-86(2014). Standard Test Methods for Pitting and Crevice Corrosion Resistance of Stainless Steels and Related Alloys by Use of Ferric Chloride Solution[S]. American Society for Testing and Materials，2015.

[17] 曹楚南. 腐蚀电化学原理[M]. 北京：化学工业出版社，2008.

[18] 薛锦. 应力腐蚀与环境氢脆——故障分析及测试方法[M]. 西安：西安交通大学出版社，1991.

[19] 吴剑. 不锈钢的腐蚀破坏与防蚀技术（四）——应力腐蚀破裂[J]. 腐蚀与防护，1997，18（4）：38-40.

[20] 褚武扬，乔利杰，李金许，等. 氢脆和应力腐蚀——基础部分[M]. 北京：科学出版社，2013.

[21] NACE Standard TM0177-2016. Laboratory testing of metals for resistance to sulfide stress cracking and stress corrosion cracking in H_2S environments[S]. NACE International，2016.

[22] GB/T 4157—2006. 金属在硫化氢环境中抗特殊形式环境开裂实验室试验[S].

[23] ISO 7539-2：1989. Corrosion of metals and alloys—Stress corrosion testing—Part 2：Preparation and use of bent-beam specimens[S]. International Organization for Standardization，1989.

[24] GB/T 15970.2—2000. 金属和合金的腐蚀——应力腐蚀试验. 第 2 部分：弯梁试样的制备和应用[S].

[25] ASTM G39-99（2016）. Standard Practice for Preparation and Use of Bent-Beam Stress-Corrosion Test Specimens [S]. American Society for Testing and Materials，2016.

[26] YB/T 5362—2006. 不锈钢在沸腾氯化镁溶液中应力腐蚀试验方法[S].

[27] ASTM G36-94（2013）. Standard practice for evaluating stress-corrosion-cracking of metals and alloys in a boiling magnesium chloride solution[S]. American Society for Testing and Materials，2013.

[28] GB/T 10127—2002. 不锈钢三氯化铁缝隙腐蚀腐蚀试验方法[S].

[29] ASTM G61-86（2014）. Standard Test Method for Conducting Cyclic Potentiodynamic Polarization Measurements for Localized Corrosion Susceptibility of Iron-，Nickel-，or Cobalt-Based Alloys[S]. American Society for Testing and Materials，2014.

[30] ASTM F746-04（2014）. Standard Test Method for Pitting or Crevice Corrosion of Metallic Surgical Implant Materials[S]. American Society for Testing and Materials，2014.

[31] GB/T 13671—1992. 不锈钢缝隙腐蚀电化学试验方法[S].

[32] ASTM A262-15. Standard Practice for Detecting Susceptibility to Intergranular Attack in Austenitic Stainless Steels[S]. American Society for Testing and Materials，2015.

[33] GB/T 4334—2008. 金属和合金的腐蚀——不锈钢晶间腐蚀试验方法[S].

[34] 李久青，杜翠薇. 腐蚀试验方法及监测技术[M]. 北京：中国石化出版社，2007.

[35] 胡会利，李宁. 电化学测量[M]. 北京：国防工业出版社，2013.

[36] 曹楚南，张鉴清. 电化学阻抗谱导论[M]. 北京：科学出版社，2002.

[37] 张涛，杨延格，邵亚薇，等. 电化学噪声分析方法的研究进展[J]. 腐蚀科学与防护技术，2014，34（1）：1-18.

[38] 胡会利，李宁，程瑾宁. 电化学噪声在腐蚀领域中的研究进展[J]. 腐蚀科学与防护技术，2007，19（2）：114-118.

[39] Dong C F，Fu A Q，Li X G，et al. Localized EIS characterization of corrosion of steel at coating defect under cathodic protection[J]. Electrochimica Acta，2008，54：628-633.

[40] 骆鸿，魏丹，董超芳，等. 金属腐蚀微区电化学研究进展（1）：扫描电化学显微镜技术[J]. 腐蚀与防护，2009，30（7）：437-441.

[41] 骆鸿，肖葵，董超芳，等. 金属腐蚀微区电化学研究进展（2）：局部电化学阻抗谱[J]. 腐蚀与防护，2009，30（8）：511-514.

[42] Tang X，Cheng Y F. Localized dissolution electrochemistry at surface irregularities of pipeline steel[J]. Applied Surface Science，2008，254：5199-5205.

[43] 骆鸿，董超芳，肖葵，等. 金属腐蚀微区电化学研究进展（3）：扫描振动电极技术[J]. 腐蚀与防护，2009，30（9）：631-636.

[44] Meng G Z，Zhang C，Cheng Y F. Effects of corrosion product deposit on the subsequent cathodic and anodic reactions of X-70 steel in near-neutral pH solution[J]. Corrosion Science，2008，50：3116-6122.

[45] 王力伟，李晓刚，杜翠薇，等. 微区电化学测量技术进展及在腐蚀领域的应用[J]. 中国腐蚀与防护学报，2010，30（6）：498-503.

[46] Fu A Q，Cheng Y F. Characterization of corrosion of X65 pipeline steel under disbonded coating by scanning Kelvin probe[J]. Corrosion Science，2009，51：914-920.

[47] Lei X W，Feng Y R，Fu A Q，et al. Investigation of stress corrosion cracking behavior of super 13Cr tubing by full-scale tubular goods corrosion test system[J]. Engineering Failure Analysis，2015，50：62-70.

[48] 汤天遴，高亚楠，石伟，等. 腐蚀监测技术在中原油田的应用[J]. 腐蚀科学与防护技术，2003，15（1）：47-50.

[49] 刘冀宁，张志宏，羊东明. 注氮气采油井腐蚀检测[R]. 乌鲁木齐：中石化西北油田分公司科研报告，2014.

[50] 付安庆，羊东明，葛鹏莉，等. 注气井腐蚀结垢防控技术措施应用研究[R]. 乌鲁木齐：中石化西北油田分公司科研报告，2015.

